All Voices from the Island

島嶼湧現的聲音

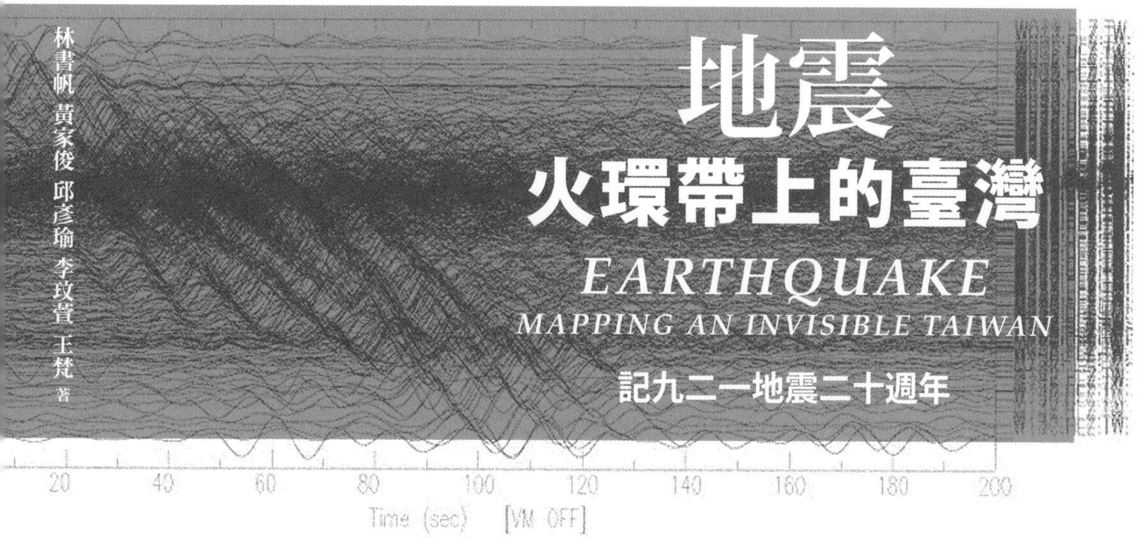

林書帆 黃家俊 邱彥瑜 李玟萱 王梵 著

地震

火環帶上的臺灣

EARTHQUAKE

MAPPING AN INVISIBLE TAIWAN

記九二一地震二十週年

目次

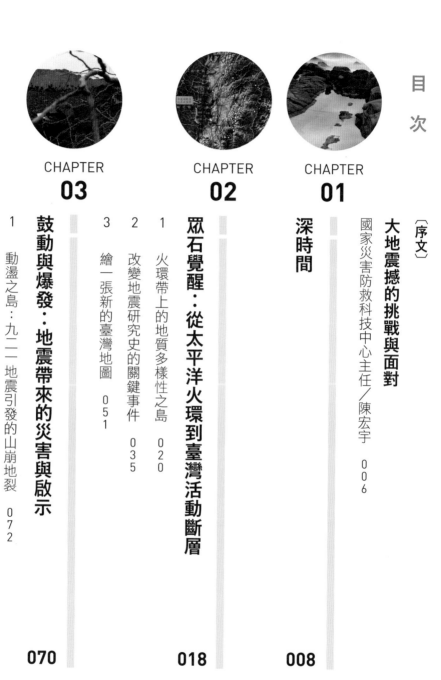

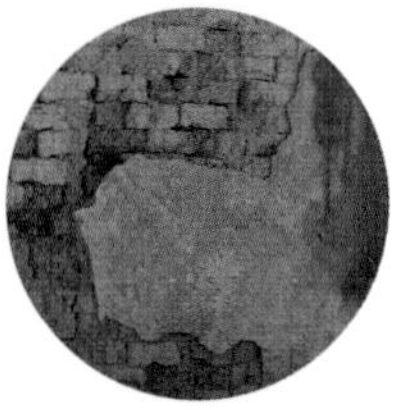

CHAPTER
04

CHAPTER
05

CHAPTER
06

CHAPTER
07

〔序文〕

大地震撼的挑戰與面對

國家災害防救科技中心主任 陳宏宇

二十年前的九二一大地震，是臺灣在即將邁入二十一世紀前夕，造成傷亡與損失最嚴重的天然災害事件。位處於太平洋東西兩側板塊交界的地震區，地震的衝擊原本就與環太平洋的每一個國家息息相關，臺灣更沒有獨立於外。

隨著社會經濟的快速發展與生活型態的改變，臺灣受到地震衝擊的層面，已由傳統的建物毀損、人員傷亡等直接災害，擴大到對都市機能與民眾生活等多方面影響。二〇〇六年規模七點零的恆春地震，造成外海多條海底電纜斷裂，導致臺灣主要連接歐美的網路系統斷線，對國際通訊、空運、航運、跨國金融等服務造成嚴重影響，衍生出龐大的經濟損失。二〇一〇年規模六點四的甲仙地震，造成臺灣高鐵自二〇〇七年一月通車後，首次因地震引發列車出軌之意外事件，臺中以南停駛，不僅全線營運受到影響，對於民眾的作息生活也造成許多的不方便。二〇一六年二月六日農曆年前，規模六點六的高雄美濃地震，因臺南維冠金龍大樓倒塌，造成一百一十五位民眾罹難，是臺灣災害歷史紀錄中，單一棟建築物倒塌罹難人數最多的災害事件，這次不幸的結果，凸顯了都會區人口集中，以及集合式住宅居住型態之下，地震安全防護的對策上，應有不同的考量。兩年後，二〇一八年同一日期，發生規模六點二的花蓮地震，造成飯店、住商合用大樓的傾斜、倒塌，導致不少人員傷亡與財產損失，更讓我們瞭解到「私有公用」建築物耐震安全的重要性，這將會直接影響到建物在地震防災的效能。

儘管地震至今仍然無法有效的預測，但是透過我們在地質及地震科學領域的努力，在九二一地震二十年後的今天，我們目前已經對於臺灣地質構造有更進一步的瞭解，對於地震致災因素與風險，也有更好的掌握，甚至已能在震後數秒內，就將強震即時警報的訊息送到民眾的手機中，讓大家可以做好第一時間的安全防護，這些都是我們近年來積極研發的成果。

本書是國家災害防救科技中心繼《颱風：在下一次巨災來臨前》之後，第二本由同仁與春山出版團隊合作撰寫的科普書籍，希望可以跳脫硬梆梆的地震科學理論，將地震的基礎常識、地震監測與預報工作的發展、地震工程技術的演進、科學家研究的心路歷程，以及九二一地震災害救援及重建等的種種經驗，轉化為平易近人的文字，讓我們在瞭解各種地震危害的同時，也知道該如何面對下一場地震衝擊。

澎湖小門嶼玄武岩（攝影：許震唐）

CHAPTER **01**

深時間

關於我們所在的宇宙及星球，自形成以來已經過了多少年歲，在不同宗教文化中有不同的看法。已故地質學者畢慶昌曾以佛教的成、住、壞、空四階段，比擬地質學上描述海洋在板塊運動下從生成到隱沒消失的過程[1]，一次成、住、壞、空的輪迴需時十二億八千萬年，基督教對地球年齡的看法要短得多，一位愛爾蘭主教烏雪（James Ussher）曾在一六五〇年根據《聖經》，算出地球誕生於西元前四〇〇四年。

基督教相信大地是恆久不變的，我們眼中的世界樣貌與上帝最初創造它時相去無幾。首先以科學觀察動搖這種觀念的，是生於一七二六年的蘇格蘭地質學家赫頓（James Hutton），他在蘇格蘭的西卡角（Siccar Point）發現接近垂直排列的片岩岩層，上方覆蓋一層水平的砂岩岩層，他認為這表示此地的岩層經歷過抬升又沒入海中，可以佐證他地質循環的論點，而根據他對興建於西元一二二年的哈德良長城（Hadrian's wall）的觀察，這道石牆經過一千六百多年外觀仍無太大變化，可見侵蝕、風化、沉積等地質作用的速度極為緩慢，要讓水平的沉積物成為垂直的岩層、其上又覆蓋新的沉積物，必定需要極為漫長的時間，地球的年齡絕不可能只有六千年。當時與赫頓一同前往西卡角的數學家普萊費爾（John Playfair）寫下這次田野調查的感想：「遠眺時間的深淵，讓人不禁暈眩。」[2]

赫頓去世後將近兩百年，美國作家麥克菲（John McPhee）創造了「深時間」（deep time）一詞，它雖然不是正式的地質學名詞，但經過演化生物學者古爾德（Stephen Jay Gould）重新詮釋、強調它與赫頓的連結，至今這個詞彙已被普遍理解為動輒百萬年起跳的地質時間尺度。

以人類壽命之有限，要對深時間稍有概念，最常見的方法就是轉換為我們熟悉的形象。例如麥克菲的比喻：「把地球的歷史想像成舊制的一碼長度，即國王的鼻子到他伸直的手臂末端的距離，那麼只要剪掉一點點中指的指甲，人類的歷史就整個被抹消了。」[3]在這個比喻中，臺灣島六百萬年的歷史大約是從食指與掌心的連接處開始。這個年輕的島嶼因歐亞板塊與菲律賓海板塊的碰撞而誕生，又位於別稱火環帶的環太平洋地震帶，頻繁的地震自始就是它的宿命。

我們可以透過比喻把深時間濃縮成能夠理解的長度，相對來說，一段短暫的時間也可以令人感覺非常漫長。從原住民的口傳歷史、一六四四年最早有文獻記載的臺南地震，到二十世紀後死亡人數超過千人的梅山地震、新竹–臺中地震，親身經歷過這些災害性地震的人們，在那當下想必都覺得度秒如年。

那場發生在一九九九年九月二十一日凌晨一點四十七分的地震，自然也不例外。

中央大學地球科學學系教授馬國鳳當時人在新竹七樓的住家，平時在課堂中，她教導學生地震時會先感受到上下震動的P波，隨後才是左右搖晃的S波，將P波與S波的秒數差距乘以八公里，就是與震源間的大致距離。地震當下的她和一般人一樣驚恐，但地震學家的素養仍讓她幾乎是下意識地開始讀秒，邊數邊想「該結束了吧？怎麼還不結束？」最後她數了二十秒，乘以八公里恰好是新竹與集集的距離。[4]在一百六十公里外仍能感受到劇烈晃動，表示災情恐怕遍及全臺，事實也的確如此。

就連逝者在這場地震中也無法倖免。臺中豐原一處墓地被地震掀翻，墓碑、金斗甕四處散落。先人遭此橫禍恐怕是後代子孫始料未及，其實墓地的破壞其來有自。中央大學地球科學學系教授王乾盈說，墓地通常會設置在較乾燥的高地，但這些高地可能是斷層活動所形成，「所以我們在野外找活動斷層時常常先看哪裡有墳場。」

憶起自己在九二一地震時的感受，王乾盈說，地震震度若不是太大，一般可能會覺得地震在「搖」你，「但如果感覺到地震在『扯』你，那就危險了。九二一是我第一次感覺到地震在『扯』我。」

九二一地震前七年，中央氣象局已在全臺設置六百多個自由場強震儀，當時這些強震儀尚未與氣象局連線，必須以人工收集紀錄，相當耗費人力，氣象局於是委託中央研究院、中央大學、中正大學等單位協助資料收集，中央大學分配到的區域正好是九二一地震重災區。王乾盈第一件事就是聯絡負責收資料的學生，四位學生分成兩組，地震當天凌晨兩點多就出發，在餘震頻繁、災區旅店停止營業只能在野外紮營的情況下，三天內不眠不休地把兩百多個強震儀的紀錄收回來。這些資料對全球地震學界而言十分寶貴，因為在一九九九年中以前，規模大於七級、距斷層二十公里以內的近斷層強地動資料，全世界只有八筆，一九九九年八月十七日土耳其伊茲米特（Izmit）地震新增了五筆，九二一地震就貢獻了六十多筆，這項紀錄至今尚未被超越。[5]

地震發生後，王乾盈開車前往南投，當他看到倒塌的草屯商工校舍時已經心裡有數，九月二十一日天一亮，他馬上打電話給中央氣象局：「車籠埔斷層錯動了。」

早在一九九五年，臺灣省教育廳已注意到鄰近活動斷層學校的安全問題，並委託已故地震學家蔡義本教授，帶領王乾盈與李錫堤等學者一同進行調查，調查於一九九八年完成，當時他們就建議草屯商工應進行校舍補強，沒想到隔年九二一地震就發生了。王乾盈說：「這個故事告訴我們人算不如天算，但我們還是有在算的。」

確實，政府與學界不是沒在算。除了臺灣省教育廳，中央地質調查所於一九九七年開始進行活動斷層普查[6]，國家科學委員會於一九九八年正式啟動防災國家型科技計畫，重點之一便是地震防災相關研究。九二一地震後進行的槽溝開挖、車籠埔斷層深井鑽探計畫等重要研究，都讓我們對地震與斷層有了更進一步的理解。

然而，就算我們對地震的理解已經比兩百年前的人要多，仍無法不感到驚恐。馬國鳳回憶，她在災區進行調查時看到一輛上面寫著「免費收驚」的小發財車，後面排著長長的隊伍。身為知識分子的她本來對收驚心存懷疑，卻在那當下深受感動，「那時確實每個人都需要收驚。」她感嘆。[7]

以上是人類對九二一地震的記憶，而如果島嶼也有記憶的話，它會記得草嶺堰塞湖在此之前已經出現過好幾次，也許甚至在有文獻可考的一八六二年臺南地震前就出現過。九二一地震後，原本翠綠的九九峰被震出大面積裸露地，有輿論認為應派遣直升機撒播植物種子以盡速恢復舊觀，但崩塌本是地質循環的一部分，而土壤本身就是種子庫，崩塌能為蟄伏的種子帶來機會。地質學家王鑫就認為，地震山崩造成的裸露地，可能有利於紅檜、扁柏等巨木的繁殖。[8]事實上根據衛星影像判釋研究，在自然演替情況下，九九峰在震後一年平均植生復育率已達四七・一%。[9]也許群山一夕禿頭的震撼，從島嶼的深時間尺度來看不過是稀鬆平常的事。

不幸的是，與島嶼的六百萬年、巨木的上千年相比，人的一生過於短暫。我們將過去一萬年內曾活動者稱為第一類活動斷層，過去十萬年到一萬年間曾活動者稱為第二類活動斷層，但臺灣地震科學觀測至今不過百年，在深時間的尺度，第一類活動斷層可能明天就會錯動，車籠埔斷層即是如此。根據臺灣大學地質科學系教授陳文山等人的研究，車籠埔斷層再發生大地震的可能時間約在西元二三四〇年，正負誤差九十年。[10]包括王乾盈在內的許多學者都十分擔心的梅山斷層，上次發生大地震已是一百多年前，當這些再現週期最少百年以上的斷層再次錯動時，上一代親歷者都已不在人世。

有一個例子可以說明我們真正的敵人並非大地震，而是時間導致的遺忘。二〇一〇年一月，海地首都太子港發生震矩規模七點零的地震，造成三十一萬人死亡，同年三月發生在智利、震矩規模八點八的地震，死亡人數為五百二十一人。兩者的對比顯示，災情嚴重程度並非完全取決於自然因素，還包括地震是否發生在人口密集的城市，以及該國的社會體制與防災整備完善度。海地除了是世界最貧窮的國家之一，且太子港上次發生大地震已是一七七〇年的事，種種因素使人民對地震根本毫無招架之力。英國地震學家穆森（Roger Musson）因此在其著作中指出，相較於地震頻繁的城市，地震較少的城市發生災害的可能性更高。[11]

九二一地震已經過去二十年，地震後才出生的人現在已經成年，該如何確保這次災害的經驗充分傳承、為下一次大地震做好準備？義大利歷史學家克羅齊（Benedetto Croce）的故事，或許可以給我們啟發。

義大利伊斯基亞島（Ischia）是個風景如畫的溫泉旅遊勝地，一八八三年七月二十八日，該島發生震度推測有六到七級的淺層地震，至少兩千多人死亡。當時克羅齊一家人正在島上度假，年僅十七歲的克羅齊幸運獲救，父母親和妹妹卻不幸罹難，遭逢巨變的他後來在自傳中回憶：「那些年是我人生中最悲哀最黑暗的時期」，他曾經每天晚上期望能夠一睡不醒，甚至覺得自己得了「地震憂鬱症」。

幸好，後來克羅齊轉移了對創傷的注意力，投入哲學與歷史研究。他最為人所知的一句話是「一切歷史都是當代史」。[12]面對地震這種容易被遺忘的天災，我們該做的便是重視歷史在當代的意義，不只是人類的歷史，也包括「深時間」裡的自然史。

這就是為什麼我們要在二十年後讀一本關於九二一地震的書。

（本文作者：林書帆）

注釋

1 這個過程稱為威爾遜循環（Wilson Cycle），有趣的是，畢慶昌將其翻譯為「威氏輪迴」。見畢慶昌，〈臺東與突尼斯：造山中途的撞點城市〉，《經濟部中央地質調查所特刊》第三號（一九八四年十二月），頁一五一。

2 傑克・雷普卻克（Jack Repcheck）著，郭乃嘉譯，《發現時間的人》（*The Man Who Found Time*）（臺北：麥田，二〇〇四年），頁二九。

3 出自麥克菲（John McPhee）的著作《盆地與山脈》（*Basin and Range*），引文來自維基百科：https://en.wikipedia.org/wiki/Deep_time。

4 本段描述參考阿潑著，《日常的中斷：人類學家眼中的災後報告書》（臺北：八旗文化，二〇一八年），頁一二八。以及馬國鳳二〇一二年的演講，取自https://www.youtube.com/watch?v=zBJWRN7C1Ps。

5 W. H. K Lee, M. Çelebi, M. I. Todorovska, H. Igel.(2009). Introduction to the Special Issue on Rotational Seismology and Engineering Applications. *Bulletin of the Seismological Society of America*, 99 (2B), 945-957. doi: 10.1785/0120080344 感謝黃震興老師提供本則參考資料。

6 在此之前的活動斷層研究大多僅是資料整理，參考林啟文、陳文山、饒瑞鈞，〈臺灣活動斷層調查的近期發展〉，《經濟部中央地質調查所特刊》第十八號（二〇〇七年九月），頁八五至八六。

7 這個故事來自馬國鳳二〇一二年的演講，取自https://www.youtube.com/watch?v=zBJWRN7C1Ps。

8 王鑫，《天地旅人》（臺北：遠足文化，二〇一〇年），頁九〇。

9 林昭遠，〈崩塌地植生復育分析與策略——以九九峰為例〉，《林業研究專訊》第八卷第四期（二〇〇一年八月），頁二二。

10 陳文山、楊志成、楊小青、顏一勤、陳勇全、黃能偉，〈臺灣地區活動斷層的古地震研究〉，《二〇〇五年臺灣活動斷層與地震災害研討會論文集》（二〇〇五年九月），頁一三三。

11 羅傑・穆森（Roger Musson）著，黃靜雅譯，《地震與文明的糾纏——從神話到科學，以及防震工程》（*The Million Death Quake*）（臺北：天下文化，二〇一三年），頁一八。海地與智利地震的對比也來自此書。

12 需注意的是，歷史學界對這句話有許多不同詮釋，作者的解讀只是其中一種。克羅齊的故事參考磯田道史著，許嘉祥譯，《課本沒教的天災日本史》（臺北：遠流出版，二〇一七年），頁十至十一。

CHAPTER 02

眾石覺醒

從太平洋火環到臺灣活動斷層

921地震斷層破裂帶與震央分布圖（圖片來源：中央地質調查所，林朝宗編製）

2-1 火環帶上的地質多樣性之島

水成與火成，大地岩石從何而來？

地質學的發展歷史上曾出現幾件經典的爭論，其中一件是「水成說」與「火成說」之爭。當時的人們看著眼前井然有序的地層堆疊，不同地層以不同組織外觀的岩石構成，不禁納悶，這些岩石究竟從何而來？

水成論一派的學者認為世界曾被原始的海洋包覆著，所有的岩石都在這片原始大洋中沈澱結晶而成，就像是飽和的食鹽水靜置一段時間，杯底會漸漸析出鹽的結晶一樣。但火成論一派的學者可不這麼認為，他們親眼見證義大利火山噴發出的炙熱岩漿，在環境中逐漸冷卻成岩，因而相信「火」才是塑造世界的關鍵動力。[1] 水與火之爭，紛紛擾擾過了好幾百年從不停歇，縱使到了近代，對於一塊岩石的生成，地質學者之間仍常有相對的觀點，其中總包含著水與火之爭的影子。

水與火這兩元素，看似矛盾、對立，在地球中卻能奇蹟似地共存。

深藍廣大的太平洋，是地球上最大的海洋，甚至比地球上所有陸地面積的總和都來得大。海洋是孕育生命的重要泉源，現今所見眾多複雜的生命結構，都起源於原始海洋中一個個單細胞生命的演化。然而，光有海洋的水並不足夠，海洋的旺盛生命力來源，仍需包含適當的溫度與營養物質，而這要歸功於地底下神祕的流體：岩漿庫。

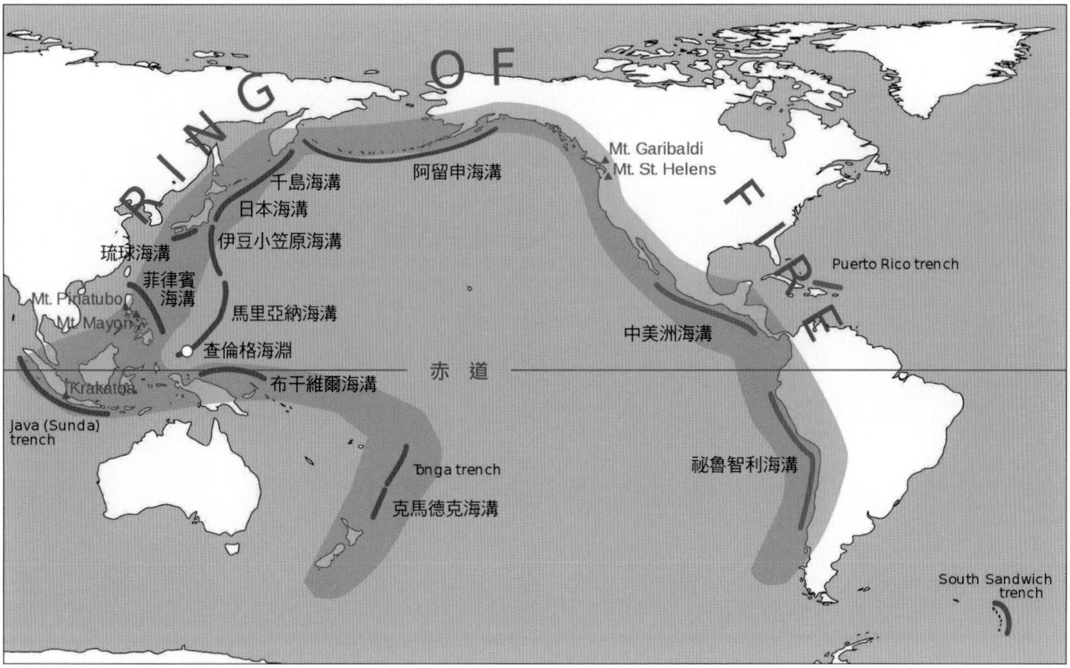

太平洋火環帶圖（圖片來源：wikimedia_commons）

岩漿庫為熔岩與火山氣體囤積的地下集散地，在環繞太平洋周圍的帶狀區塊岩漿庫特別活躍，這裡是地球板塊、地震、火山活動最旺盛之地，因此被稱為「火環」(ring of fire)。火環帶所擁有的火山數量占全球數量的七五%以上，近乎九成的地震也都發生在此處。雖說為「環」，但實際上太平洋火環帶成馬蹄形，也就是太平洋周圍陸塊所包圍出的形狀，東起南美洲西岸，往北延伸至北美洲西側沿岸，之後向西連接阿留申群島、庫頁島、再往南接續日本、琉球、臺灣、菲律賓，接著一個轉向，由蘇門答臘往東接續爪哇、新幾內亞與東加群島，最後又一個九十度轉南接到紐西蘭，全長達四萬公里左右。

火環帶地底下的岩漿庫做為重要的

熱源，將灌入地底的海水加熱、溶解岩石與土壤中許多的礦物質、最後再帶入海洋之中，成為海洋生命最基礎的養分來源。能具備這樣的地質環境，一切都是因為太平洋周圍的陸塊剛好為板塊邊界所在。

解開板塊之謎

目前我們熟知的板塊構造學說，其實一直到一九七〇年左右才較為完整。板塊構造學說的初始原型為一九一五年德國學者韋格納（Alfred Lothar Wegener）提出的「大陸漂移說」，當時韋格納注意到南美洲東岸與非洲西岸的海岸線形狀很相似，他緊接著將兩塊大陸的地層、岩石與化石種類，以及古氣候做比較，發現這兩塊大陸具有極相似的特徵。要解釋為何這兩個性質極為相似的大陸被一片大洋分開，

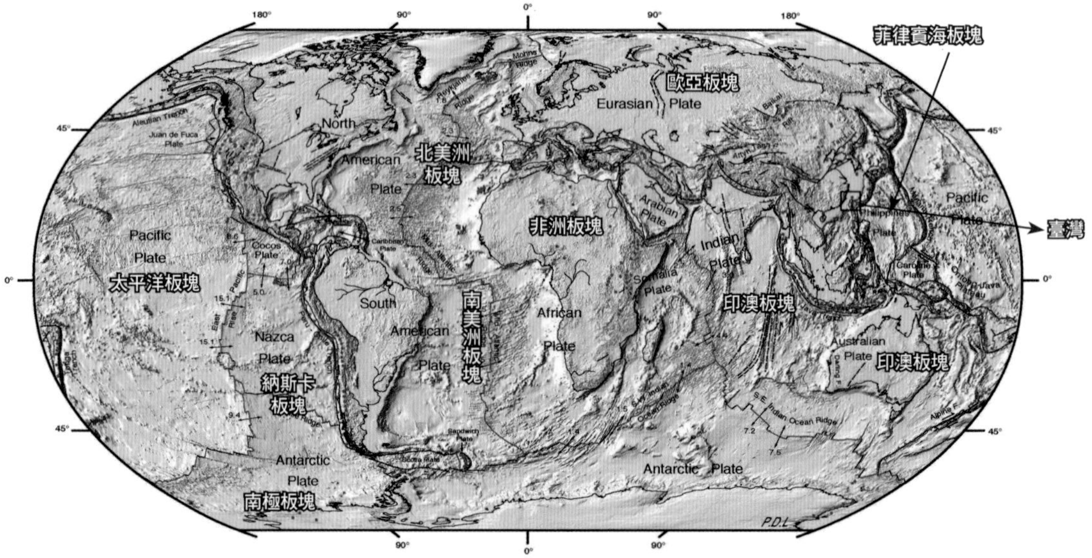

全球板塊圖。臺灣位於菲律賓海板塊與歐亞板塊交接處。（圖片來源：wikimedia_commons）

韋格納提出這些陸塊原本相連成盤古大陸，但後來某些因素使得大陸分裂、彼此漂移遠離。

儘管有眾多的證據說明這兩塊大陸的相似性，但是大陸漂移說並沒有被大眾接受，原因很多，其中一個原因是韋格納無法提出妥當的大陸漂移機制。在當時的年代，大多數人相信「固定論」，也就是現今地表的起伏變化都是陸與海在原處升降所致，對於南美洲與非洲的相似性，人們寧願相信這兩塊大陸之間曾有一座陸橋，只是後來陸橋下陷、被海淹沒而變成兩塊孤立的陸地。韋格納提出的「移動論」觀念實在過時，讓人聯想到古希臘學者泰利斯提倡的「陸地漂浮在水上」。

另一個讓大陸漂移說不被接受的重要原因，在於韋格納本身是氣候學家，而非地質學家。當一位不是相關領域的專業人士，跳出來提出過於「前衛」的觀點時，地質學者難免會感到自己的專業備受挑釁與輕視。總之，大陸漂移說因為缺乏有力的移動機制，而變成當時學者們茶餘飯後的玩笑話題。

一直到一九三〇年代，英國學者霍姆斯（Arthur Holmes）藉由放射性元素的研究，推論地底的岩石應有足夠的放射性元素產生熱能、進而製造熱對流；加上以聲納技術解析海底地形的能力提升後，瑪莉．薩普（Marie Tharp）與希森（Bruce Heezen）注意到綿延於大西洋中的中洋裂谷[2]——也就是海底山脈中央的V字型峽谷，使後續的科學家相信能解釋大陸移動的機制就在海底。

當時一些學者如著名的普林斯頓大學地質系主任海斯（Harry H. Hess），開始提倡大陸並非像是浮在水面那般「漂移」，而比較像是陸地座落在巨大的輸送帶上被「帶動」。多年的研究積累，結合包含海底地形學、地磁學、岩石與礦物學、古生物學、古氣候以及地震學等領域的研究，學者總算逐漸接受「大陸會移動」的說法。一九六五年，著名的地質學者威爾森（John T. Wilson）提出「板塊」（plate）

一詞，讓分分合合的陸塊有了合宜的名字，也終於將這五十多年來的研究首次做了一個小結。

那麼，究竟板塊是什麼？板塊是地球表面斷裂、但能相互移動的巨大岩石塊體（岩石圈），一般所知岩石

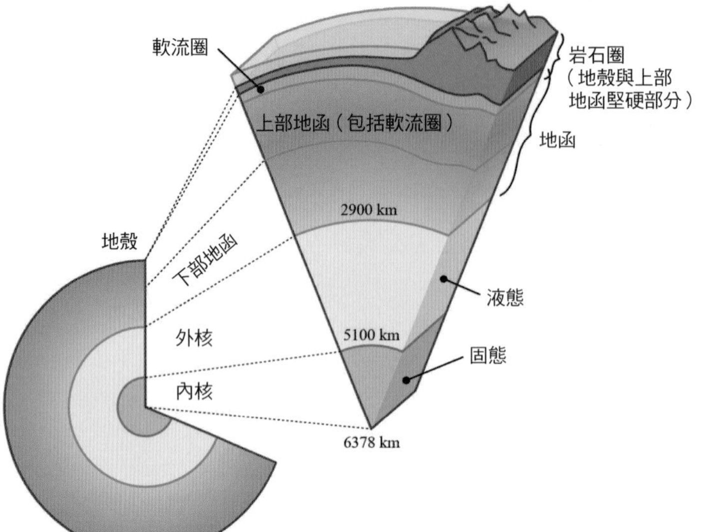

岩石圈構造圖（圖片來源：中央氣象局）

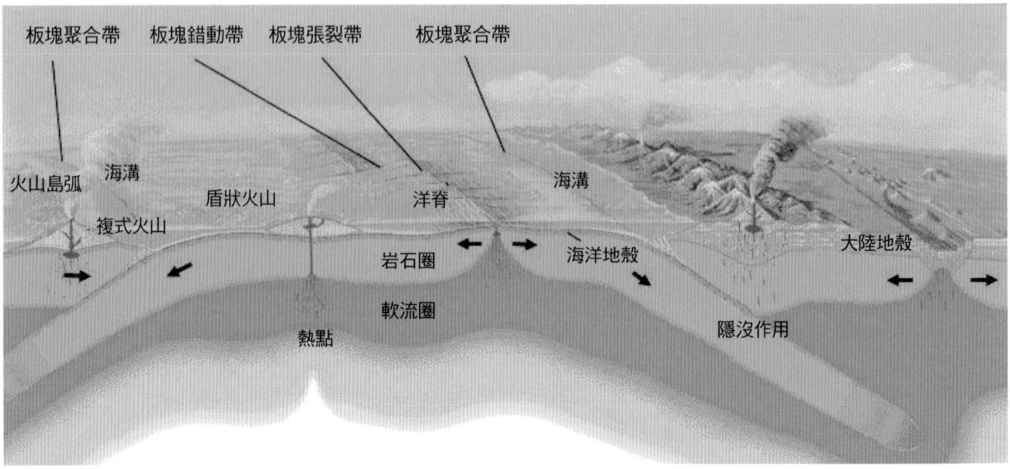

板塊構造運動圖（圖片來源：美國地質調查所）

圈厚度約一百到兩百五十公里，在它下方為長時間尺度下較易變形的軟流圈。想像地球的表面扣除掉海水後，位於最表層的陸塊如拼圖一般相互拼接，而這些陸塊拼圖又很好動，它們彼此的邊界在軟流圈上方相互擠壓、遠離、側向摩擦，分別形成了聚合型、張裂型與錯動型板塊邊界等大型構造。板塊之間的相互運動造成了震動；板塊之間的裂縫讓地下炙熱的岩漿有向上竄升的通道，可能劇烈噴發而出形成火山、或是緩慢滲出造成岩漿漫流，火山與岩漿將地下豐富的硫化物與金屬元素釋放出來，成為部分生物的生存所需養分。板塊活動、地震與火山活動正代表著地球旺盛的生命能量。

大屯火山的活動

地質能量的旺盛，除了造就生命的誕生，也可能造成生命的消逝，而後者往往更令人在意。像是在地震發生時，我們通常無法讚揚地球的活動力如此活躍，而是恐慌地震是否帶給我們危害，尤其當我們感知這場地震可能帶給我們的不只是震災時。

二〇一九年八月七日凌晨，一場規模三點三、深度二點六公里的淺層地震罕見地發生在臺北士林區，引起了不少騷動。儘管該次地震並沒有造成傷亡，卻引發後續討論，因為這場地震的成因與過往的地震不大相同，是大屯火山活動時，高溫高壓的氣體或液體在岩石縫隙中移動、使岩石膨脹張裂所致。

其實在同年的五月，大屯火山仍在活動的消息就已經釋出了。當時大屯火山觀測站（Taiwan

Volcano Observatory-Tatun, TVO）主任林正洪對外發表最新的研究成果，他表示北臺灣最大的火山群——大屯火山群被證實為活火山。消息一出，讓不少臺北人感到焦慮，畢竟這裡是首都，人口密度如此高，很難想像居住地旁就有一座還在活動的火山。

一九九四年時，有臺灣學者以鉀氬定年法研究大屯火山群，發現過去噴發時間為十萬至二十萬年前，因而將其認定為死火山。[3] 然而鉀氬定年法的刻度不夠精細，最小的時間尺度約為十萬年，這意思是只要是在十萬年以內發生的事，用鉀氬定年法都必須「無條件進位」變成十萬年，所以我們無從得知更近的時間內，這座火山到底有沒有噴發過。直到二〇一〇年，有另一批學者將火山灰利用精度更高、且更適合近代定年研究的碳十四定年法，發現大屯火山前一次噴發時間約為五千至六千年前[4]，而非原來以為的十萬年前，才讓學者確定大屯火山是活火山。[5] 當然，不只是定年結果，大屯火山的觀測站也實際接收到火山活動的訊號，而這訊號其實就代表著火山地震所傳遞出的震波！

一般我們提起地震，都會直接聯想到它與板塊活動的關係，但事實上，自然發生的地震原因還包含火山活動、甚至更少見的——隕石撞擊產生的衝擊性地震。這幾種地震所產生出的訊號非常不一樣，使得大屯火山觀測站有能力藉由偵測到的訊號分辨這是板塊斷層活動造成、還是火山活動造成的。

大屯火山圖（圖片來源：peellden, Wikimedia_commons）

火山地震的訊號特徵

一般斷層錯動造成的地震，會一次產生各種頻率的波動。然而火山地震造成的波動不同，它的震動來自地底下的氣體與液體受岩漿加熱後於裂隙中熱脹冷縮構成。也因此火山地震的震波頻率單一，當加熱的氣體或液體沿著裂隙竄出地表，波動會像用水壺煮開水的聲音一般，先由固定頻率的波開始出現，接著由其他頻率的波疊加上去（當然實際上這個「聲音」是人耳聽不見的）。[6]

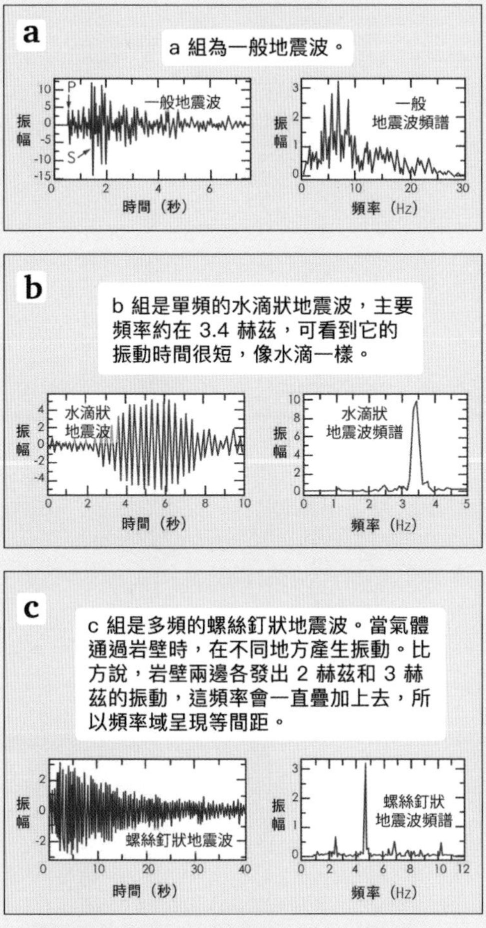
a
a 組為一般地震波。
一般地震波
振幅
時間（秒）
一般地震波頻譜
頻率（Hz）
b
b 組是單頻的水滴狀地震波，主要頻率約在 3.4 赫茲，可看到它的振動時間很短，像水滴一樣。
水滴狀地震波
振幅
時間（秒）
水滴狀地震波頻譜
頻率（Hz）
c
c 組是多頻的螺絲釘狀地震波。當氣體通過岩壁時，在不同地方產生振動。比方說，岩壁兩邊各發出 2 赫茲和 3 赫茲的振動，這頻率會一直疊加上去，所以頻率域呈現等間距。
螺絲釘狀地震波
振幅
時間（秒）
螺絲釘狀地震波頻譜
頻率（Hz）

一般地震波（a）與火山地震震波（b、c）的波形
（圖片來源：研之有物網站）

不僅大屯火山被證實為活火山，位於東北外海的龜山島，也被發現是一座仍在活動的火山島，這讓繁榮的臺灣北部添加了些許不安定性。世界上曾出現過的火山災害，大致包含熔岩從火山口流出的「熔岩流」、噴發後快速冷卻堆積的火山碎屑崩塌而成的「碎屑流」，以及火山灰堆積後受強降雨沖刷形成的「火山泥流」等，據分析，如果大屯火山真的噴發，最直接受火山災害衝擊的地區可能包含北投、天母、淡水河與基隆河一帶等。[7]

相對於直接座落在都會區旁的大屯火山群，位於海上的龜山島似乎對臺灣本島的居民威脅性較小。林正洪從研究的角度解釋，不可輕忽龜山島噴發可能伴隨的小規模海嘯危害，但目前的確不需太擔心，因為火山噴發之前一定會有許多的徵兆，至少都會有一週的緩衝時間，不會突然莫名的噴發。只要持續不斷、密集地監控，就能有效掌握火山噴發的時間，減少不必要的損失。

火山島鏈與南北隱沒帶

大屯火山與龜山島再度證實了臺灣島與周圍的火山島仍具有旺盛的活動力，而臺灣北部會有這些火山活動其來有自，仍是與板塊構造的活動密切相關。位在菲律賓海板塊與歐亞板塊西北—東南斜向聚合的交界上，臺灣島以宜蘭—花蓮間為界，南北各分屬不同的隱沒系統。

「隱沒」是兩個板塊聚合時，其中一個板塊下插至另一個板塊之下的現象。一般來說，一個隱沒系統要能產生，兩側岩石必須具有不同的比重，也就是說，下插的板塊比重理論上要比另一個板塊來

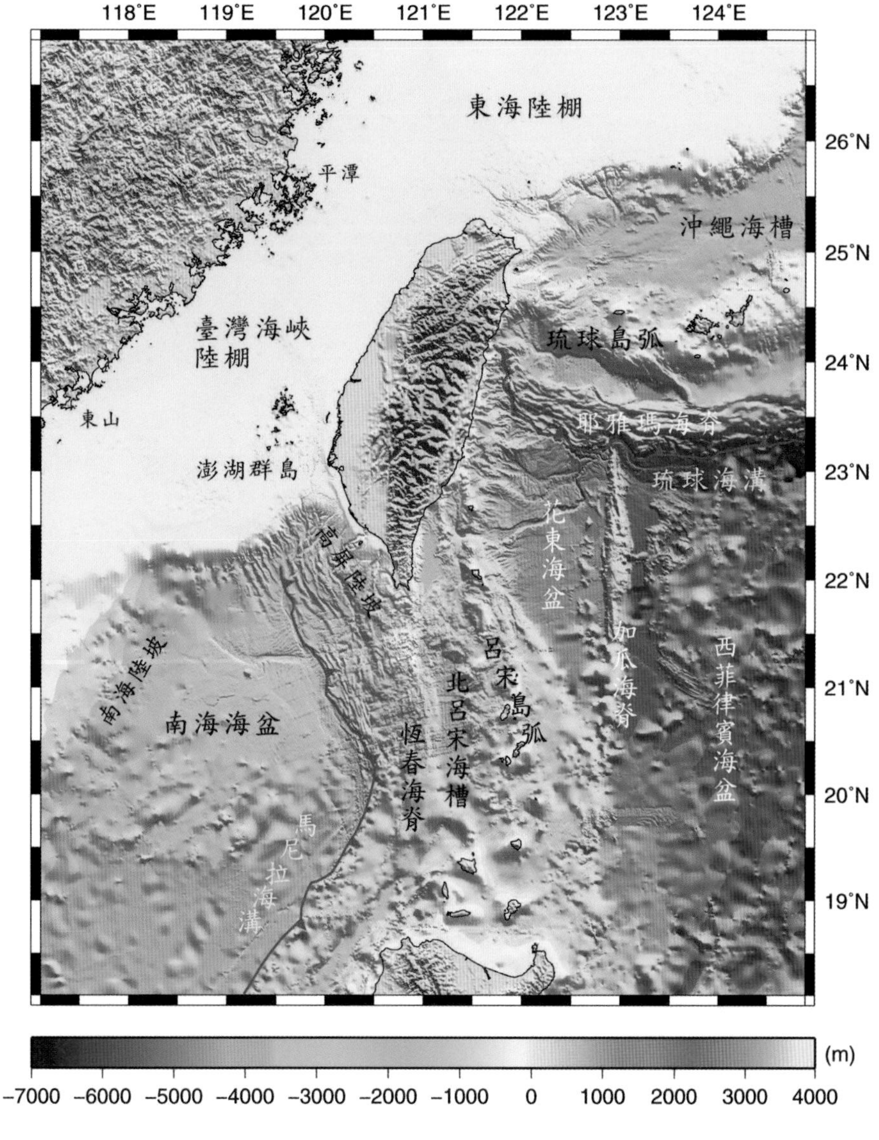

臺灣周邊海域海底地形圖。主要包括大陸棚、海脊、海槽、海溝以及深海盆地，呈現西淺東深的不對稱地形。（圖片來源：陳文山）

得大。菲律賓海板塊比重約在三．三至三．七之間，歐亞板塊邊緣因包含部分大陸地殼，比重約在二．七左右，比菲律賓海板塊的比重小，因此菲律賓海板塊應會隱沒到比重較輕的歐亞板塊之下。[8]

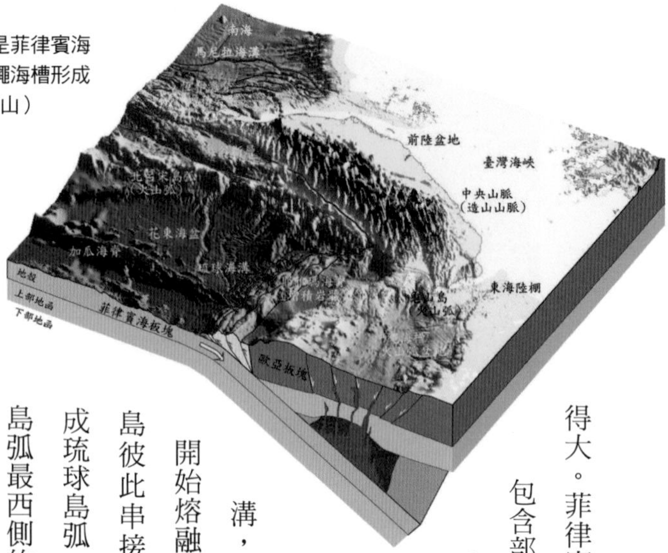

臺灣宜蘭以北至臺灣東北外海區域，是菲律賓海板塊向北隱沒到歐亞板塊之下，於沖繩海槽形成火山弧與拉張盆地。（圖片來源：陳文山）

臺灣宜蘭以北至臺灣東北外海區域，即是菲律賓海板塊向北隱沒到歐亞板塊之下而成。隱沒下陷處為琉球海溝，約略沿東西向延伸。當板塊向北隱沒至一定深處，板塊會開始熔融成岩漿、接著在海溝以北的帶狀區塊噴發成火山島，火山島彼此串接成鏈，在這裡形成琉球島弧，龜山島就是琉球島弧最西側的火山島。島弧以北的構造則稱為沖繩海槽，為火山島弧後方帶狀的下陷區，會形成這種構造是因為板塊交界帶相互聚合時，板塊的前端雖然向前方聚合、隱沒，但板塊後段還來不及跟著前端移動，而在中間產生一股拉張力，像是做龍鬚糖一樣將板塊拉長拉薄、產生下陷。

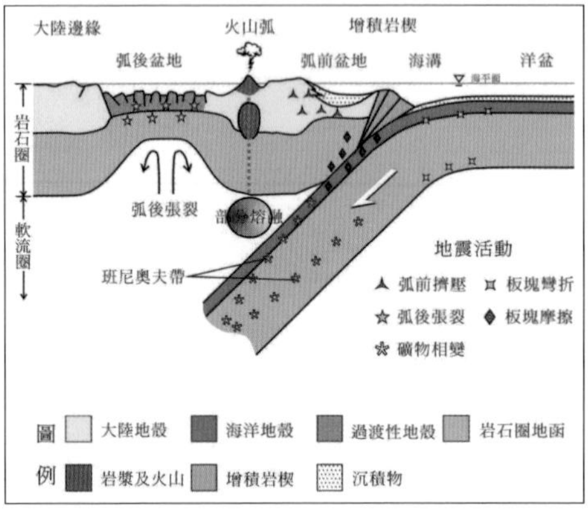

隱沒系統示意圖。此圖套用在琉球島弧系統的話，面對圖之方向為東方、圖左方為北方。琉球海溝即位在圖中「海溝」的位置；琉球島弧則為在「火山弧」的位置；沖繩海槽相對於圖上「弧後盆地」之所在。（圖片來源：鄧屬予）

板塊活動促使火山生成，創造複雜的地質構造，也為臺灣孕育出豐沛的地熱資源並帶出金銀銅等金屬礦產，龜山島東側的沖繩海槽就是最具有代表性的案例之一。自二〇一六年起，中央地質調查所針對臺灣東北海域進行調查，這裡受沖繩海槽的張裂作用影響，讓海水能灌入裂縫中並受地熱加溫，熱水因而能將地下的礦物質帶至海洋中。這些具礦物質的熱水一遇到冰冷的海水後立即析出、沈降在噴發口附近，逐漸堆疊形成了俗稱的「黑煙囪」，它被視為海洋某些物種生命的搖籃，也被學者評為具高潛能的礦產開發區。二〇一九年，臺灣目前最具規模的海洋研究船之一——勵進號特別至此處採集黑煙囪的樣本，期望能更深入瞭解此區金屬礦生成的機制、分布位置，以及礦產資源開發的潛在可能。9

勵進號研究船的ROV水下研究載具。ROV全名為遙控潛水器（Remotely Operated underwater Vehicles）。
（攝影：柯金源，2019年7月25日）

勵進號研究船在北部海域布放ROV進行水下探測（攝影：柯金源，2019年7月25日）

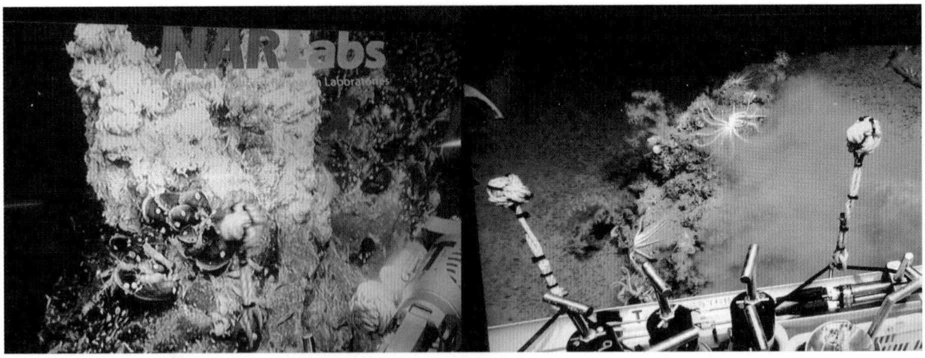

勵進號研究船ROV水下拍攝畫面（攝影：柯金源，2019年7月23日）

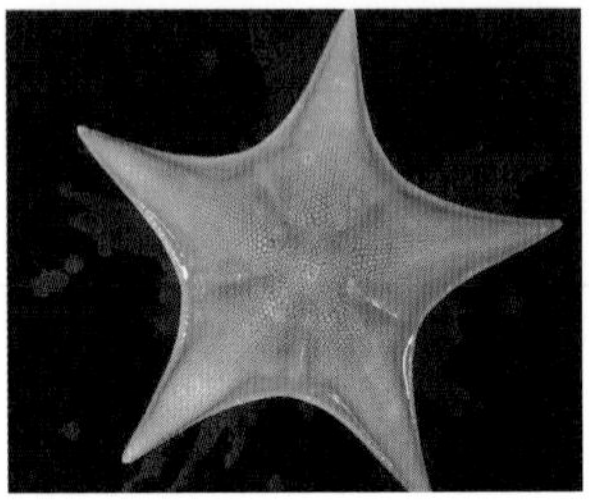

②|①

① 勵進號研究船以ROV進行水下採樣的礦石標本（攝影：柯金源，2019年7月25日）

② 勵進號研究船ROV水下採集生物標本（攝影：柯金源，2019年7月23日）

臺灣的東北因隱沒作用有著尚未停歇的火山活動，而臺灣的東南方也有另一個隱沒系統，只是這裡以不同形式的活動力展現在世人面前。

站在臺東的海岸遙望遠方，若天氣夠好，海上沒有什麼雲，通常都能看到海天交界處有一塊略為突起的平坦島嶼。那是綠島，臺灣東南方唯二的離島之一，也是暑假期間臺灣民眾最喜歡前往的外島之一。一般民眾通常以搭船的方式前往，從臺東富岡漁港出發，約一個小時的航程即可抵達。這裡最著名的建築，莫過於綠島監獄。在日治時期，這裡就設立收容所，專門囚禁違法的黑道分子，而至一九五〇年代，收容所轉型成監獄，囚禁對象也從黑道分子，轉變為著名的政治犯。至今，綠島中寮村的「矯正署綠島監獄」仍持續收容罪犯。

綠島舊名為「火燒島」，據說是因此地土石如燒焦般，呈燻黑色；而海上帶來的鹽風、春夏時期吹拂的焚風，以及秋冬冷冽的東北季風，都容易讓此處的草木枯黃，如同火燒一般。「火燒島」這名字，配上島上冰冷無情的監獄建築，讓島嶼添上一層肅殺氣氛。但若從另一個角度看，「火燒島」其實也反映出這座島曾經活躍的地質往事。

綠島與龜山島一樣屬於火山島，只是綠島已經沒有火山活動，但是在島嶼上，處處可見火山活動所遺留下的地質地形，像是保有火山口的錐狀火山、因差異侵蝕作用顯現成奇形怪狀的火山角礫岩塊、大片的六角柱狀節理等等。有趣的是，當你繼續往東南方的蘭嶼，甚至回到臺東海岸山脈，就能發現此處也由火山岩、火山碎屑岩及深海沈積岩等海洋地殼物質構成，說明海岸山脈與綠島、蘭嶼具有相同的地質來源。

臺灣本島中壢—花蓮連線以南地帶皆屬於呂宋島弧系統，為臺灣本島最重要的構造系統，而臺灣東側的海岸山脈與綠島、蘭嶼等離島，都屬於西北呂宋島弧的一塊。呂宋島弧系統同樣是菲律賓海板塊與歐亞板塊聚合之處，但比琉球島弧系統更加複雜的地方在於，中壢—花蓮連線以南地帶經歷了「隱沒、然後碰撞」的兩階段事件。

剛剛提及臺灣東北的琉球島弧為菲律賓海板塊隱沒至歐亞板塊的產物，依據兩板塊的比重差異，這裡的隱沒形式非常「正常」；然而在呂宋島弧一帶，學者卻發現歐亞板塊向東下插到菲律賓海板塊之下，這樣的現象違反常理。有研究顯示，歐亞板塊能隱沒至菲律賓海板塊之下，是因為原來的歐亞板塊前緣連結了南中國海板塊，這個古老板塊的比重比菲律賓海板塊大，因此當時在往東隱沒的同時，能順帶拉著歐亞板塊一同隱沒。

原先，南中國海板塊向東隱沒的時候，隱沒而熔融的岩漿竄升至菲律賓海板塊上方，形成一系列的呂宋火山島鏈（呂宋島弧），而隱沒的過程中，海床表面一部分沈積物會像是被推土機刮鏟、層層堆疊、抬升形成「增積岩楔」，這就是臺灣島的前身。

當比重較小的歐亞板塊受南中國海板塊牽引、跟著下插到菲律賓海板塊之下後，歐亞板塊就因無法繼續隱沒而「卡住」了，倒是菲律賓海板塊繼續向西北方向擠壓，呂宋島弧北端一座座的火山島被板塊向西北推送，最後與陸地相碰。因島弧與陸地的岩石比重都不大，擠壓過程無處隱沒，只能往上堆疊而造山，加上呂宋島弧順著菲律賓海板塊斜向碰撞陸地，臺灣從最北方開始造山，造山位置並隨時間往南推移，才逐漸形成了現在的臺灣島。

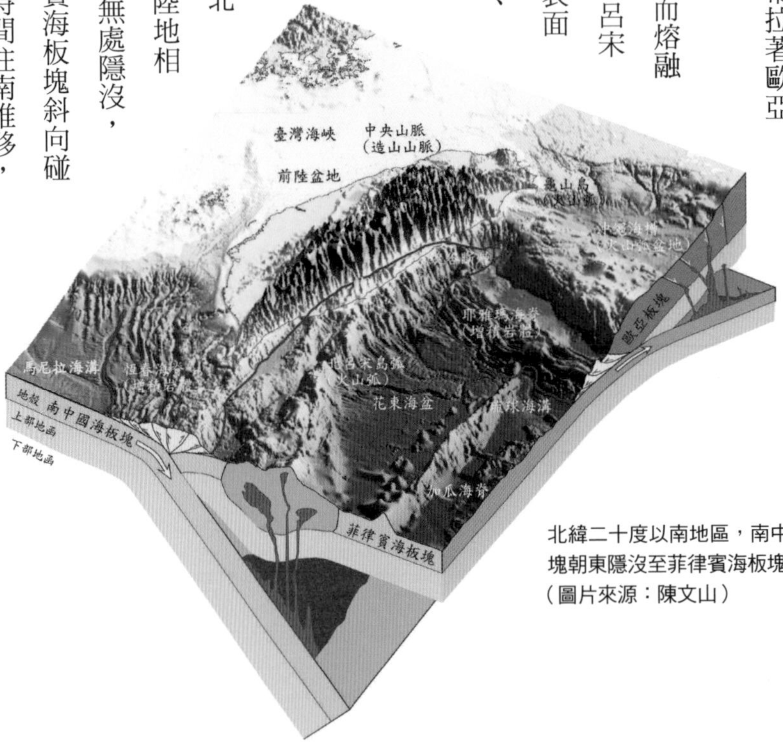

北緯二十度以南地區，南中國海板塊朝東隱沒至菲律賓海板塊之下。（圖片來源：陳文山）

臺灣山脈由西向東分別為西部麓山帶、雪山山脈與脊梁山脈，岩石組成從沈積岩逐漸受溫度與造山應力作用形成變質岩，海岸山脈則是呂宋島弧碰撞增積岩楔的產物，臺灣島即為火環帶上因碰撞造山而形成的島嶼。「弧陸碰撞作用」至今仍在進行著。海岸山脈從原本出露於海上的火山島變成了臺灣本島的一塊之後，緊接著要撞上臺灣本島的將會是綠島及蘭嶼。

所以在非常遙遠的未來，若人類還有幸站在臺東的海岸邊眺望，將會看到與現在不同的景色：綠島或許已經幾乎靠近海岸，而蘭嶼則小小的、位在靠近海天交界線處。

正因太平洋西側旺盛的板塊活動，以及獨特的碰撞造山作用，使得這座小小的島嶼得以一次展現多樣地質景象，由北而南的地理位置則對應出造山作用時序，讓國際學者能藉由走一趟臺灣，完整領略造山作用的先後變化。板塊活動產生的地熱資源，在臺灣多處皆能發掘，是未來具備新興能源可能性的指標之一，其附加的礦產資源潛能也備受關注。臺灣從高山至海洋，從都市到離島，無一不是億萬年來地質與生態多樣性的演示場。

2-2 改變地震研究史的關鍵事件

從傳說到科學的漫漫長路：十九世紀以來的地震觀測史

肇因於板塊構造的力量，地球位於板塊交界的地區從古至今一直不斷地製造出地震，除了火環帶——或稱為環太平洋地震帶——為全球九成地震事件的集中地，全球第二重要的地震帶為東西向橫跨歐亞大陸的歐亞地震帶，該區西起大西洋亞速群島，經過地中海、伊朗高原至喜馬拉雅山東側，再轉南經過緬甸西部、安達曼群島、蘇門答臘、爪哇等處。此外，大洋中洋脊區域，以及大陸裂谷周邊如東非裂谷、紅海等地也都是地震密集處。也就是說，世界多處都能感受到地震的活動。

人類自古以來就感受過地震，也體會過地震所造成的危害，但過去人們對於地震的發生機制並不清楚，多以穿鑿附會的方式進行解釋，因而創造出不同的神話或傳說。

像是古希臘人認為陸地因浮於水面上，水面可能因海神波賽頓擾動引起地震。另有一些傳說想像陸地負載於某些生物之上，當生物扭動、翻騰，陸地就會進行大規模搖晃，像是北美洲原住民想像陸地由烏龜背負著、印度人傳言陸地由四隻大象支撐、日本認為地震與鯰魚

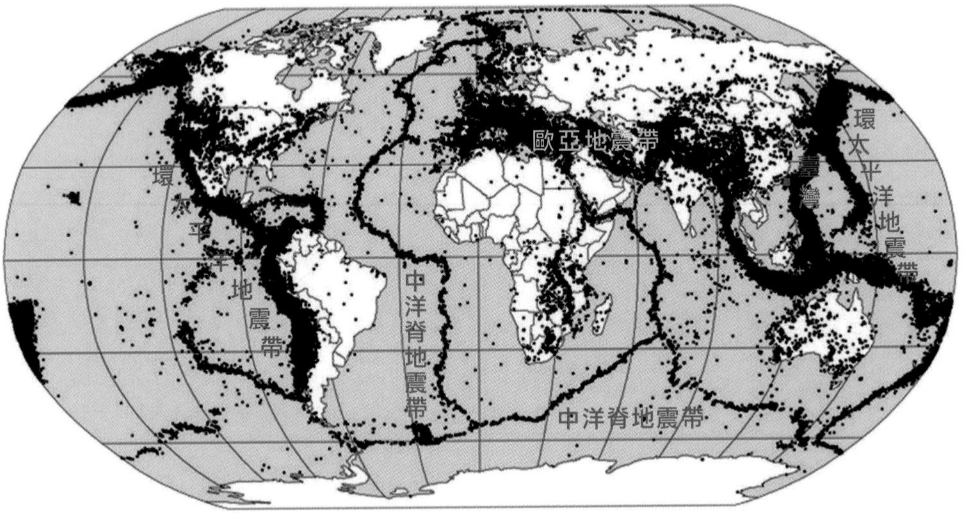

全球三大地震帶分布圖（圖片來源：國家地震工程研究中心）

地動儀復原模型（圖片來源：Kowloonese, Wikimedia_commons）

活動有關、中國傳說鰲魚興風作浪產生地震，臺灣民間則流傳著「地牛翻身」的故事。

儘管當時的人們還不瞭解地震的機制，但他們至少知道地震傳遞的方式，並且嘗試偵測地震來的方向。像是東漢時期的中國，張衡就已發明了地動儀，這個酒樽外型的銅製儀器，在八個方位裝置可吐珠的龍以及接珠的癩蛤蟆，哪個方向有地震時，地動儀會接收到震動而產生反應使龍吐珠。地動儀是史上第一座以科學原理製作的觀測地震用的精密機械，中間無論東西方，在地震觀測的進展上都停滯了一段時間，一直到十九世紀才出現現代的地震觀測儀。

「地震學」真正開始興起，必須要先從一八四六年說起。當時一位學者馬萊（Robert Mallet）在愛爾蘭皇家學會的期刊上發表了一篇與地震有關的論文，對鮮少出現地震的愛爾蘭來說，馬萊的研究主題實在奇特，但我們在此先不論馬萊的研究動機。當時因為他創造了地震學（seismology）一詞，人們終於有一個詞彙去描述這類研究地震的學門。不只如此，他也創造了震央（epicenter）一詞，以及等震圖（isoseismal map）的畫法，讓後來的學者得以對地震有更好的描述方式。

當時所謂的震央是「地震發生的地點」，後來因為知道地震真正發生的位置在地底下，才將這稱為震源（hypocenter，又稱 focus），其中的字根「hypo-」有「在地下」的意思。震央是震源鉛直向上投影至地表的位置，此處通常為搖晃程度最嚴重的地點。震央至震源的距離則稱為「震源深度」。

震央、震源以及震源深度為現代描述一個地震發生位置所使用的三個學術詞彙。現代的地震學者也根據地震發生的實際位置深度，將地震分成四類，分別為極淺地震（震源深度在三十公里以內）、淺源地震（震源深度在三十至七十公里間）、中源地震（震源深度為七十至三百公里），以及深源地震（震源深度大於三百公里者），這些類型的地震都有相對應的地質原因，這會在後面描述。

至於馬萊創造的等震圖，是先將地表物體受地震造成的損壞程度進行分級，也就是所謂的「震度」，接著將相同震度的位置相連，形成類似天氣圖一般的封閉同心環，這可用來描述一個地震在地表的影響範圍。基於以上貢獻，馬萊被譽為「地震學之父」，只是這位地震學的創始人對於地震發生的最主要原因仍不理解，當時的他仍相信地震最主要源於火山活動。

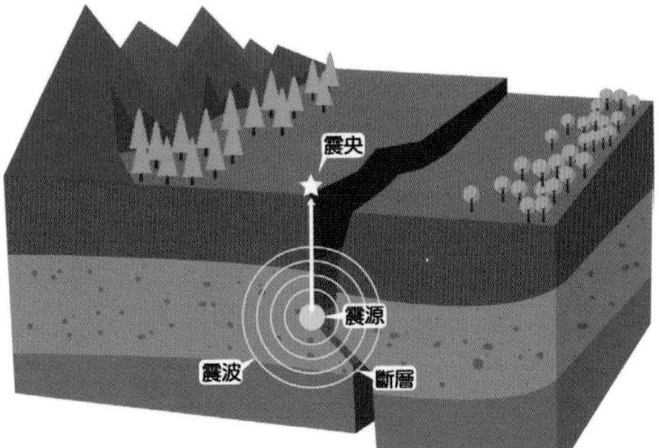

震源與震央示意圖，震源至震央的垂直距離為「震源深度」。
（圖片來源：中央氣象局）

儘管不清楚地震發生的真正原因，學者已知地震會以波動的形式傳遞，而對地震波理解的突破發生在十九世紀末。當時到日本擔任訪問學者的米爾恩（John Milne）與其他地震學者在日本建立了第一個實用的地震紀錄系統，並猜想地震儀或許有機會接收到來自更遠地區的地震，果不其然，在一八八九年，位於德國的地震學者發現他們的地震儀記錄到來自日本的地震訊號，地震學者從此理解地震波能以地塊為介質，將波動傳到地球的遠方。甚至到了一八九七年，印度學者奧爾德姆（Richard

D. Oldham）藉由靠近喜馬拉雅山的阿薩姆地震，發現地震波可以拆成三種類別：P 波、S 波與表面波，人們終於能藉由這三類地震波在介質中獨特的傳遞特徵來解析地底下的世界，甚至藉此瞭解地球內部可分成地殼、地函與地核三層，當然，這三層還能再經由地震波解析拆成更細緻的分層。

地震波的類型

地震波傳遞的方式分成兩大類，分別為體波（body wave），以及表面波（surface wave）。體波是可以在介質內部傳遞的波，又可分成 P（primary）波與 S（secondary）波，前者傳遞的方向與介質震動的方向平行，所以介質會看起來壓縮又伸張，又稱為疏密波或縱波；後者傳遞的方向與介質震動方向垂直，所以介質會看起來如波浪般扭曲，又稱為高低波或橫波。值得注意的是 S 波無法在液態中傳遞，學者能利用這種特性去判斷地底下是否存有液態物質。

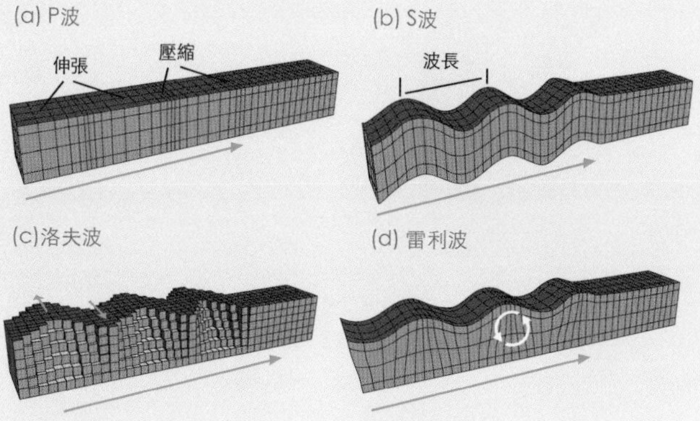

四種不同類型地震波在介質中的傳遞形式（圖片來源：中央氣象局）

至於表面波是只能沿著地表，或是地球內部界面傳遞的波動，又可分成洛夫波（Love wave）與雷利波（Rayleigh wave），前者介質水平面震動的方向與波傳遞方向垂直，後者則是垂直於表面的介質會沿著橢圓形軌跡運動。

依照波傳遞速度來說，P波傳遞最快，其次是S波，最後是表面波，所以當地震發生時，人們通常會先感受到地表上下震動、然後是短週期水平搖動、最後是長週期且方向較為混亂的晃動。

科學家也藉由不同波的震動特性，去探索地球內部的結構，進而發現地球內部分成地殼、地函與地核。地核又可分為液態的外地核，以及固態的內地核。

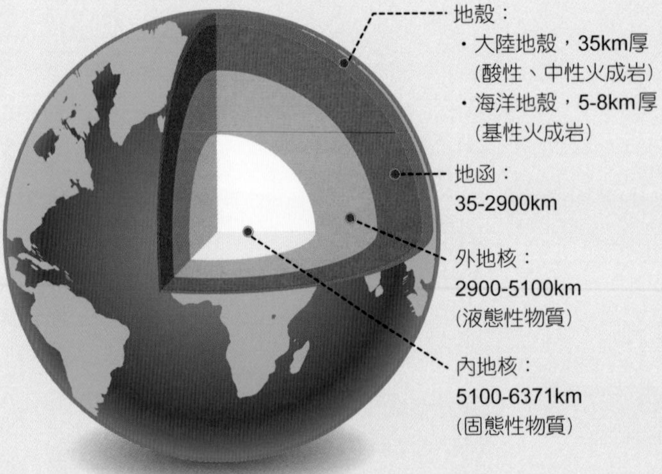

地球內部構造圖（圖片來源：中央氣象局）

因為地震儀的發明，以及後續地震觀測技術的提升，使得原本對於地震主觀的看法，可以轉變成量化的描述，像是剛剛提及的震度，原先考量的是「窗戶被震得嘎嘎作響的程度」、「磚瓦掉落的嚴重度」、「建物傾倒的程度」等，是較為主觀的分級，但現在學者們可藉由地震儀記錄到的「地表加速度值」將震度量化。地表加速度指的是地表從靜止到產生最大移動速率所需的時間，類似重力加速度值g的描述。地表加速度值的大小與地震對建物造成的作用力大小有直接關係，所以工程師在規劃建物防震措施時會考量這個數值，也就是考量了震度。臺灣地震學家目前將震度分成零至七級，數字愈高、震度愈大。[10]

至於現在新聞常用的地震「規模」，表示的是地震能量的大小，由地震儀測到的地動參數大小做計算得來，其數值為一個帶有一位小數的實數，而且沒有單位。一般人熟知的「芮氏規模」(Richter Magnitude Scale)，為一九三五年美國地震學家芮克特（C. F. Richter）與夥伴古騰堡（Beno Gutenberg）合作開發而成，他們以離地震儀一百公里的「標準地震」產生的最大波峰〇·〇〇〇一公分視為規模零，接下來使用他們設計的某種對數公式，當振幅訊號加強十倍時，規模就變成一，以此類推，該數值可以表現在局部區域內發生的地震大小。

地震學家芮克特（C. F. Richter）(圖片來源：wikimedia_commons）

在芮克特與古騰堡之前的年代，地震規模的量測並沒有一定的標準，所以同一個地震的量測結果常有紛擾不休的狀況，芮氏規模訂定的標準地震就此解決了這個問題。值得補充的是，這個數值的學術名稱其實叫作「近震規模」(Local Magnitude, M_L)，只因當時的年代多由芮克特代表發言、公布他們計算出的地震規模，民眾因而忽略了古騰堡的貢獻，這個數值就漸漸被稱為「芮氏規模」。[11]

中央氣象局公布的地震資料至今仍會使用芮氏規模這個數值[12]，但目前地震學者更廣泛使用的規模計算法為「震矩規模」(Moment Magnitude Scale, M_w)，美國地質調查所（USGS）發布的地震資料也是使用這個。而在此之間，也曾有學者提出表面波規模（Surface Waves Magnitude, M_s）、體波規模（Body Waves Magnitude, M_b）等計算規模的方式，它們是藉由某特定震波的振幅計算得來，而所得到的數值皆用來表示地震能量的大小，因此計算公式之間是可以互相轉換的。至於為何會有那麼多種計算地震規模的方法，是因為當時使用的芮氏規模在某些時候會出現問題。

芮氏規模利用伍德—安德森扭力式地震儀（Wood-Anderson torsion seismometer）進行量測，但儀器有其偵測極限，當地震規模大於七點五以上、或是觀測點距離震央超過六百公里以上時，地震儀將測不出差異而產生數值「飽和」的現象。儘管後來地震學者提出表面波規模、體波規模等計算法，但它們對於大型的地震也會出現飽和現象，直到震矩規模被提出，問題才解決。

震矩規模為日裔美籍地震學家金森博雄（Kanamori Hiroo）所創，這種規模計算法考量了斷層的位移量，以及斷層滑移區塊的面積，概念上跟「力矩」(作用力乘以力臂長）一致，單位皆為牛頓·公尺。[13]震矩規模因為不會有飽和現象，也就是不會到某個規模以後在計算上分辨不出能量的差異，因而較受學者歡迎。縱使如此，民眾通常不瞭解這些計算背後的原理，聽到某個規模數字也不容易想像它的代表意義，因此新聞記者為了方便民眾理解，喜歡將能量類比為「幾顆原子彈爆炸」，既聳動、又能加深民眾印象，但要記得它只是一種較易於聯想的說法。

前面提及了人類觀測地震的歷史演進，以及地震描述方式的改變，但對地震發生機制的理解，一直沒有更好的詮釋。直到一九〇六年舊金山地震發生後，對於地震機制的理解才出現新的突破。

一九〇六年舊金山大震促發彈性回跳說

一九〇六年四月十八日，一個看似平凡無奇的初春清晨，正當美國西岸舊金山的人們還在睡夢中或是正準備起身準備一天的活動時，突然感受天搖地動，瞬時許多房屋的煙囪倒塌、爐火翻倒從零星火苗演變成凶惡火海，人們驚慌地在街道上四處逃竄。這次地震震矩規模達七點九，劇烈搖晃重創加州灣區，估計死亡人數達三千人以上、將近三十萬人無家可歸，為美國歷史上主要城市發生最嚴重自然災害的事件之一。地震後續的重建除了開始考量抗震措施，舊金山地震也促發了地震學的蓬勃發展，其中有一位學者提

1906年4月18日的舊金山大地震（圖片來源：wikimedia_commons）

出了影響地震學深遠的「彈性回跳說」(elastic rebound hypothesis)，那位學者就是約翰霍普金斯大學的里德教授（Henry F. Reid）。

里德在地震災後進行調查，發現農場上的一個現象非常值得深思：平坦的草地上，農民以木製圍籬圈出彼此的農牧界線，但這個界線在地震過後嚴重扭曲變形，甚至斷裂錯移；里德發現這個破裂現象不只發生在人造建物上，地面也出現大規模錯移產生的裂隙。他思索，地震後所發現的地表破裂如果是造成地震的「原因」而不是「結果」呢？若是地塊原本就一直接收某種力量，直到它承受不住而破裂、產生震動呢？

地塊從累積應力、開始扭曲變形、到瞬間斷裂產生震動，一連串行為是「彈性回跳說」的基本概念，想像當你凹折一支硬的塑膠尺，當施力大到一個程度時，塑膠尺會斷裂並於斷裂端晃動；斷層活動也是如此，斷層帶上持續累積應力，而大地的應力來源，通常發生在板塊邊界附近，因板塊之間的相互移動，會對岩塊的物理性質造成巨大的影響。舊金山地震發生在聖安地列斯斷層上，剛好屬於太平洋火環帶東側的錯動性板塊邊界，此處地震不斷，意味著斷層帶兩側的岩塊不斷進行應力累積、變形、斷裂、再一次應力累積的循環。

聖安地列斯斷層的滑移形式屬於「走向滑移斷層」(strike-slip fault，又

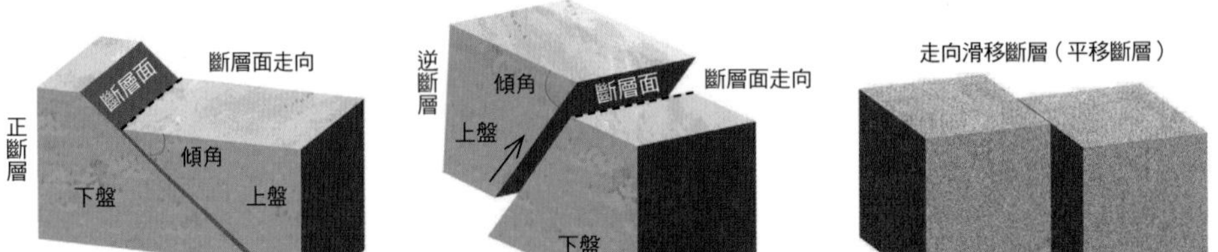

斷層種類示意圖（參考來源：國立中央大學地球物理研究所暨應用地質研究所網站，遠足文化）

稱平移斷層）一類，這也說明了斷層其實還有其他種的活動形式。一般而言，斷層可以分成三類，除了走向滑移斷層外，常見的斷層類型還有正斷層（normal fault）與逆斷層（reverse fault）兩種。不同的斷層錯動形式受制於當地的構造環境，也因此地震的行為也會有所不同。

像是正斷層指的是上盤（斷層面以上的岩體）相對於下盤（斷層面以下的岩體）往下移動的斷層，因為岩體沿著斷層面下滑的過程與物體受重力下墜的概念一致，所以英文上稱為「正常」（normal），中文則翻譯為「正」。這類的斷層通常發生在伸張的環境之中，產生的地震多為淺源地震。

逆斷層則是上盤相對於下盤往上移動的斷層，這類斷層發生在擠壓的環境中，震源深度通常由淺至深都有可能發生。臺灣位於板塊聚合帶，因此也很容易有逆斷層錯動造成之地震。

至於像聖安地列斯斷層一樣的走向滑移斷層，斷層兩側的岩體會在水平方向錯移，震源深度也是淺源至深源都有可能發生。

因為一九〇六年的舊金山地震促使里德提出彈性回跳說，後續的學者才有新的方向去理解地震機制，並且更精確地監控斷層活動。只是思考彈性回跳說的機制，它暗示了同一條斷層可以再次錯動、產生地震，那為何已經產生滑移的斷層，能夠再次停滯，隔一段時間後才又錯動呢？

斷層面[14]是兩塊岩體相互接合之處，岩塊在這個面上滑移產生的振動會促成地震，然而斷層面並不是平滑的，就算是已經滑動磨損過的斷層面也仍有凹凸不平之處，這些不平滑的接觸點會成為地震發生與否的栓（asperity），負擔著斷層錯動時累積的應力。當這些地栓承受過大的應力而破碎時，斷層就會瞬間滑動，進而形成地震。接著，斷層終究會受到下一個地栓的作用而卡住、停止滑動，直到新的地栓累積的應力大於承受量而再度破裂。

總而言之，同一條斷層是可以發生好幾次地震的，甚至有學者發現有些斷層似乎每隔一段時間，就會發生相似規模的地震，這樣的斷層對於「地震預測」的相關研究來說，就有很大的研究價值。聖安地列斯斷層就因為被發現其大規模地震的發生具有長週期性，因而被大量研究。[15]

地震帶來災害，但另一方面，它也促進了地震科學的突破。回望臺灣，九二一地震的發生，將全球地震學研究推往新的里程碑。

一九九九年九二一地震與臺灣地震學

一九九九年九月二十一日凌晨一點四十七分，全臺各地皆感受到異於往常的劇烈晃動，當時芮氏規模七點三的主震持續晃動了一〇二秒，地震肇始者——車籠埔斷層在地表產生長達一百公里的破裂帶。劇烈的地動山搖對臺灣造成巨大破壞，據統計當時罹難人數達兩千四百一十五人，為臺灣有史以來遇過災情最嚴重的前三大地震之一，僅次於一九三五年的新竹—臺中地震。[16]

1935年新竹—臺中地震後的街景（圖片來源：本影像是根據日本舊著作權法第23條以及日本著作權法補充規定第2條屬於公有領域。wikimedia_commons）

主震過後，臺灣各地仍持續出現與九二一地震相關的系列餘震。在九二一地震後一個月內，記錄到的有感地震高達四百多個，甚至到了隔年六月，還出現規模六點七的餘震，可以想見當時的地震能量有多麼驚人。

地震的序列

地震序列指的是發生在相近時間與空間上的一連串地震，包含前震（foreshock）、主震（main shock）、餘震（aftershock）。其中主震是地震序列中地震規模最大的，前震與餘震則是分別在主震前後所發生的規模較小的地震，這些地震由同一個斷層構造所產生。如果一個地震序列很難分別出它的主震，那麼這一連串的地震就稱為群震（swarm earthquakes）。

有時地震序列並不會在很短的時間內發生完畢，有可能地震與地震之間相隔很久才發生。像是二〇一九年四月九日至十日，花蓮一帶在八小時內連續出現四起有感地震，有一個地震甚至達到芮氏規模五點零。據中央氣象局表示，其中有兩個地震應屬於二〇一八年二月六日花蓮強震的餘震，這表示從上次主震到最新餘震的發生，整整相差一年以上！

九二一地震促使臺灣重視建築的防震措施，政府也嚴肅正視防震教育，加強防震防災宣導。該次地震的嚴重性受到了全球的關注，除了許多慈善單位、救災單位前來協助臺灣的災後救援、重建工作，臺灣的地震學研究，也在九二一地震之後受到國際矚目，這些都來自於臺灣地震學前輩們的前瞻思維。

日治時代以前，臺灣並沒有任何地震觀測設備，我們對日治時期以前的地震理解，都來自官方文獻，以下方文字為例：

> 彰化縣城內衙署、監獄、倉庫並學宮、祠廟，俱已倒壞……城外民房倒坍過半，壓斃民人約一千餘丁口，手傷者亦復不少……統計被震各處內，惟彰化、鹿港為最重，嘉義次之；而彰化、鹿港所屬共十三保，又惟彰化之大肚上中下，大武郡東西、燕霧上下、南北投等四保，鹿港之馬芝遴、半線等二保為最重，其餘各保又次之……

這段文字描述的是道光二十八年，也就是西元一八四八年發生的彰化地震，這場地震是目前已知臺灣於一九〇〇年以

九二一地震後的集集車站（攝影：柯金源）

前，災害範圍最廣的地震。該地震事件最初被學者忽略，因相關文獻太少，直到後來有學者如鄭世楠教授等人[17]彙整出更多相關資料，才確認了當時的災情。地震歷史學者就是這樣藉由大量的文獻蒐集，比對地震當下描述的用詞，盡力拼湊出地震發生的狀況，甚至推估出當時地震震央所在，以及每個地區感受到的震度大小。但畢竟歷史資料可能有闕漏，地震的描述亦屬主觀，這些資訊對地震研究的幫助有限。

直到一八九六年，日本政府成立臺北測候所，並於隔年設立了全臺第一座葛雷—米爾恩（Gray-Milne）機械式地震儀，臺灣的地震觀測才終於科學化，現存的地震紀錄最早可以回溯到一九〇〇年，災害地震則是一九〇四年斗六地震。一八九七年除了臺北，臺南、澎湖、社寮島、臺中、臺東、恆春等地也裝設了地震儀，至一九四一年時，全臺共計有十七處設置地震儀，提升了地震觀測的精度。這個地震觀測網至二戰結束之後，仍持續維持地震觀測作業。到了一九七一年到一九九〇年左右，臺灣的地震研究又有一波顯著的躍升。

當時在國科會前身——國家長期科學發展委員會（長科會）擔任主委的吳大猷先生積極敦促地震研究，旅外學者蔡義本、鄧大量與吳大銘教授三人，於一九六九年向長科會提出地震研究長期規畫，他們希望能在全臺建立地震網。吳大猷立即答應，但期望他們能回國發展。一九七二年起，全臺地震網開始建置，而蔡義本教授也在隔年擔任了中央研究院物理所地震組的組長，負責主持地震組的研究工作。到了一九八二年，中央研究院地球科學研究所成立，蔡義本也成為第一任研究所所長。[18]

一九八四年，由臺北測候所演變而成的中央氣象局，將原有的「機械式地震儀」全部改成更高敏感度的「電磁式地震儀」，提升了地震觀測能力。而一九八九年時，中央氣象局成立地震測報中心，並於隔年將中央氣象局的地震網與中研院的地震網合併，建立了具有七十一個地震觀測站之即時地震觀測網（CWBSN），讓地震觀測的解析度更高。一九九一年起，中央氣象局開始執行「臺灣強地動觀測計畫」（TSMIP），在臺灣九大都會區六百四十六處架設密集「自由場強震站」，一九九七年進行第二期「建置強震速報系統」，更加提升了全臺強震的監測與即時地震分析技術。[19]

「自由場強震儀」的裝設是一個里程碑，為之後的地震監測帶來突破性的影響。強震儀與電磁式地震儀不太相同，因電磁式地震儀靈敏度高，可以監測到很多細微的震動，但裡頭可能也會包含一些人類活動帶來的「雜訊」；反之，自由場強震儀架設在遠離結構物的地點，著重在「有感地震」的紀錄，這類地震才是帶來災情的主因，也就是強震儀的資料是研究地震破壞力的最佳數據。一九九〇年代中後期，臺灣擁有全世界最好的地震網系統，因為相較於美國需要約三小時的時間獲得地震區域、震央、深度、地震規模等資訊，九二一地震時已經能在一〇二秒內就能計算完成，差距非常懸殊！[20]

正是有這些前瞻的計畫，才能在九二一地震期間收到高密度且高品質的強震資料，並供各國學者

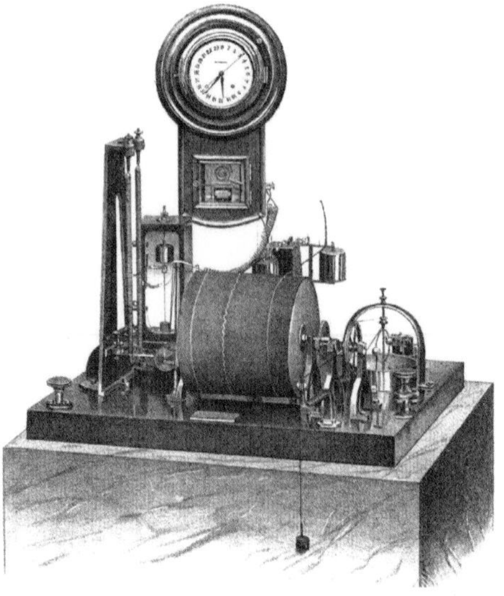

1897年臺北測候所內設立了全臺第一座葛雷－米爾恩機械式地震儀（Gray-Milne）（圖片來源：中央氣象局）

進行分析研究。在九二一地震之前，世界上並沒有任何大地震的近地震紀錄，也因此九二一地震的研究將改變人類對地震發生機制的認知，對於地震災害的預防、甚至未來地震預測的技術發展，都有巨大的幫助。

2-3 繪一張新的臺灣地圖

臺灣地震帶分布圖：板塊碰撞、隱沒、拉張——東西成因大不同

因臺灣地震網的建置逐漸完善，我們能利用這些密度極高的地震測站記錄每一次地震事件。除了地震的振幅使學者得以求出地震規模，不同類型地震波傳遞至測站的時間差也得以讓學者知道地震震央在哪個位置。若將臺灣有地震紀錄以來所有的地震位置投影在地圖上，會發現這些地震點特別集中在幾個區塊[21]，這些區塊的地震分布其實與臺灣的地體構造有關。[22]

東部地震帶的地震活動頻率最高，因此處是菲律賓海板塊與歐亞板塊碰撞之處，從宜蘭開始往南途經花蓮、臺東，並與菲律賓地震帶相接。因為是板塊擠壓碰撞之處，這裡的斷層形式主要為逆斷層，地震深度往南北兩端愈來愈深，因這兩端的隱沒作用顯著。

蘭陽溪上游附近、經宜蘭向東北延伸到琉球群島一帶屬於東北地震帶的範圍，此區的地震活動與琉球海溝的隱沒作用有關，地震活動的深度由南向北逐漸加深至兩百到三百公里，形成一個向地底

延伸的弧形帶狀區[23]，學術上稱為「班尼奧夫帶」(Benioff zone)，因這種地震分布最初於一九四九年由美國地震學家班尼奧夫(Hugo Benioff)發現、並對外提出。[24]此區地震帶也不乏淺層地震，這是由於沖繩海槽拉張形成的正斷層錯動所致。

西部地震帶泛指包含中央山脈[25]的臺灣西部地區，地震發生在歐亞板塊上。相對於東部地震帶是兩個板塊極力擠壓之處，臺灣西部屬於板塊碰撞的前緣，想像此區地層是被推土機推送的土堆前緣，因空間自由度較高、地層不斷被向西推送，產生一系列逆衝斷層。這些逆衝斷層多局限在地殼處滑移，因此西部地震帶的地震震源深度大多在五至十五公里以內，少數地震發生在二十至二十五公里深處。

若要再更細分的話，高屏地區以南至臺灣西南外海也有地震分布，此區為西南地震帶，位處於歐亞板塊隱沒於菲律賓海板塊一帶。雖說是隱沒帶，因歐亞板塊比重比菲律賓海板塊輕，此區隱沒作用不顯著、逆斷層滑移深度不深（測得地震深度約在三十至五十公里之間），甚至此區主要以張力型態的正斷層活動為主，推測可能是歐亞板塊因不易隱沒至菲律賓海板塊之下，隱沒時板塊彎曲使上部產生張裂所致。

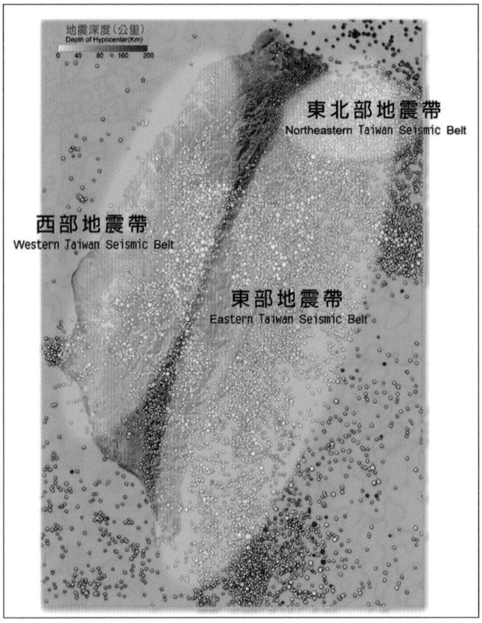

臺灣地震帶分布圖（圖片來源：中央氣象局）

奇特的是雖然臺灣整體位處於環太平洋地震帶上，有些區塊卻長期沒有發生過地震，這些區塊稱為無震區，最主要兩塊分別位在車籠埔斷層以西的「北港高區」，以及脊梁山脈一帶。前者因為當地隆起的岩石基盤較周圍堅硬、不易變形，使得臺灣造山帶變形前緣（也就是西部地震帶最西側）會在北港高區一帶呈現內凹弧線；至於脊梁山脈無震帶的成因，可能是山區受擠壓產生高溫、讓岩石處於長時間尺度下如流體般的塑性狀態[26]、不易產生斷裂，地震因而無法產生。

綜觀上述所有地震帶，影響臺灣本島較多者應屬西部地震帶、東部地震帶與東北地震帶三塊，雖然西部地震帶的地震活躍度不如東部地震帶高，但因為臺灣西部地區人口密集、加上地震通常發生在淺處，

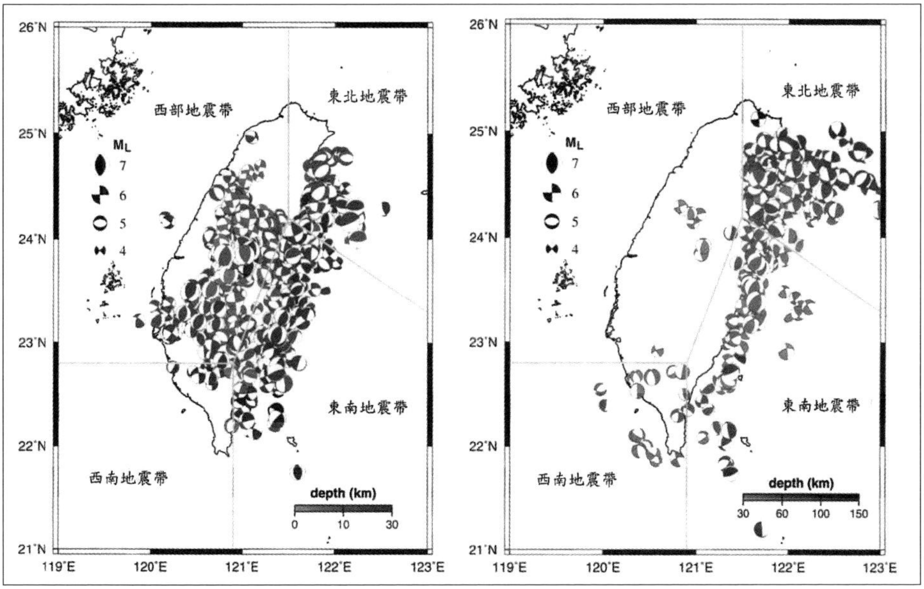

另有學者將臺灣地震帶分為四區，左圖為震源深度三十公里以內的震源機制，右圖則為震源深度三十公里以上的震源機制。（圖片來源：吳逸民）

因此很容易造成地震災害。臺灣近百年來最嚴重的三大震災（一九〇六年梅山地震、一九三五年新竹—臺中地震、一九九九年集集地震）全都發生在此區。地震多與斷層活動有關，而因九二一地震於二十世紀末期造成臺灣非常嚴重的傷亡，臺灣活動斷層的調查研究才開始蓬勃興起。

中央地質調查所與臺灣活動斷層研究的歷史意義

活動斷層為十萬年以來曾活動過、並且很可能再次活動的斷層。一九九七年以前，臺灣就已有活動斷層的相關研究，最早一批學者包括張麗旭、徐鐵良、黃鑑水、張憲卿、李錦發、朱俊祖、游明聖等人；甚至在一九八〇年代，有幾位地形學家如石再添、楊貴三等人嘗試將臺灣的活動斷層繪於地圖上。過往這些研究大都屬於以探查礦產資源為目標的區域性地質調查，順帶進行斷層性質與地體構造的關係調查，或是配合重大建設計畫進行調查個案。這些調查較為詳盡的斷層資料，都僅與大地震的發生有關，像是一九〇六年梅山地震後的梅山斷層調查，以及一九三五年新竹—臺中地震後針對獅潭斷層與屯子腳斷層的研究。[27]

一九九七年後，因應一九九五年日本阪神地震的慘重創傷，政府才開始進行全臺的活動斷層普查，除了將過往活動斷層研究成果整合於比例尺五十萬分之一的地圖上之外，也針對每一條主要活動斷層繪製二萬五千分之一條帶地質圖，以供工程與學術研究使用。[28]

九二一地震發生後，造成臺灣多處出現嚴重的地表破裂、變形現象，政府強烈意識到地震地質研究的重要性，有關活動斷層的系統性研究計畫目標就從原來的「礦產資源開發」轉變成了「地震災害評估」（seismic hazard assessment），這包含了兩個層次，其一是提供活動斷層的位置，再來是提供地震災害評估的參數，包含斷層長期與短期的滑移速率、該斷層錯動可能產生的最大規模，以及斷層活動週期等。[29] 為達到此目的，中央地質調查所的活動斷層調查方向從初期專注在斷層的幾何特性，轉而漸漸加入斷層運動學的分析[30]，這兩個方向的調查所需的工具與策略非常不同。

以斷層的幾何特性研究為例，最主要是利用野外調查方式去瞭解一個斷層的位置、長度與滑移特性等性質，通常會搭配航空照片以及新近的空載光達（Light Detection And Ranging, LiDAR）數值地形等資訊，以瞭解區域性的活動大地構造（active tectonics）。[31] 另外，藉由地球物理的探勘法，也得以讓學者獲得岩石的導電性、磁力、重力值、波速等資訊，進而瞭解地底下的地層特性。地質鑽探法是直接鑽挖出地底深處的岩心樣本，以此對於地底岩石組成更深入的理解。至於斷層運動學的分析，主要著重在地殼變形與古地震研究，前者藉由大地測量分析斷層兩側的短期位移速率，後者則是著重分析斷層長期滑移速率與斷層活動再現週期。

檢視臺灣活動斷層分析的歷史，中央地質調查所於一九九八年出版比例尺五十萬分之一的臺灣活動斷層分布圖（第一版），從過往眾多文獻中篩選出活動斷層與具存疑性活動斷層共五十一條；九二一地震後，各界對於活動斷層資料的需求愈加迫切，為即時提供最新的資料供外界使用，中央地質調查所在二〇〇〇年公布「活動斷層分布圖第二版」，加入了西南部與北部的活動斷層調查資料，以及車籠埔斷層的調查結果，公布的活動斷層與具存疑性活動斷層共為四十二條；二〇〇七年起，中央地質調查所開始陸續出版各區域的活動斷層條帶地質圖與說明書，內容包含地形、地質、斷層特性、露頭位置、鑽探與地球物理探勘結果等資訊，期望做為重大工程、民生建設、土地規畫等計畫的施作依據。

然而，存疑性活動斷層的公告在建築工程中會造成許多問題，主要在於民眾無法確定建築過程中是否應該將存疑性活動斷層考量進去。為解決這個問題，中央地質調查所重新審慎評估活動斷層的定義，從二〇一二年至今，將存疑性斷層全部移除，公布了三十三條活動斷層，其中二十條屬於第一類活動斷層、十三條為第二類活動斷層。這兩類斷層是按照斷層最近活動的年代與特性進行分類：在一萬年以來有發生滑動的斷層、有錯移或潛移現代結構物與沖積層的斷層、與地震相伴的斷層，以及具潛移活動性的斷層皆列為第一類斷層；而一萬年至十萬年間有活動過的斷層、有錯移階地堆積物與台地堆積層的斷層則列為第二類斷層。[32]

值得注意的是，三十三條活動斷層，僅有八條出現在臺灣東部，其餘的活動斷層都在西部；此外，東部的活動斷層幾乎集中於花東縱谷一帶，反觀臺灣西部的活動斷層彼此間的距離較寬、斷層的走向也較多變，這些特性也都與臺灣的地體構造很有關聯。根據陳文山於《臺灣地質概論》一書中的描述，活動斷層大致分布在三個地區，分別為花東縱谷板塊縫合帶、臺灣北部張裂帶，以及臺灣西部褶皺逆衝斷層帶（fold-and-thrust belt）。

花東縱谷內共有八條活動斷層，由北而南分別為米崙斷層、嶺頂斷層、瑞穗斷層、奇美斷層、玉里斷層、池上斷層、鹿野斷層與利吉斷層，其中的奇美斷層與利吉斷層被列為第二類活動斷層。這裡

左頁圖：2012年臺灣活動斷層分布圖（圖片來源：中央地質調查所）

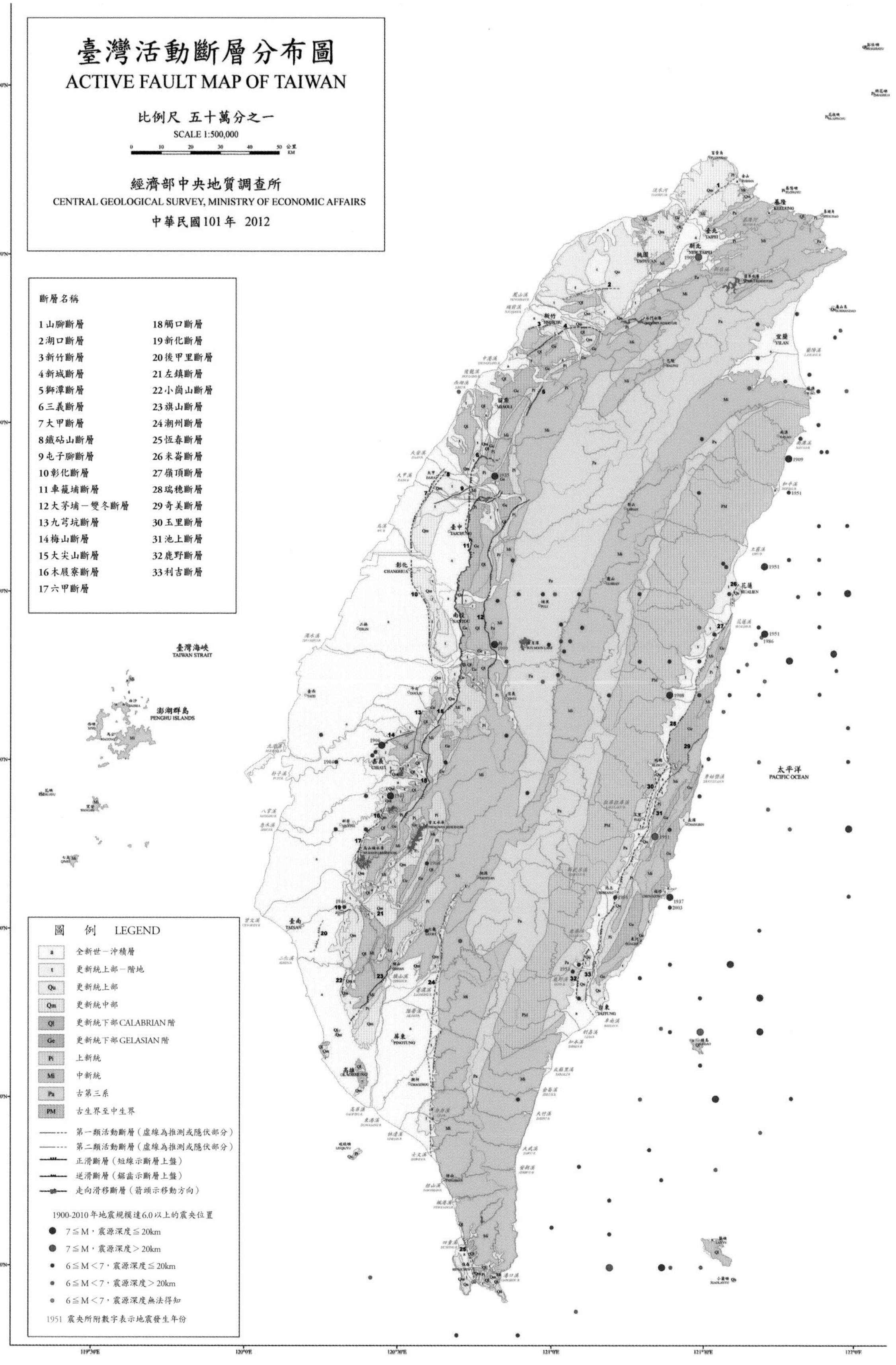
臺灣活動斷層分布圖
ACTIVE FAULT MAP OF TAIWAN
比例尺 五十萬分之一
SCALE 1:500,000
0 10 20 30 40 50 公里 KM
經濟部中央地質調查所
CENTRAL GEOLOGICAL SURVEY, MINISTRY OF ECONOMIC AFFAIRS
中華民國101年 2012
斷層名稱
1山腳斷層
2湖口斷層
3新竹斷層
4新城斷層
5獅潭斷層
6三義斷層
7大甲斷層
8鐵砧山斷層
9屯子腳斷層
10彰化斷層
11車籠埔斷層
12大茅埔－雙冬斷層
13九芎坑斷層
14梅山斷層
15大尖山斷層
16木屐寮斷層
17六甲斷層
18觸口斷層
19新化斷層
20後甲里斷層
21左鎮斷層
22小崗山斷層
23旗山斷層
24潮州斷層
25恆春斷層
26米崙斷層
27嶺頂斷層
28瑞穗斷層
29奇美斷層
30玉里斷層
31池上斷層
32鹿野斷層
33利吉斷層
臺灣海峽
TAIWAN STRAIT
澎湖群島
PENGHU ISLANDS
太平洋
PACIFIC OCEAN
圖 例 LEGEND
a 全新世－沖積層
t 更新統上部－階地
Qu 更新統上部
Qm 更新統中部
Ql 更新統下部CALABRIAN階
Ge 更新統下部GELASIAN階
Pi 上新統
Mi 中新統
Pa 古第三系
PM 古生界至中生界
第一類活動斷層（虛線為推測或隱伏部分）
第二類活動斷層（虛線為推測或隱伏部分）
正滑斷層（短線示斷層上盤）
逆滑斷層（鋸齒示斷層上盤）
走向滑移斷層（箭頭示移動方向）
1900-2010年地震規模達6.0以上的震央位置
7≦M，震源深度≦20km
7≦M，震源深度＞20km
6≦M＜7，震源深度≦20km
6≦M＜7，震源深度＞20km
6≦M＜7，震源深度無法得知
1951 震央所附數字表示地震發生年份
119°30'E
120°0'E
120°30'E
121°0'E
121°30'E
122°0'E
25°30'N
25°0'N
24°30'N
24°0'N
23°30'N
23°0'N
22°30'N
22°0'N

的斷層因為受到菲律賓海板塊往西北向擠壓碰撞歐亞板塊的影響，斷層幾乎為西北向逆衝兼具左移性質。

臺灣北部因為受到沖繩海槽擴張以及後造山運動的拉張作用，臺北地區與東北外海一帶發育許多近東西走向的正斷層。有趣的是，這些正斷層大多由造山時期的逆斷層轉換而來（也就是說原本斷層上盤受造山運動推擠而向地表上方移動，但後來該區域又改成拉張作用，使得上盤沿斷層面往下滑動）。目前這裡唯一有公布的活動斷層為山腳斷層，由新北市樹林區向北延伸至金山區，因為是在大臺北地區，格外受人矚目。

最後是臺灣西部的斷層帶。與臺灣北部由擠壓轉為拉張的順序相反，這裡在臺灣造山作用開始以前屬於歐亞大陸的東緣，張裂環境下發育了很多正斷層，後來因受菲律賓海板塊的推擠，讓此區由張裂環境轉為擠壓環境，形成了褶皺逆衝斷層帶，這些逆衝斷層由東向西開始發育，愈西側的斷層愈年輕、愈東邊的斷層就愈老、活動性也愈低，所以中央地質調查所公布的二十四條西部活動斷層幾乎都在西部麓山帶的西側。除此之外，西部也發育了一些東西走向的走向滑移斷層，且其中包含了近百年來有引發過大地震的斷層，像是一九三五年引發新竹—臺中地震的屯子腳斷層、一九〇六年造成梅山地震的梅山斷層，以及一九四六年引發臺南地震的新化斷層等。這些斷層雖具不同的滑移形式，但都為板塊構造作用下的必然產物。

神準的「預測」？九二一之前的車籠埔斷層調查研究

車籠埔斷層的活動特性研究，早在九二一地震發生之前就已經開始。當時臺灣省政府住宅及都市發展處預計在臺中規劃捷運紅線[33]，但原先初估建設位置卻幾乎與車籠埔斷層重疊。考慮一九三五年新竹—臺中地震曾在臺灣中部造成史上最大地震傷亡，加上一九九四年美國北嶺地震與一九九五年日本阪神地震對都會區造成嚴重災情，政府理解像捷運這樣重大的工程建設，其細部規畫前的調查不容輕忽，因而委託中央地質調查所、中央大學與工業技術研究院共同進行車籠埔斷層沿線的調查。這項計畫自一九九七年起連續執行了兩年，為九二一地震發生之前全臺針對單一斷層進行過最大規模的調查計畫。

當時的車籠埔斷層僅為過去文獻中曾經列出的一條斷層，只知道十萬年以來有活動過，但更近期的活動性則一無所知。有鑑於此，當時的調查是近乎全面性的進行，內容包含：研判車籠埔斷層在地表與地下的位置、延伸長度、滑移形式、斷層沿線地震活動性與斷層的關係等，以此為依據判斷車籠埔斷層是否會影響捷運紅線工程進行。調查範圍北起車籠埔、南至南投地區，針對斷層兩側五公里範圍內進行詳盡的調查，涵蓋面積約有一千平方公里。這項研究計畫共總結出十四個要點，值得注意的是，其中有幾點已經透露出車籠埔斷層蠢蠢欲動的訊息。

首先，中央地質調查所進行野外調查時，於竹子坑西南約一公里處發現車籠埔斷層之露頭，該露頭顯示斷層面向東傾斜二十五度，而位於上盤的錦水頁岩向西逆衝至河階礫石層之上。[34]此外，大地測量的觀測結果顯示橫跨車籠埔斷層沿線的水平方向上，在四個月內就有一至九公釐的地殼縮短量，且斷層的東側相對於西側有上升的趨勢。這些資料說明野外調查與大地測量觀測結果相吻合，皆反映了車籠埔斷層的斷層面向東傾斜、而上盤向西逆衝之特性。地震危害度分析（可參考本書第四章專題）也顯示出車籠埔斷層仍具有活動潛能。

再來，這份研究也有針對斷層活動可能引發的地震能量做估算。方法有很多種，像是根據該地區累積的應變能、利用地震規模與斷層長度的關係式做計算等，無論哪個結果，都得出該地區未來可能發生規模六點零以上的地震，且大部分的結果都顯示地震上限預估在規模七點三。

當九二一地震測出芮氏規模七點三時，這份科學報告被評為「神預測」，頓時許多人急切地想向中央地質調查所索取這份報告。儘管它似乎「精準預測」了九二一地震的規模，但不代表地震預測的理想已經近在咫尺。

從學者的角度來看，這次的「神預測」只是一次意外的「巧合」罷了，因為這項研究結果並不完美。雖然規劃的工作項目相當全面，但因為執行時間僅有兩年，當時沒有時間進行槽溝開挖、推算斷層過去的活動性；而就全球定位系統GPS或是跨越斷層線的水準測量工作，也都僅有兩年短期的資料，就算顯示出車籠埔斷層有活躍特性，仍不具有代表性。

若綜合地震分布以及活動斷層分布，可發現這兩者相當一致，這說明了板塊運動與地震活動密不可分的關係。而臺灣地狹人稠，幾乎每個都會區都會緊鄰一些活動斷層，若在建築過程中忽略活動斷層的影響，後果將會不堪設想。但要說每一條斷層究竟何時會發生活動，以目前的科學技術來說「不可預測」，能做到的是「潛勢評估」，也就是估算一個斷層在未來三十年、五十年、甚至一百年內再次錯動的「機率」有多大。要進行評估工作需要瞭解斷層最近一次活動的時間，以及該斷層累積應變的能力有多大，前者可以用歷史紀錄或定年的方式去確認，但後者有很多地質因素需要考量，必須由諸多學者進行討論以得到客觀的評估依準。只是就算進行再仔細的評估，一般建商若不認真執行地質調查就加以施工，那麼斷層活動引致的災害疑慮仍不可能降低。

政府於二〇一〇年通過《地質法》，並於隔年十二月開始執行，其中第五條規定「中央主管機關應將具有特殊地質景觀、地質環境或有發生地質災害之虞之地區，公告為地質敏感區」，而第六條明示「各目的事業主管機關應將地質敏感區相關資料，納入土地利用計畫、土地開發審查、災害防治、環境保育及資源開發之參據」。也就是說政府透過法律的手段，有系統地建立國土資源管理的基本地質資訊，並且在防災、甚至保育方面的推動都更有效力。

從二〇一四年起，中央地質調查所陸續從原來公告的三十三條活動斷層進行調查，劃定出「活動斷層地質敏感區」，至今已公告十七處，包括車籠埔斷層、池上斷層、旗山斷層、米崙斷層、瑞穗斷層等。

《地質法》中有關活動斷層敏感區的劃設，其初衷是「地質資訊揭露」，藉由圈繪出未來發生活動斷層災害潛勢較高的區域，提供該地區相關的地質資料，做為土地開發、規劃與評估的參考。

臺灣的活動斷層地質敏感區劃定主要參考美國的做法。美國加州地質調查局將下次斷層活動時較易發生錯動的區塊，劃定為地震斷層區（earthquake fault zones），代表此區在建設前需要加強地質調查。加州地震斷層法規定，若地表斷層跡——斷層在地表破裂的特徵——明顯者，州政府需將斷層兩側總寬度四百公尺範圍設為地震斷層帶，且斷層兩側十五公尺內都禁止興建住屋。[35]然而臺灣土地利用密度高，加上斷層形式與美國不同，美國的方式僅能提供參考。

首先，考量臺灣多受逆衝斷層作用影響，上盤與下盤的變形範圍會有很大的不同（相關案例請參考第三章），若採用美國對稱的地震斷層區劃定，會造成斷層兩側分別有高估與低估危害程度的狀況。臺灣的活動斷層地質敏感區對於正斷層與逆斷層需採用斷層兩側不對稱的方式進行劃定，一般來說主要變形側地質敏感區設定寬度兩百公尺；非主要變形側則設定一百公尺寬。這些數字的選取是車籠埔斷層沿線破裂調查後所得到的經驗[36]，也是學理上認為一次性斷層活動下，推估地表可能變形寬度的合理數值。

然而劃設地質敏感區並不等同於禁止開發該地區，這也是一般民眾最容易誤解的部分。中央地質調查所構造與地震地質組科長盧詩丁對此表示，地質調查的工作跟醫生很類似：「醫生可以幫病人初步診斷他身體各部位哪裡可能出現問題，並建議病人如何飲食與活動，但無法立即直接限制病人任何作為；中央地質調查所是對國土進行健康檢查，公布有安全疑慮之地區，但並不強制該地區禁止或限制建築。」

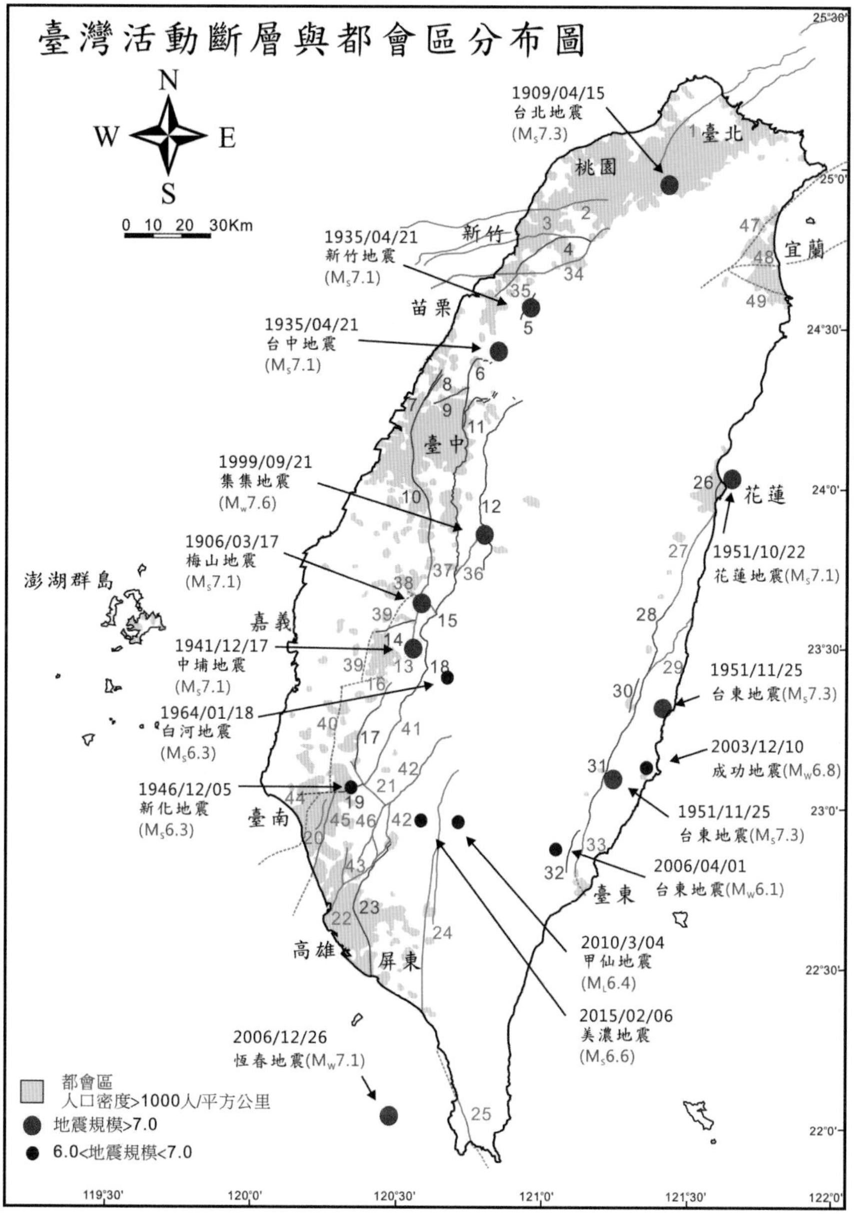

臺灣活動斷層與都會區分布圖。編號1~33號為中央地質調查所所列的活動斷層，編號34~49號（綠色線）在學理及證據上有可能為活動斷層。（圖片來源：陳文山）

目前有明確限建規範的斷層就屬車籠埔斷層。因九二一地震造成極嚴重的損害，內政部營建署於一九九九年十二月依據《實施區域計畫建築管理辦法》第四之一條，規定車籠埔斷層兩側各十五公尺內僅能興建最高兩層樓、簷高七公尺之建築；但其他斷層周邊是否興建建物，仍需由相關建築單位進行評估。

雖然活動斷層地質敏感區無強制禁限建之規範，但斷層一旦劇烈活動，對當地造成的傷亡與損失是難以估計的。在考量風險成本下，盡量避開災害風險高的區域，或是調整土地利用的強度，都是較合宜的調適手段。唯有如此，才能在「開發需求」與「風險管控」的兩個端點間，找到雙贏的最佳平衡點。

九二一地震至今二十年，中央地質調查所仍持續不斷進行活動斷層的相關調查，工作目標有三個方向：首先是潛在活動斷層的調查，像是近期正在進行的斷層包含初鄉斷層、車瓜林斷層、崙後斷層，以及口宵里斷層等；再來是進行活動斷層的潛勢評估；最後是持續劃定與變更活動斷層地質敏感區。會需要變更是因為斷層若產生錯動，其地表破裂的範圍有助於地質敏感區劃設的精準度，二〇一八年二月六日花蓮地震在米崙斷層的地表破裂就是一個重要案例（詳見第三章）。

雖然地質敏感區劃設會持續進行，但中間仍有諸多挑戰。舉例來說，大部分的活動斷層都分布在臺灣西部，但西部是人口密集且開發密度大的地區，原來的活動斷層露頭可能因路面鋪設、堤防興建、房屋建築等工程被掩蓋或被破壞，造成活動斷層位置的調查工作不易進行。此外，臺灣地表風化作用旺盛，過往文獻所記載的斷層位置，可以因長期風化與植被覆蓋後，在地表變得非常不容易確認，甚

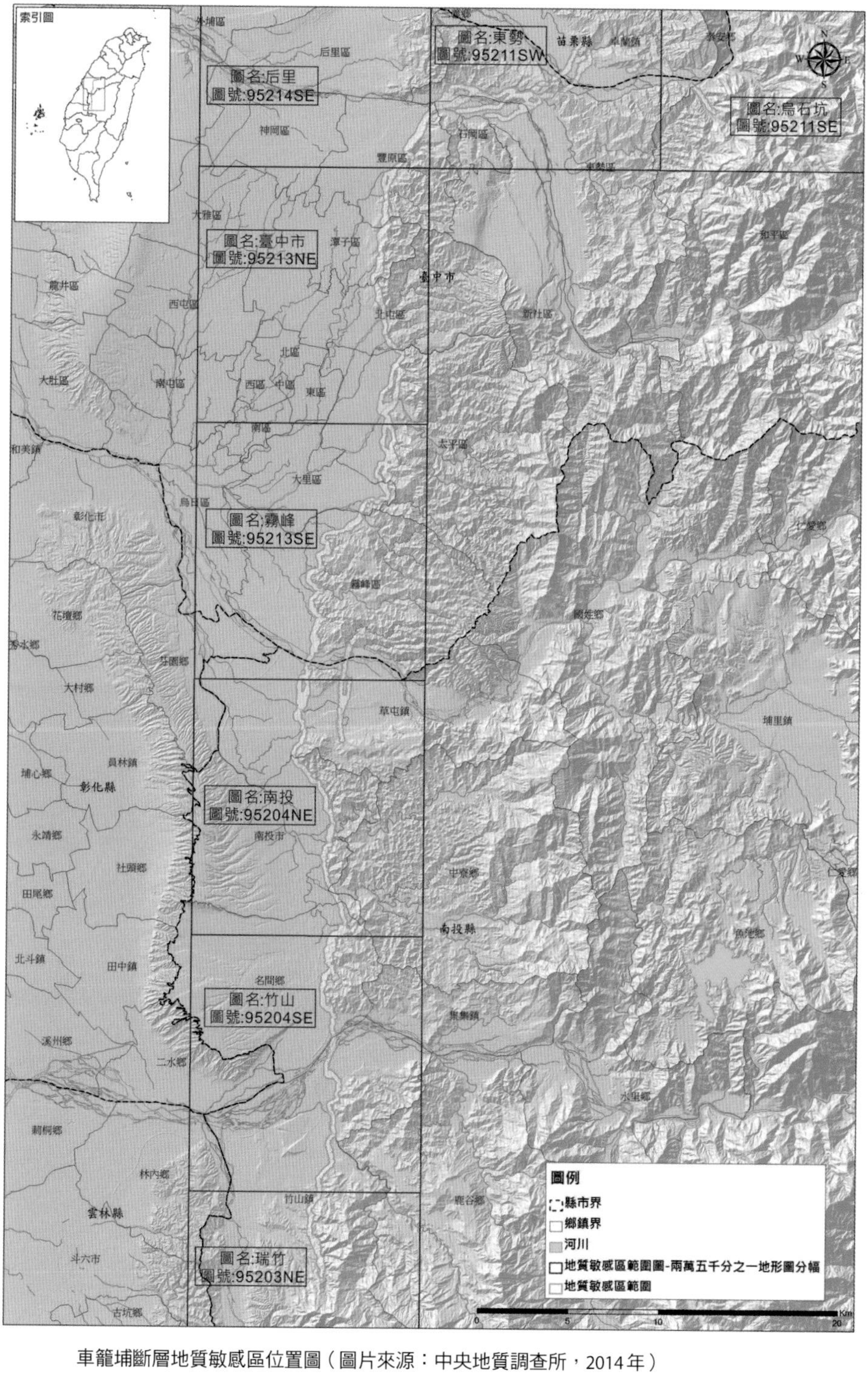

車籠埔斷層地質敏感區位置圖（圖片來源：中央地質調查所，2014年）

至根本觀察不到，這就必須再借助其他的方式進行探查。盧詩丁表示，活動斷層的相關調查就像是拼拼圖，在一幅應有一千片拼圖的圖畫裡，若起初只拿到二十片拼圖，實在無法拼湊出什麼故事，也就是不能明確斷定它就是一個活動斷層、甚至有造成災害的疑慮。中央地質調查所查所要做的，是盡其所能、運用各種調查技術，去獲取更多有關該斷層的資訊「拼圖」，使活動斷層的全貌能被拼湊得更加清楚。

臺灣的活動斷層敏感區劃設作業其實非常先進，幾乎與美國同步，甚至連日本學者都特地前來臺灣請益，希望能效法臺灣，將相關地質調查工作予以立法。不過，技術超前所產生的問題就是沒有前人的經驗可供參考。臺灣的做法雖是仿效美國，但如前面所提，臺灣的斷層型態與美國不同，土地也比美國狹小，地質敏感區劃設規範、災後重建手段無法像美國一樣，直接要求民眾撤離活動斷層周邊。地質敏感區劃設與應用的難題，還得由臺灣的學者靠集體智慧，設想出創新的解法。

（本文作者：黃家俊）

注釋

1 David Oldroyd. (1996). *Thinking about the earth: A history of ideas in geology*. Harvard University Press, 1st edition.

2 瑪莉·薩普在繪製海底地文圖的過程中，無意間發現海底的巨大山脈系統—中洋脊的中間，都具有V字型的峽谷地形，她認為這應該是中洋脊從該處張裂的證據。可參考哈莉·菲爾特（Hali Felt）著，黎湛平譯，《聽見海底的形狀：奠定大陸漂移說的女科學家》（*Soundings*）（臺北：貓頭鷹出版，二〇一七年）。

3 曹恕中，〈大屯火山群火山岩的鉀氬年代分析〉，《經濟部中央地質調查所彙刊》第九號（一九九四年）。

4 Belousov et al.（2010）Deposits, character and timing of recent eruptions and gravitational collapses in Tatun Volcanic Group, Northern Taiwan: Hazard-related issues. *Journal of Volcanology and Geothermal Research*, 191, 205-221.

5 目前定義活火山為一萬年間曾活動過的火山。

6 古國廷採訪編輯，林洵安美術編輯，取自〈大屯火山群不可怕，可怕來自不懂它—專訪林正洪〉，研之有物網站：http://research.sinica.edu.tw/lin-cheng-horng-tatun-volcano-seismic-wave/。

7 同前。

8 鄧屬予，〈板塊間看臺灣地震〉，《科學發展》第三五〇期（二〇〇二年）。

9 有關黑煙囪研究的最新進展，可參考公共電視《我們的島——勵進出任務》節目。

10 中央氣象局因應地震觀測儀器的精度提升，避免再次出現類似「高震度、低災損」的地震報告造成防災困擾，預計於二〇一九年下半年，參考日本的做法，將原有的七級震度改為更細緻的十級震度。

11 Roger Musson. (2012). The Million Death Quake – The science of predicting earth's deadliest natural disaster.

12 芮氏規模因非常適合五百公里範圍以內的近震使用，且計算快速，適合用在防災作業；震矩規模雖無飽和問題，但因計算時間較久，不適合用在防災，中央氣象局遂持續使用芮氏規模之計算。

13 〈地震大小誰說了算？-Part II〉，《震識：那些你想知道的震事》網頁。

14 真實的狀況常會是「斷層帶」的形式，寬度可以從數公分至數百公尺以上。

15 W. H. Bakun and A. G. Lindh. (1997). The Parkfield, California, Earthquake Prediction Experiment. *Science*, 229, 619-24.

16 新竹—臺中地震統計罹難人數達三千兩百多人，為臺灣史上遭遇最嚴重的震災，而死傷人數第三多的地震為一八六二年的臺南地震，統計罹難人數為一千七百人。

17 欲搜尋臺灣歷史地震資料，可至臺灣地震科學中心（TEC）的網頁。

18 中央研究院—地球科學研究所網頁。

19 中央氣象局地震測報中心網頁。

20 蔡義本，〈臺灣地震研究〉，《科學發展月刊》第二八卷第十期（二〇〇〇年）。

21 Wu et al. (2008b). Focal mechanism determination in Taiwan by genetic algorithm. *Bulletin of the Seismological Society of America*, 98, 651-661.

22 陳文山主編，《臺灣地質概論》（臺北：中華民國地質學會，二〇一六年）。

23 Wu et al. (2008a). A Comprehensive Relocation of Earthquakes in Taiwan from 1991 to 2005. *Bulletin of the Seismological Society of America*,98, 1471-1481.

24 事實上，同時期日本的學者和達清夫（Kiyoo Wadati）藉由日本的地震分布也發現了相同的構造，後人將此種地震分布合稱為Wadati-Benioff zone。

25 過去為闡釋臺灣的地質地形特性時，經常以地形學定義的「山脈」做為地質分區，之後隨著研究進展，對於地形分區愈認為具有地質特性上的意義，如阮為周（一九五四）、徐鐵良（一九五五a）與林朝棨（一九五七）等地形分區，就有海岸山脈、中央山脈、脊梁山脈、雪山山脈與西部麓山帶。現今採用的地形分區都以林朝棨（一九五七）臺灣地形為主。臺灣正位處第四紀造山運動的地質環境，故地形與地質分區高度關聯，其中中央山脈、脊梁山脈、雪山山脈範圍界定的不同，常導致引用時產生混淆。阮為周（一九五四）、徐鐵良（一九五五a）所述的中央山脈涵蓋脊梁山脈但不包括雪山山脈，近數十年來國內外地質文獻所述的中央山脈範圍有兩種，第一類如上所述，第二類涵蓋脊梁山脈與雪山山脈。本書採第二類。資料來源：陳文山主編，《臺灣地質概論》（臺北：中華民國地質學會，二〇一六年），頁四。

26 此處特別注明為長時間尺度下，岩石可以在不破裂的狀況下緩慢變形，並非代表岩石真的變成了流體。

27 盧詩丁等著，〈臺灣活動斷層研究及未來發展〉，《大地期刊》第十五期（二〇一七年）。

28 林啟文等著，〈臺灣活動斷層調查的近期發展〉，《經濟部中央地質調查所特刊》第十八號（二〇〇七年）。

29 林啟文等著，《地震地質與活動斷層調查總報告》（臺北：經濟部中央地質調查所，二〇〇二年）。

30 經濟部中央地質調查所—臺灣活動斷層網頁。

31 有關光達的技術與應用，可參考雷翔宇等著，《颱風：在下一次巨災來臨前》（臺北：國家災害防救科技中心、春山出版，二〇一九年）。

32 林啟文等著，《臺灣活動斷層概論—第二版》（臺北：經濟部中央地質調查所，二〇〇〇年）。

33 經濟部中央地質調查所著，《車籠埔斷層調查研究—臺中市都會區捷運路網細部規劃（測量鑽探）》（臺北：經濟部中央地質調查所，一九九七年）。

34 何信昌、陳勉銘著，《臺中—地質圖幅與說明書1／50,000》（臺北：經濟部中央地質調查所，一九九七年）。

35 盧詩丁著，《活動斷層地質災害實務》（臺北：經濟部中央地質調查所，二〇一九年）。

36 經濟部中央地質調查所著，《活動斷層地質敏感區劃定計畫書——F0001車籠埔斷層》（臺北：經濟部中央地質調查所，二〇一四年）。

1999年921地震後的南投九份二山（攝影：柯金源）

CHAPTER 03

鼓動與爆發

地震帶來的災害與啟示

921地震後，大安溪河床河道抬升隆起，造成河水堰塞。（圖片來源：中央地質調查所）

3-1 動盪之島：九二一地震引發的山崩地裂

九二一地震震出了臺灣土地的深長裂痕，臺灣中南部地表地貌因地震而產生了顯著變化，位於苗栗卓蘭的大安溪峽谷就是其中一個著名的案例。

大安溪峽谷又稱「臺灣大峽谷」，為苗栗卓蘭鎮的新興旅遊景點，峽谷位在大安溪中游白布帆至蘭勢大橋一段，除沿著斷層發育，其中又有一條北北東走向的東勢背斜[1]穿過河床。九二一地震發生期間，東勢背斜兩側較小的斷層受地震影響連帶錯動、擠壓，使背斜軸一帶地層快速扭曲抬升，河川往下游河道受阻，因而形成局部堰塞湖。直到二〇〇六年柯羅莎颱風襲臺，強烈雨勢為大安溪帶來充沛水量，侵蝕抬升的岩層，加

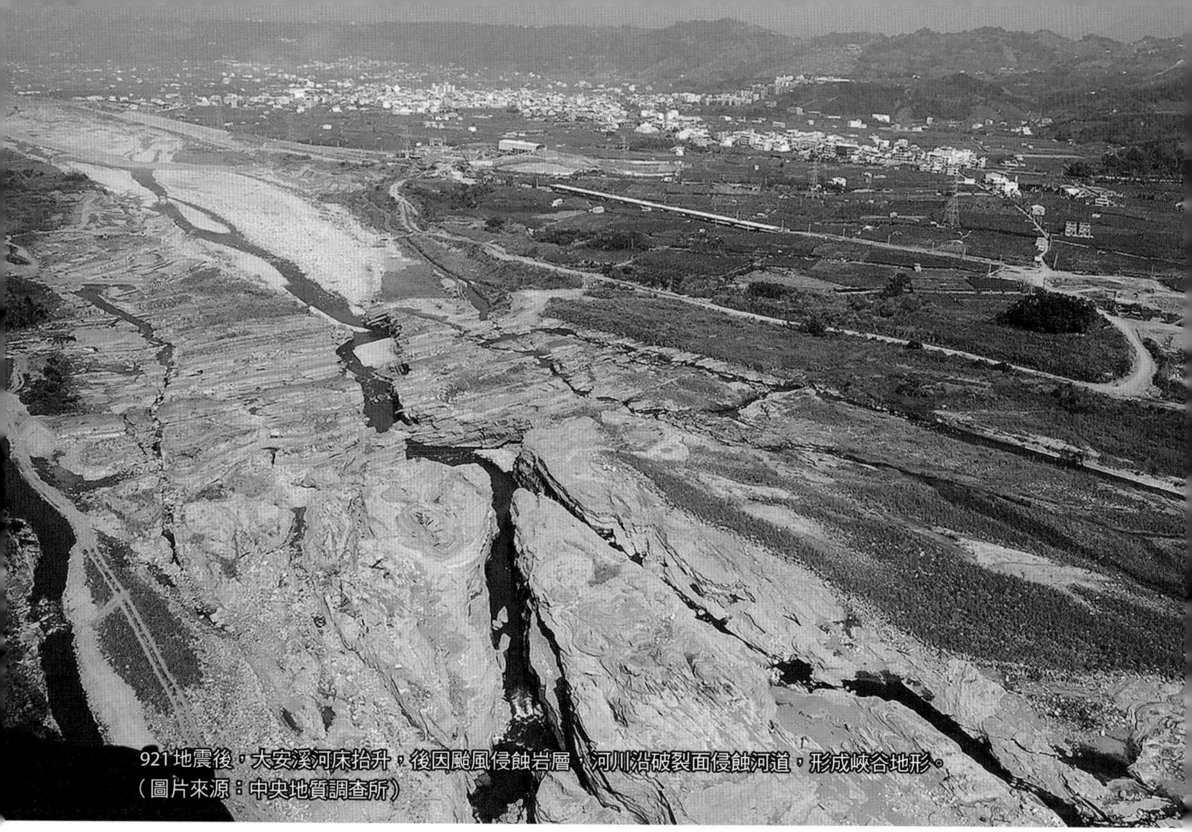

921地震後，大安溪河床抬升，後因颱風侵蝕岩層，河川沿破裂面侵蝕河道，形成峽谷地形。
（圖片來源：中央地質調查所）

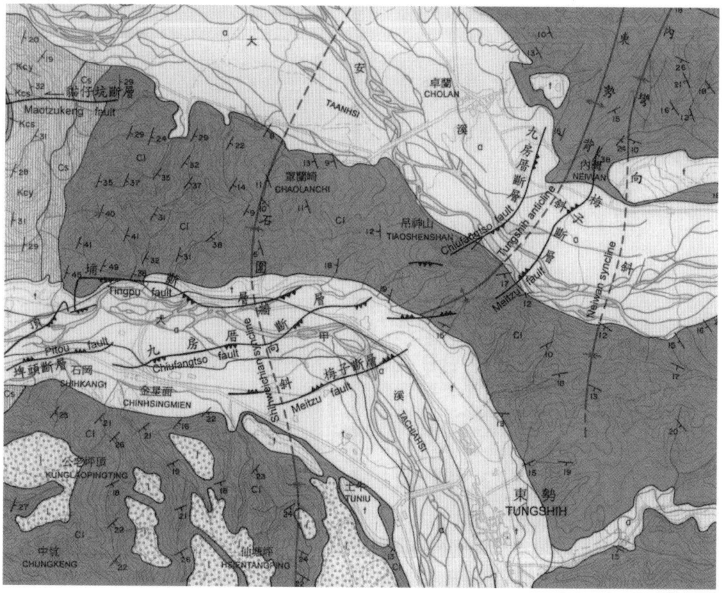

大安溪峽谷坪林（白布帆）至蘭勢大橋河段地質圖（圖片來源：中央地質調查所）

上此處的岩層是由較為鬆軟的砂頁岩互層組成，河川就沿著其中的破裂面侵蝕出又寬又深的水道。二〇〇七年時，被常去大安溪釣魚的釣友發現，各家媒體陸續報導後，成為民眾爭相前往的祕境。[2]

大安溪峽谷為九二一地震後因地表變形、加上河川雨水侵蝕而漸漸雕塑出的意外產物。歸咎地震與地表變形的源頭，則是來自車籠埔斷層的錯動。愈大的地震代表斷層的錯動長度愈長，當時九二一地震規模達七點零以上，可以想見地表破裂的情形一定很嚴重。事實上，車籠埔斷層造成沿線長達一百公里的破裂帶，從南投的桶頭向北經過竹山、名間、中興新村、草屯、霧峰市區、豐原，然後向東急轉切過石岡、深入卓蘭內灣。[3] 這些地表破裂、附加周邊地區的變形特徵，除了直接或間接造成地表建物的破壞，也促使學者對「活動斷層」造成的地表變形特徵有更深入的認識。

一切從車籠埔斷層開始

如第二章所述，九二一地震以前，臺灣地質界對活動斷層的認識較少，斷層活動造成的地表破裂

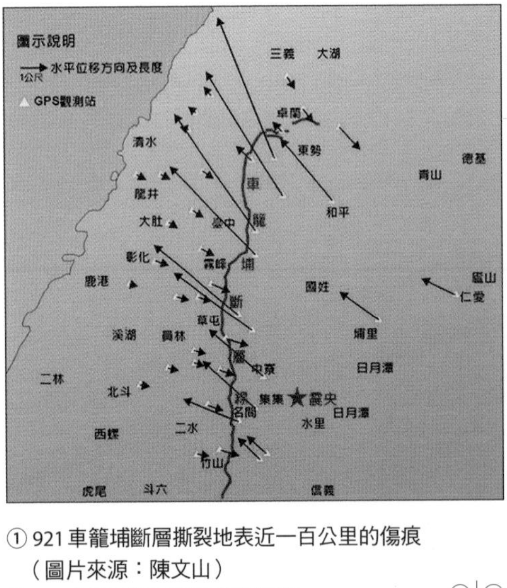

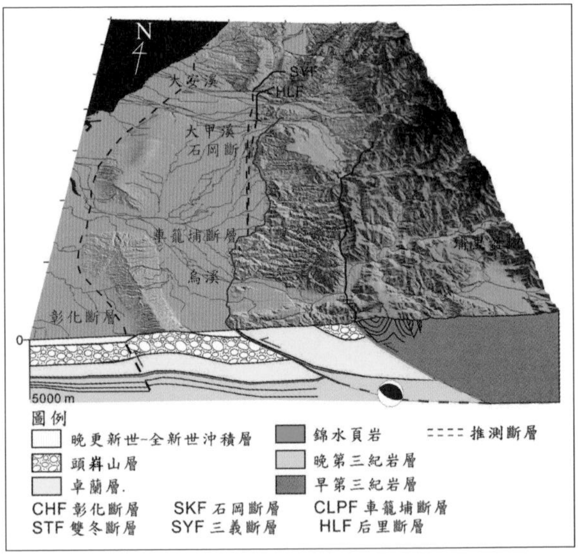

① 921 車籠埔斷層撕裂地表近一百公里的傷痕（圖片來源：陳文山）

② 921 車籠埔斷層地表破裂情形（圖片來源：國家地震工程研究中心）

②|①

或變形現象紀錄更是付之闕如。紀錄最完善的地震斷層，該屬一九〇六年的梅山地震，以及一九三五年的新竹—臺中地震，當時臺灣受日本統治，因此日籍地震學家如大森房吉（Fusakichi Omori）[4]得以前往該地記錄地表破裂特性與位置。一九四五年後國民政府統治，有很長時間，臺灣的斷層研究比較附屬於區域性地質調查（見頁五四）。直到九二一地震爆發，車籠埔斷層再次讓當時新生代的學者有機會研究與地震直接相關的地表破裂行為。

中央地質調查所曾依據近地表變形特色，將車籠埔斷層分成三段[5]，北段為石岡段，斷層上盤沿著西北方向位移，垂直位移量從三公尺至十公尺都有，屬於逆衝兼左移斷層作用；中段草屯段（車籠埔段），斷層上盤水平位移方向近乎向西，垂直位移量最高達三公尺，屬於逆衝斷層作用；南段為大尖山段，上盤向東北方水平位移，垂直位移量小於一公尺，屬於逆衝兼右移斷層作用。車籠埔斷層的

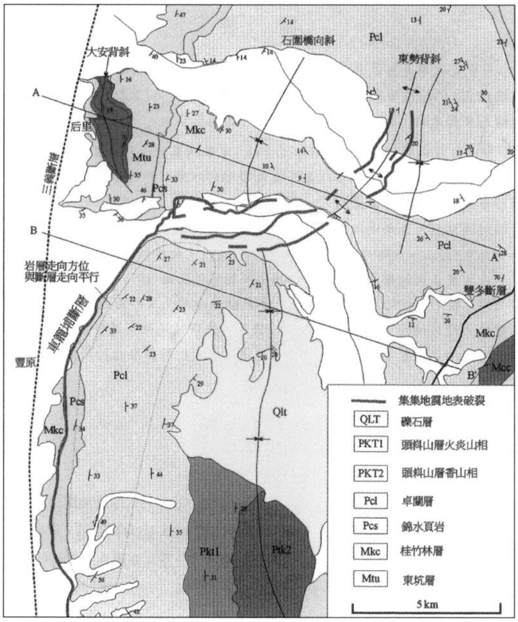

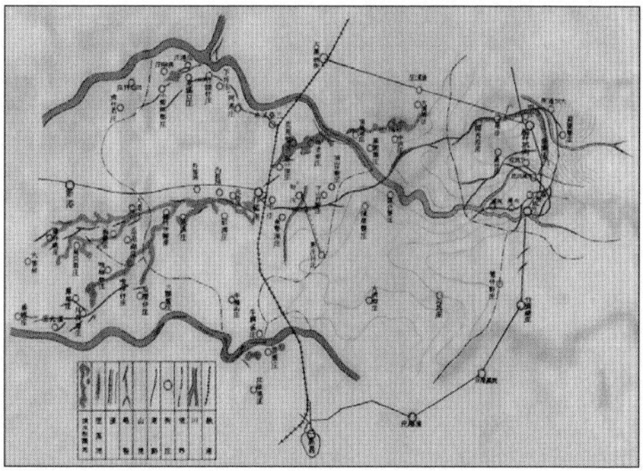

① 1906年梅山地震大森房吉（Fusakichi Omori）的原圖彩繪稿（圖片來源：王乾盈）

② 車籠埔斷層中北段地質圖（圖片來源：中央地質調查所）

②|①

位移量由南向北遞增，也就是說車籠埔斷層北段上下盤的高低落差最大，北段所造成的破壞當然也最嚴重。車籠埔斷層各段幾乎都發生逆衝兼具左移或右移的特徵，反映出自然界斷層活動型態的複雜性。

從斷層岩心「看見」車籠埔斷層北段高滑移量的原因

臺灣在遭遇九二一地震之前就已經架設了密集的強地動監測網，因此在地震發生期間能接收到高品質的近斷層地動資料，這其中包含地表加速度值、速度值與位移量等資訊。中央大學地球科學學系教授馬國鳳的研究團隊檢視這些地震資料，發現車籠埔斷層南段量測到很大的加速度，北段則較小，這反映出南段的地震震度應要比北段大；然而斷層北段的滑移速率與位移量，明顯高過斷層南段，表示斷層活動所造成的破壞程度應是北部較嚴重。他們就學理推測，車籠埔斷層北段斷層面肯定有很顯著的潤滑機制，才能讓上下盤那麼容易滑移[6]，這個「地質潤滑液」或許是灌入斷層裂縫的黏滯流體，又或者是岩石摩擦熔融的液體，但無人知曉。

直到後來藉由車籠埔斷層深鑽計畫（TCDP）鑽取到斷層帶的岩心樣本並仔細研究，發現在十二公分的滑移帶內，就出現至少三十三條相互平行的滑移面，推估相當於斷層滑移了至少三十三次！此外，這些滑移面由深灰至暗黑色的細粒斷層泥組成，滑移面上也觀察到熔融又再結晶的玻璃物質。

將量測到的斷層泥粒徑帶入理論方程式，求得滑移面可能經歷過攝氏一千度以上的高溫，這個溫度得以使岩石中的部分礦物熔融、再結晶。這個計算結果與觀測結果相符，證實團隊最一開始對車籠埔斷層北段滑移機制的猜想是正確的。

該研究不僅解釋了車籠埔斷層北段滑移量與滑移速度大的原因，也榮獲國際認可，被收錄在二〇〇六年的《自然》期刊中。[7]

車籠埔斷層主要滑移帶（primary shear zone，PSZ）岩心薄片。右圖以素描方式勾勒岩心薄片的主要特徵，可以注意到灰色的岩心薄片中還出現數條深灰色的條帶，這些都是斷層泥構成的滑移面。（圖片來源：馬國鳳）

石岡大壩是九二一地震時斷層北段地表破裂下最著名的「受災者」。大甲溪溪水源自雪山與南湖大山，為臺灣第五大河流，建於一九七四年的石岡大壩位於大甲溪山麓出口，為一鋼筋水泥構成之重力壩，擔負攔蓄大甲溪溪水的重責，儲水量達二七〇萬噸，提供大臺中地區電力，以及飲用、耕地與工業用水。九二一地震時，車籠埔斷層在豐原一帶向東急轉、往石岡方向破裂，途中正好經過石岡大壩，大甲溪右岸受斷層作用抬升約二・五公尺，但左岸位於斷層上盤，地表顯著抬升將近十公尺。[8]大甲溪左右岸顯著的地形高差，將原本看來巨大剛強的大壩像紙張一般被輕易地「撕毀」，蓄積的溪水一瞬間流逝，造成大臺中地區嚴重停水一週，在震災嚴重的當下，停水對民眾而言可說是雪上加霜。

車籠埔斷層的錯動嚴重改變了大甲溪河床的地形地貌。地震過後四年，石岡大壩又重新修建完成，但是考量原來壩體長度會穿過車籠埔斷層，新的石岡大壩從原來的十八個水門縮減成十五個，儲水能力幾乎下降成原來的二分之一。原來受斷層破壞的水門被保留下來，成為九二一紀念園區的重要地標，與旁邊新建的石岡大壩相對，顯現出「新與舊」、「重生與破壞」的極度反差。

車籠埔斷層北段轉向的機制

九二一地震因車籠埔斷層錯動所致。地震發生後檢視地表破裂狀況，發現大部分的破裂面都出現在舊有的斷層跡附近，然而於豐原一帶，斷層破裂帶卻轉向東延伸，而非繼續向北銜接三義斷層，這現象格外引起注意與討論。

目前研究指出[9]，車籠埔斷層北段轉向的原因與原有岩層的位態，以及岩層弱面的分布有關。首先，這次車籠埔斷層幾乎都於相對軟弱的錦水頁岩中錯動；而豐原以東向南傾斜的頭嵙山向斜讓地層產生彎曲，因此錦水頁岩在地表上的分布轉而向東北方延伸；再加上豐原以北還有一個小型的背斜構造成為地表破裂的阻礙，如此「北方硬、東方軟」的地質特殊性使車籠埔斷層錯動時，北段破裂面傾向往東發展。

921後的大甲溪（攝影：柯金源）

921地震造成石岡壩壩體破壞，垂直崖高高達9.8公尺。（圖片來源：中央地質調查所）

斷層表現型態多變

位於斷層正上方的建物肯定無法倖免於難，而斷層兩側的建物，又會有什麼遭遇？車籠埔斷層逆衝的特性，使得斷層上盤——也就是車籠埔斷層以東地區有較大的滑移量，斷層以西的地區反而沒有太多的地表變形，這使得斷層上盤建物損害情形會比位於下盤的建物來得嚴重。臺灣大學地質系教授陳文山回憶起九二一地震後幾天前往現地調查，就看見兩戶相臨的住家因分別座落在斷層兩側，位於上盤的民宅一樓曬穀場受抬升作用，最後相對著隔壁位於下盤的透天厝三樓位置，產生相當於九公尺左右的高差，如此驚人的地質力量展現，任誰都無法忘記眼前景象造成的衝擊感。

從石岡大壩再往上游移動，會進到另一個受地表變形影響甚鉅的聚落——東勢的校栗埔。這裡的房屋受九二一地震影響，破壞範圍相當廣，區域內的建築幾乎都有或大或小的損害，奇怪的是，這裡並不是斷層主要破裂的位置所在。要瞭解該地區建物損害的原因，必須要再深究土地下的地質因素。

斷層因錯移產生的垂直高差，在地表上形成「斷層崖」(escarpment)，且以逆斷層為例，依據上盤於斷層面以上至地表隆起處構成的幾何形貌，可以分成好幾種類型的斷層崖。[10] 然而，斷層崖並不是斷層錯動時在地表唯一出現的構造，不同的斷層種類於地表受到的構造應力不同，就會在地表產生不同形式的破裂模式。例如，一個走向滑移斷層的產生，顯示出當地的地表受到剪切的力作用，像是你在桌面放上一張白紙，然後雙手壓在紙的兩側、分別向前與向後推動紙張，紙的中間會因為兩側受到的力方向不同而被撕裂，學術上稱「剪裂」(shear)。有趣的是這些剪裂面並不是隨意生成，而是具有特定的方向排列，學者能夠根據這些剪裂面的排列形式與方向，回推這裡受到哪些方向的構造力作用。[11]

同理，車籠埔斷層的逆衝作用，也會在地表上產生相對應的構造特徵。除了車籠埔斷層造成的主要斷層崖之外，因接近地表的岩層比深處的地層更加脆弱，主斷層在靠近地表處也會衍生出分支斷層，而且分支斷層有可能出現很多條，使得該斷層於近地表處會形成帶狀的破裂區，因此我們常會聽到「破裂帶」一詞。分支斷層同樣屬於逆衝形式的斷層，這有時會造成主斷層位置難以從地表判釋出來。

再來，被推擠向上的上盤地塊因受到擾動，會產生兩大類型的構造。第一類型是「脆性」的地表破裂構造，包含上盤地塊隆起時，地塊中央隆起最高處容易產生張裂裂隙，類似烤箱中因表層受熱膨脹、發裂的餅乾表面，以及地塊後端會

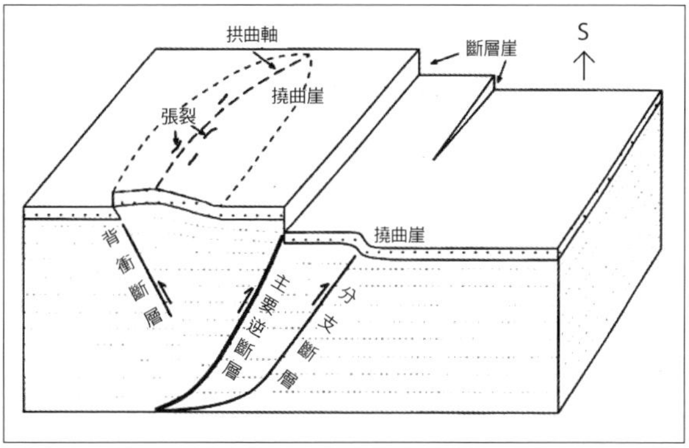

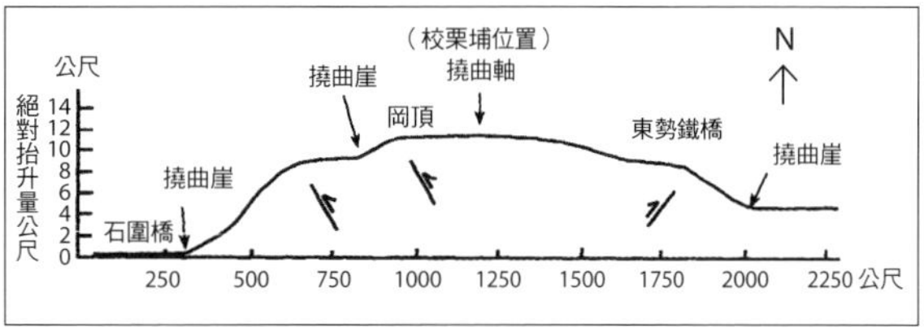

① 車籠埔地震斷層及地表變形構造示意圖。紙面方向約略向南。除了斷層錯動在地表產生斷層崖，逆斷層上盤移動時也會產生一系列的構造，如脆性的背衝斷層與張裂裂隙，以及塑性的撓曲崖。
② 東勢石圍橋至東勢鐵橋地殼抬升結果。校栗埔位於圖中標示撓曲軸的位置。紙面方向約略向北。
③ 校栗埔民誠宮一帶地表撓曲傾斜
（圖片來源：中央地質調查所，紀宗吉）

有與主斷層傾向相反的逆衝斷層，這稱為「背衝斷層」。第二類型為地表無破裂的「塑性變形」構造，也就是上盤地塊受擠壓力造成地表「撓曲」。撓曲地形不像斷層崖有很顯著的地表落差，但是因為其變形範圍可以很廣，可說是大區域建物破壞的「隱形殺手」。[12]

東勢西起石圍橋、東至東勢鐵道橋附近，為車籠埔斷層北段上盤隆起地區。石圍橋附近受斷層作用抬升達九公尺，校栗埔又位於撓曲地形的最頂端處，總抬升量達十二公尺！如此顯著的抬升量，加上地表扭曲不平，又附有許多張裂裂隙，使得此區的建物地基不穩固而塌陷，造成顯著的災情。而若仔細檢視九二一地震後車籠埔斷層沿線的地形特徵，都能見到斷層東側（上盤）處相對於西側，有顯著的地表變形與建物損壞狀況。

九二一地震後，中央地質調查所、國家地震工程研究中心與許多研究單位的地質調查結果，都能觀察到相似的地表破裂與變形現象，這些證據在在說明縱使建物本身結構夠強韌，若本來就建築在活動斷層上，甚至鄰近活動斷層旁，都有可能會因為斷層活動造成的地表變形而受到損壞。因此避免建物因地震與斷層活動損毀的最好方式，就是盡量遠離活動斷層區興建建築。如第二章最後所提及，目前中央地質調查所正持續公告臺灣活動斷層地質敏感區範圍，加上《地質法》通過後，建築作業必須加上地質敏感區評估，民眾也因此能多一套安全防護。

九二一地震引起的大規模崩塌

國道六號往東進入國姓隧道以前，往左望去能見到許多看似獨自聳立的小山，其峭壁處仍裸露著礫石地層，平緩部分則覆蓋了青翠的植被。被列為臺灣三大火炎山地形之一的九九峰是臺灣中部重要的旅遊景點，尤其在九二一地震之後，這裡更被規劃為「九九峰自然保留區」。[13]

九九峰由頭嵙山礫石層構成，為古烏溪將山區土石搬運至此形成的沖積扇產物，後來再經過雨水沖刷與河川侵蝕，其中較為脆弱的頁岩被沖刷殆盡，留下相較強韌的礫石，形成了現在的層層山巒景緻。只是九二一地震當天，九九峰受當地七級震度的嚴重晃動，震落了原本依附在礫石層上方的植被，形成光禿禿的樣貌。

921 地震後九九峰景觀（攝影：柯金源）

如今，九九峰一帶雖已再次覆上新的植被，但是要回復到往昔的樣貌，可能還需數十年的時間。[14]

若說九九峰是臺灣人於中部山區見證九二一地震威力的旅程起點，那再往更深處的九份二山國家地震紀念地就是地震引致坡地災情的主展場。九份二山崩塌地位於南投縣國姓鄉北山坑溪支流澀仔坑溪的長石巷地區，九二一地震發生時，該區發生大規模岩體滑動，崩塌面積約為七十五公頃，深度達三十公尺以上，崩塌土方量約有三千萬立方公尺以上[15]，造成的死亡人數達三十九人。崩塌的土石最後堆積於韭菜湖溪與澀仔坑溪，並分別產生一個堰塞湖。在九二一地震後的二十年，這裡新生的植被因掩蓋住原來裸露的崩塌面，看來減低了些許震撼感，但從崩塌地旁保留的「震爆點」仍可看出

澀仔坑溪堰塞湖（圖片來源：中央地質調查所）

921地震後的九份二山（攝影：柯金源）

九二一地震對當地地表的可怕影響。

從觀景臺望去，可見地表屹立數個岩層的斷塊，像是從土裡鑽出的春筍，斷塊的稜角向上凸起，使得這塊坡地有如爬蟲類的棘皮一樣崎嶇不堪。這些斷塊細看都具有沉積岩層的層狀構造，而每個塊體的層面傾向又非常不同，這並非一般水流沈積或構造作用推擠就能形成的景緻。

九份二山崩塌地為地震引致的大規模崩塌現象，而要產生如此大規模的崩塌，並非只要地震震度夠大就可以，地質條件也必須符合。崩塌地原來就位在大案山向斜的西側，主要由彰湖坑頁岩的厚層頁岩夾砂岩所組成，岩層層面向東傾二十至三十度，約略與坡面平行，構成了「順向坡」的結構，表示這裡在受強震影響之前，本身就有使地層容易滑動的致災因子。

九二一地震十年後，八八風災重創中南部，在高雄山區造成嚴重的坡地災情，尤其小林村以東的獻肚山坡地崩塌事件最令人難忘。該次崩塌實際上也是順向坡地上的岩體滑動事件，差別只在於獻肚山崩塌屬於豪雨遭致的崩塌事件，九份二山崩塌則是由地震引致。無論如何，八八風災時的小林村坡地災害，使國家災害防救科技中心正式以「大規模崩塌」[16]來定義這類的大型崩塌事件，九份二山崩塌也被列在臺灣大規模崩塌的經典事件之一。[17]

縱使九份二山已在地震期間震落了大規模的土石，但不代表這裡未來不會再出現崩塌事件。順向坡地形的本質，加上其坡腳仍有溪流不斷沖蝕，當順向坡坡腳被侵蝕使坡地支撐力不足，崩塌現象仍可能會再次產生。

另一個崩塌反覆出現的經典代表為雲林縣的草嶺。九二一地震當天，這裡歷經非常嚴重的順向坡滑動事件，滑動位置位於草嶺山西南側邊坡上，這裡因受清水溪不斷侵蝕坡腳，岩體呈現虛懸狀態、極度不穩定，以至於強震發生當下，岩體順著層面滑動、堆積於清水溪河床上，滑動過程造成當地二十九人不幸喪生，堆積於河床上的土石也阻擋了溪流前進，形成著名的堰塞湖——「新草嶺潭」。

會說是「新」草嶺潭，是因為這並不是清水溪第一次因山崩地滑產生堰塞湖。事實上，草嶺地區在歷史記載上

921地震後草嶺山崩之地形景觀（圖片來源：中央地質調查所）

的大崩塌事件共有五次。[18]第一次崩塌時間為一八六二年，當時受臺南—嘉義一帶規模約七點零的強震影響，草嶺山發生崩塌，並在清水溪上構成了天然壩、形成堰塞湖，直到一八九八年才潰決。一九四一年，嘉義中埔附近出現規模七點一的強震，造成了多處坡地出現山崩，其中範圍最廣的就是草嶺大山崩，該次崩塌也造就了新的堰塞湖誕生。

隔年八月，因連日豪雨影響，草嶺山西南側再次發生大規模崩塌，這次堆積出的天然壩高一百七十公尺，為歷史記載以來最高者，且此次堰塞湖蓄水量甚大，被民眾正式稱為「草嶺潭」，延續了十年左右才又因為豪雨使天然壩潰決。一九七九年，草嶺崩塌地再次發生大規模崩塌，這次的崩塌同樣是豪雨遭致，但新產生的天然壩在一個月內就因新的豪雨事件而潰決。一九四二與一九七九年的草嶺山崩事件，是唯二因豪雨侵

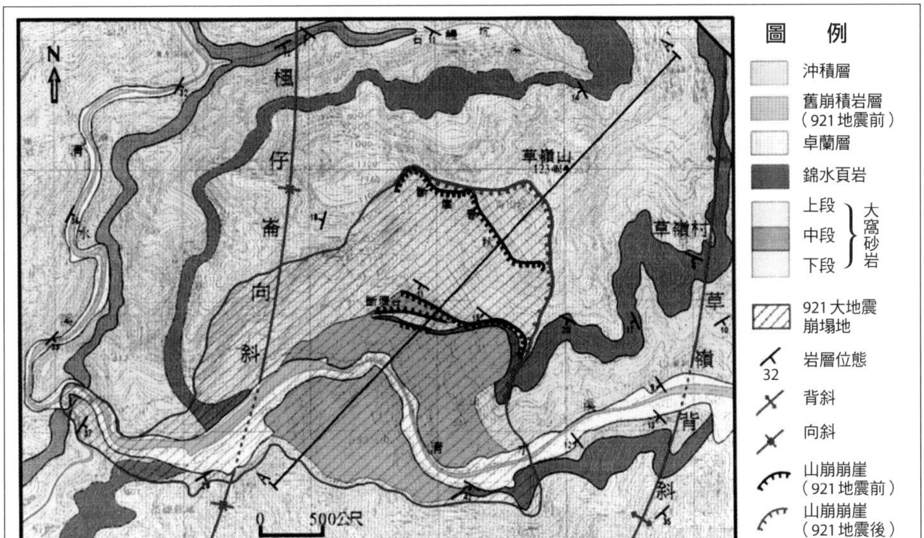

921地震後草嶺山崩地質圖（圖片來源：中央地質調查所）

襲導致的大規模崩塌。

最近一次大規模崩塌即為九二一地震下的產物，崩塌面積約七十五公頃、總滑動體積為一億兩千五百萬立方公尺，崩塌量將近為原來草嶺山體積之一半！回顧這近百年來，五次的草嶺山崩事件都屬於經典的順向坡滑動，地震晃動與豪雨澆灌都可能使岩體順著層面崩落；草嶺山不斷出現的大規模崩塌事件，說明了地質循環的天然本質。

回看九份二山與草嶺崩塌，無法改變的順向坡本質，加上大範圍的崩滑面仍會持續受到地表與地下水的風化作用，以及河川長期對坡腳的侵蝕等，未來還是存在發生崩塌的宿命。然而，崩塌的跡象可用科學的方法進行量測，像是在崩塌面上裝置多個GPS定位點監測崩塌面的長時間位移，或是監測崩滑面下的地下水位高度等，都有助於專家學者判釋該地再次發生崩塌的可能性。[19]延遲崩塌事件的發生或降低崩塌發生的可能性是有能力做到的，針對崩塌後的裸露地進行植被護育，藉由植物根部的韌性強化地表的抗侵蝕能力，或是採取地表與地下排水等抑止工法，都有可能減緩坡地災害的發生。

中橫公路：漫漫的修復長路

九二一地震縱使規模巨大、災情慘重，在這二十年的時間推演下，過去多處地貌傷痕逐漸因風雨侵蝕與人為開墾而撫平。然而位於臺灣核心、全長約一八八・九公里的中部橫貫公路之谷關—德基段，卻始終仍在復健的階段。

一九五六年蔣經國時期，為了縮短東西距離，提升國防安全需求，讓東西兩側軍力可有效輸送，並希望運用大甲溪沿線進行水利開發計畫等多重因素，政府開始橫貫挖鑿中央山脈，花費三年九個月多的時間完成連結臺中東勢與花蓮秀林的中部橫貫公路。這是臺灣第一條橫貫東西的道路，除了縮短大眾跨越中央山脈到東西兩側的時間，公路開通後安置於山路沿線的榮民與原來的山地居民也開始種植高山蔬果，為往後創造出觀光產值。

然而一九九九年的九二一地震爆發，中橫沿線多處發生崩塌事件，尤其谷關至德基水庫路段受損最為嚴重，整段路基幾乎被地震震毀。儘管公路總局於地震過後即開始積極搶修，但困難重重，原因有幾點：首先，因中橫為一條山路，工程僅能由谷關一端與德基一端進行搶修，沒辦法再多增加機組；再來，整段公路包含明隧道共有二十七座，而每一個隧道的出入口都因崩塌事件被土石堵塞，再加上公路所經路段之上邊坡既高又陡、往往岩體也相當破碎，路基及下邊坡又常常發生崩塌，想要維持足夠的路基寬度以進行搶修變得非常困難。在公路與溝谷相交處，不論是山邊溝排水或是箱涵排水，往往都因無法有效排水，造成路面積水甚至地表水入滲路基，讓路段變得更加不穩；甚至在穩定邊坡之抑制工法上，針對究竟該使用傳統之岩錨噴漿或強調生態工法之不同路線仍有許多爭執。雪上加霜的是，九二一地震過後仍餘震不斷，工程人員常得在修路過程中，隨時準備跳離工程機具避難，以免受到坡地落石的攻擊，修建過程具高度危險性。

這些無法避免的困境使工程被迫拉長，通車時間也不斷向後延。中橫公路中斷後，首當其衝的就

中部橫貫公路太魯閣峽谷（圖片來源：Tom Cheng, Wikimedia_commons）

是住在梨山、大禹嶺一帶的居民。自中橫開通後，山上居民所種植的高山蔬果可以快速地沿著中橫公路運到山下販售，但九二一之後，居民必須繞更遠的路才能將農產品運至山下販賣，不僅耗費時間、運輸成本也提高，整體經濟收益下降讓民眾苦不堪言，對於有醫療需求的居民來說更是非常不便。因此有許多居民選擇直接下山居住，部分居民到近幾年才慢慢回到山上生活。

中橫公路中間原有兩條公路，其中一段為青山上線，也就是臺八線路段，為梨山居民生活、移動所使用的最主要道路，也是一般遊客往返東西部最主要幹道；另一段為在它下方約五十公尺處的青山下線，也就是臺八甲線，為台電人員前往青山電廠所使用的工程用路，路面較上線窄。九二一地震過後，政府為確保民生用電不受影響，優先搶修青山下線，並先將下線做為中橫民眾往返的便道使用。一直到二〇一八年十一月，公路總局才終於開放中型巴士行駛中橫公路，只是整條道路至今仍有一天三次的管制進出時間，雖然這項措施造成的不便多少讓居民有所怨言，但為了生命安全考量，仍不得不遵守。

交通部當時其實也有打算將青山上線一併修復。公路總局表示原本中橫預定於二〇〇四年七月十五日開

篤銘橋位於臺8線上，跨大甲溪，是谷關的門戶，遠處可見谷關旅館群。
（圖片來源：Wikimedia_commons）

放通車，但是那年七月二日，敏督利颱風為中部地區帶來驚人的雨量，原本受九二一地震晃過而極度不穩定的中橫山區，無法承受颱風風雨的沖刷力，造成青山上下線又在一夜之間再度崩塌、二十幾億的工程就這樣付諸流水。體認到九二一地震對山區的影響極大，土地不可能在短時間內回復穩定，政府決定先確保青山下線暢通，而上線至今仍刻意不動工，期望讓土地有足夠的時間休養生息。

臺灣山區過去幾十年來坡地災害不斷，這與地震、颱風事件頻傳有高度關聯，學者們也發現，九二一地震發生之後，的確讓山區的崩塌事件更為加劇。比較發生於九二一地震前後的一九九六年賀伯颱風與二〇〇四年桃芝颱風對濁水溪流域的影響即可發現，這兩次颱風事件所帶來的最大累積雨量分別為兩千毫米與七百五十毫米，後者明顯較少，然而賀伯颱風對該區造成的崩塌約九．七七平方公里，遠比桃芝颱風影響的面積（四八．八平方公里）要小很多！大甲溪部分河段在河床中堆積的土砂，於九二一之後也明顯增高許多，這是另一個明證。這些案例說明九二一地震確實將臺灣地表震得傷痕累累。

生命都有其韌性，地質作用與氣候的內外平衡也能幫助破裂鬆動的土地回復至原來穩定的狀態，只是回復速度有快慢差異。就日本一九二三年關東大地震的案例，學者發現當時地震過後，要引發土石流所需的降雨量約為震前的一半，表示地質的確因為地震變得破碎，但經歷四、五十年的時間後，地質穩定性已大致恢復到震前的狀態。回看臺灣中部山區地質，臺大地質系教授、現任國家災害防救科技中心主任的陳宏宇於九二一地震十週年時提到[20]，藉由河川輸砂濃度回推山區土石崩塌程度，臺灣中部山區環境其實已大致恢復到九二一地震前的狀態；近期臺灣中部也較沒有顯著崩塌事件，證明了中部山區地質趨於穩定。能有如此短的回歸期，是因為臺灣的地質年輕，仍具有高強度的內外營力作用，使地質能快速達到平衡。

儘管地質穩定性或已恢復水準，土地的開發會是天災以外，最重要引致崩塌事件的禍源。土地需要休養生息，加上地質穩定後要考量生態系統的重建，這些完全仰賴自然的自我修復能力。中橫公路至今仍在重建狀態，然而應該修補到什麼程度、青山上線是否要重新整頓等，都將是人類與自然拔河時永無止境的爭論。

3-2 震出地質敏感帶：〇二〇六高雄美濃地震、〇二〇六花蓮地震

二〇一六年最受臺灣社會高度討論的生活議題之一莫過於「土壤液化」，幾乎家家戶戶都想知道自己的住家是落在土壤液化的高、中、低哪一類潛勢區，中央地質調查所也於高雄美濃地震發生一個月後，即刻在網站上公布了相關資訊[21]，提供民眾線上搜尋。

引發這波「土壤液化、老屋健檢」等議題的主因，來自二月六日的高雄美濃地震。當日凌晨三點五十七分，高雄美濃區發生規模六點六的強震，震源深度約十四．六公里，屬於極淺地震，臺南新化區感受到最大震度高達七級，南部地區幾乎也都感受到五級的震度。[22]高雄美濃地震對臺南市的影響非常大，維冠大樓倒塌事件成為臺灣震災史中單一建築倒塌造成最多死亡人數之案例，而臺南許多地

2016年2月6日的高雄美濃地震引發臺南維冠金龍大樓倒塌，此圖為災後兩小時。（圖片來源：Wikimedia_commons）

區發生土壤液化，更讓民眾警醒。縱使在過去，土壤液化現象已被人所知，像是九二一地震發生時，臺中港區就有大規模土壤液化的事件發生，然而二〇一六年臺南多起土壤液化災害嚴重、加上媒體廣泛報導，此議題被放大檢視，一時之間成為焦點。

所謂的土壤液化，並不是指土壤變成液體，而是土壤在較大規模的地震發生期間，性質變得「類似液體」而失去承載建築物的能力，這在含有高地下水位的砂質土壤地區中最容易發生。地震發生以前，這類地層中的中細砂與孔隙水呈現一個穩定的力平衡狀態，但當地震搖晃的過程下，砂粒與水的結構被破壞，使得砂粒像是漂浮在水中似的；而若該地區上方原本有建物，地震當下建物的地基頓時像是在水中，會因自身的重量而下陷、傾斜，嚴重者會直接倒塌。同時，土壤液化若發生在素地[23]上，震過的土壤結構會重新調整，比重較大的砂粒會往下沉、可能重新排列，而原本在土壤中大量的孔隙水則因為砂粒的擠壓向地表冒出，使得地表可能出現噴砂、噴泥水、地陷、地裂等現象。

二〇一六〇二〇六美濃地震為何導致臺南受災？

要滿足土壤液化的土質條件，發生位置通常會在年紀較輕的沖積地層上，像是古河川、湖泊、海洋的淤積地等；也可能出現在海埔新生地等人工填築的鬆散土地上。這些地方的沈積物多以砂質顆粒為主，且因為年代較近，比較不受後來沈積物的壓縮壓密、膠結作用等影響。當然，還有另一個重要條件誘發土壤液化，那就是「地震震度要夠大」，否則土壤與孔隙水的平衡不會那麼容易被破壞。

臺南為曾文溪與鹽水溪堆積出的沖積平原，土質符合土壤液化發生的條件，因此才會在此次地震中造成災情。據調查，此次臺南通報發生土壤液化的行政區有十個，包含安南區、北區、中西區、永康區、新市區、新化區、山上區、官田區、大內區與歸仁區等，影響範圍橫跨二十公里。有些行政區出現較大範圍的土層下陷與建物傾斜狀況，如安南區頂溪里、北區正覺街與公園路等，另有一些行政區的土壤液化範圍呈小規模的點狀分布，像是新化北勢里與太平里部分農地與渠道等處。[24]

土壤液化的程度與形式在臺南各地都不太相同，但依照地表有無結構物做分類，大致上可以歸納成兩種形式：首先是自由場的地表噴水冒砂，另一種形式則是結構物地基液化。[25]若考量地盤破壞行為對工程設施的影響，可將液化模式細分成四類：前兩類屬於水平地盤的破壞模式，像是「噴水冒砂」與「地基失效」；後兩類則屬於傾斜地盤的破壞，如果土壤液化地區原本地表就有一定坡度，但坡度較小，那麼液化土層就會沿著斜坡「側向擴展」，這類地區可能見到階梯式的滑移構造。坡度大的地區讓液化土層流動速度加快，可能使大範圍的地表受損，這現象稱為「側潰」。

事實上，臺南已經不只一次在地震後遭受土壤液化的痛苦。一九四六年新化地震時，北勢里靠近新化斷層處，以及鹽水溪旁軟弱的沖積地有諸多地方出現噴砂現象；二〇一〇年甲仙地震（桃源地震）時，新化區又再次遭遇土壤液化侵擾，這次範圍更廣，除北勢里、太平里、山腳里等諸多農地出現噴砂現象，東榮里虎頭埤一帶也出現因為土壤液化致使地面鋪路塌陷、建物基底受損倒塌等事件，加上這次美濃地震後的災情，說明同一個地方是可以重複出現好幾次土壤液化現象的。

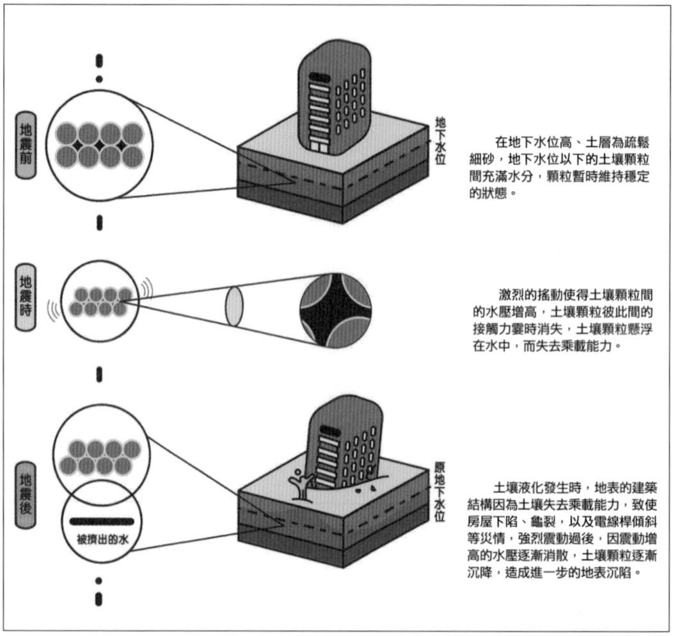
地震前
地下水位
在地下水位高、土層為疏鬆細砂，地下水位以下的土壤顆粒間充滿水分，顆粒暫時維持穩定的狀態。
地震時
激烈的搖動使得土壤顆粒間的水壓增高，土壤顆粒彼此間的接觸力霎時消失，土壤顆粒懸浮在水中，而失去乘載能力。
地震後
被擠出的水
原地下水位
土壤液化發生時，地表的建築結構因為土壤失去乘載能力，致使房屋下陷、龜裂，以及電線桿傾斜等災情，強烈震動過後，因震動增高的水壓逐漸消散，土壤顆粒逐漸沉降，造成進一步的地表沉陷。

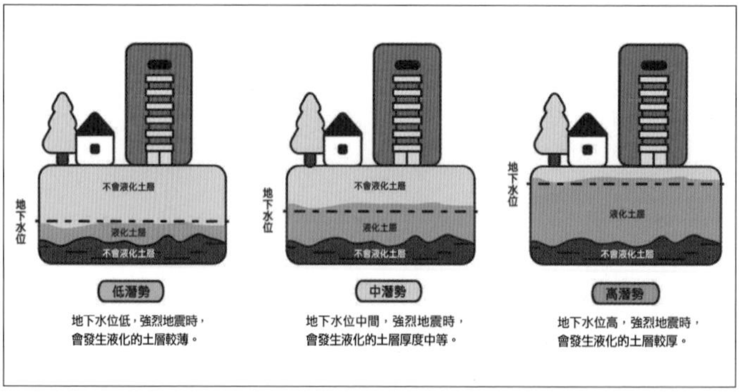
地下水位
不會液化土層
液化土層
不會液化土層
低潛勢
地下水位低，強烈地震時，會發生液化的土層較薄。
中潛勢
地下水位中間，強烈地震時，會發生液化的土層厚度中等。
高潛勢
地下水位高，強烈地震時，會發生液化的土層較厚。

土壤液化原理圖（圖片來源：國家災害防救科技中心）

臺南地區大範圍土壤液化現象促使民眾主動想要探知住家附近的地質狀況，也督促政府加速調查與公開土壤液化潛勢區，做為後續建築的參考。政府規劃的「安家固園計畫」[26]特別針對老舊建築進行耐震評估、結構與基礎補強，以期減少未來建物在地震下的倒塌損壞率。

二〇一六年這場地震讓人好奇：為何位於高雄美濃的地震，反而對臺南的影響最大呢？馬國鳳曾指出，臺南的災情會發生，一方面是高雄美濃地震的震波主要往西北震，加上臺南土層鬆軟，因此，「場址效應」促使臺南地區感受震度較大。[27]

場址效應（site effect）指的是地震震波傳遞至某些地區，因當地的地形或地質條件特殊，使得震波產生放大的現象，

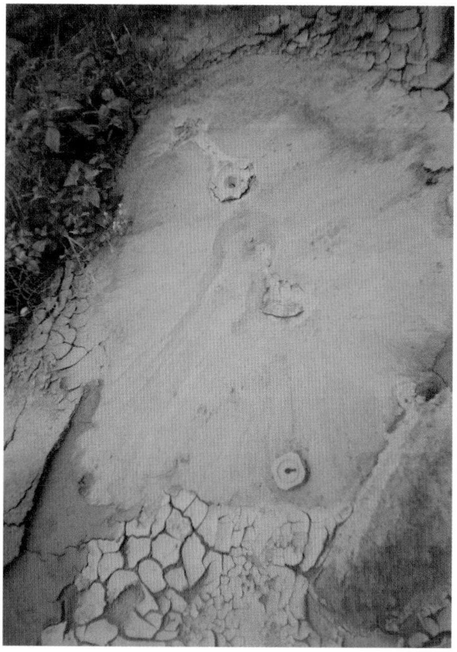

土壤液化噴砂口（圖片來源：黃明偉）

土壤液化現場（圖片來源：黃明偉）

也因此當地的人們會感受到地震搖晃特別劇烈且時間特別久，這概念類似搖晃布丁時，可以觀察到布丁的表層震動明顯且持久，若用化學反應來比喻的話，場址效應就像是反應中的「催化劑」，讓反應更加劇烈。

臺北是易受場址效應影響的一個經典案例。臺北為一個盆地地形，第三紀的岩石基盤構成西深東淺的形貌，岩盤上覆鬆軟的松山層沉積物，這使得地震波傳遞至臺北時更容易聚焦、共振，造成震動幅度加大、搖晃時間延長。九二一地震時，雖然臺灣中部所受災情最慘重，但九二一地震的震波傳遞至臺北時，場址效應的影響使得分布於臺北盆地各處的地震儀所測得的震波出現明顯的差異，中央氣象局在不同深度埋設的井下地震儀也測得相異的震波數據。

檢視中央氣象局發布的高雄美濃地震資料，發現相對於高雄旗山、甲仙，以及屏東三地門等地搖晃時間都在一至兩秒，臺南因土質鬆軟且含高地下水位，受場址效應影響下搖晃時間竟可長達八秒，也難怪臺南當時災情如此慘重。

其實不僅臺南為易發生土壤液化的敏感地區，舉凡西南部彰雲平原、嘉南平原一帶多是土壤液化高潛勢地區，尤其是填海造陸形成的沿海數個工業區，因土層不如古老的沉積地層緊實，且地下水位較高，是土壤液化高潛勢區。臺北盆地、蘭陽平原等北部地區為河川沈積物構成的鬆軟沖積地形，也必須小心土壤液化的可能。二〇一九年，中央地質調查所完成全臺灣的初級土壤液化潛勢圖資，民眾可以上網查詢，瞭解目前居處或欲購買的建築物所在地質狀況，以維護自身權益。

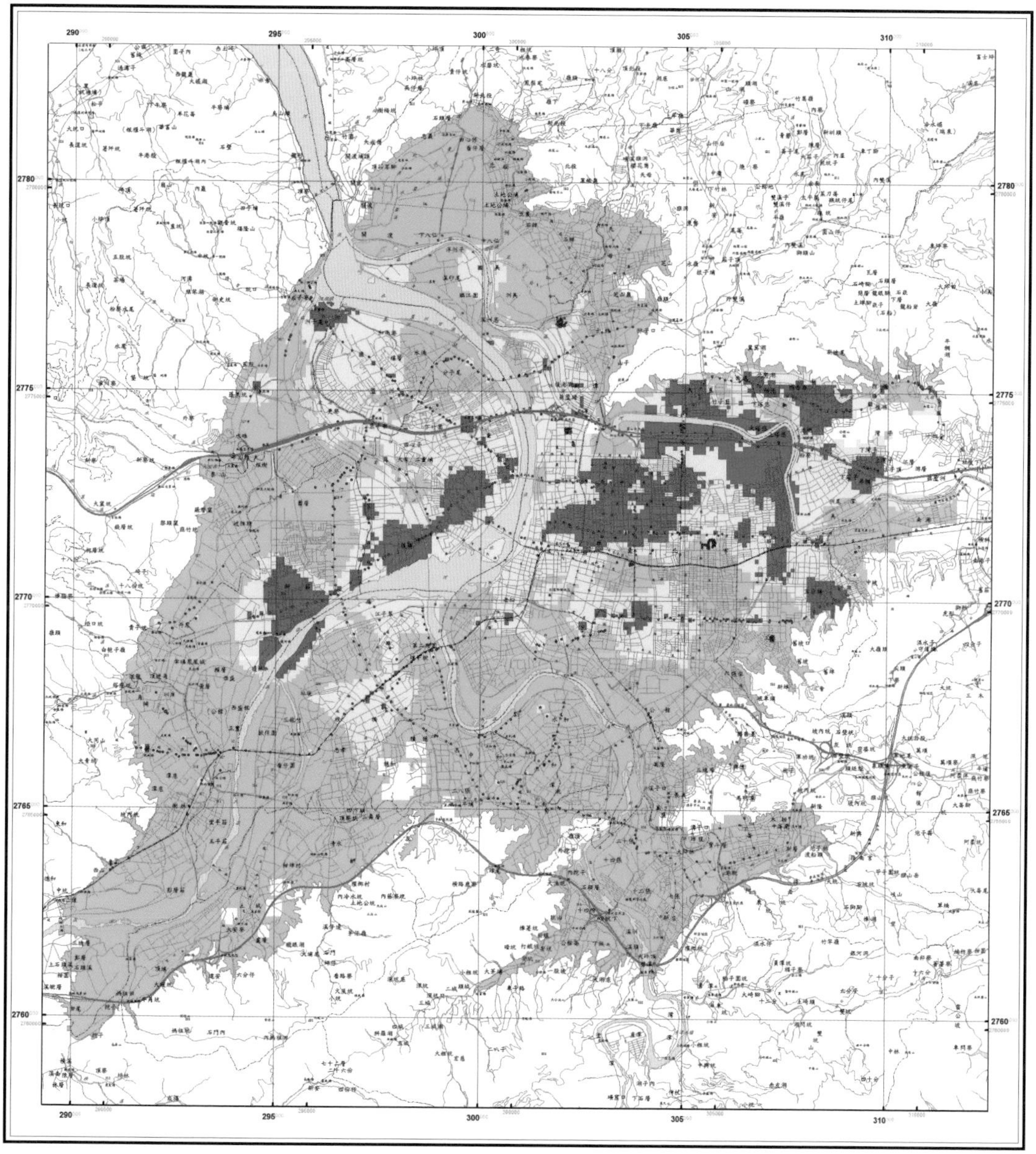

臺北市初級土壤液化潛勢圖，2011年。
（圖片來源：中央地質調查所）

資料分析依據：
土壤液化潛勢分析係依內政部建築物耐震設計規範(2011)及建築物基礎構造設計規範(2001)規定，以各地區設計地震水平地表加速度係數進行分析。

圖　例　Legend

- 高潛勢區（PL＞15）
- 中潛勢區（5≦PL≦15）
- 低潛勢區（PL＜5）
- ● 分析鑽井孔位

註：PL為液化潛能指數

○二○六花蓮地震：九二一地震後的耐震總檢核

二○一八年二月六日晚間十一點五十分左右，花蓮發生規模六點二的強震，造成花蓮市區、太魯閣、鹽寮，以及宜蘭南澳等地承受七級震度，而且全臺有感。

這場深夜強震搖醒許多東部居民，有些人想要逃離，卻因建築脆弱而受困，不及避災。地震當下，四棟大樓嚴重倒塌與傾斜，例如花蓮市區的統帥飯店一、二樓倒塌，一度造成十幾人受困；以及雲門翠堤大樓呈現嚴重傾斜，十四人罹難。整起地震共造成十七人死亡、二九五人受傷。

因○二○六花蓮地震為花蓮地區自一九五一年烈震以來，再次發生由米崙斷層錯動引發規模六點零以上的災害地震，而且剛好發生在高雄美濃地震兩週年這一天，所以格外引起大眾關注。事實上，這起地震就學術上或是防災議題上，都是非常值得討論的事件。

據中央氣象局地震觀測資料顯示，二月四日至主震發生以前就已經發生超過九十次的有感前震，而主震過後至二月底，有感餘震總計超過三百多次！整個地震序列中規模五點零以上的地震在前震與餘震中都各有五次。地震的分布上，前震多發生在主震震央以北、靠近宜蘭南澳一帶，餘震則多發生在主震震央以南，最南邊約於花蓮縣壽豐鄉一帶，地震序列有由北往南、震源由深至淺的特徵。當時有學者認為這起地震是米崙斷層與嶺頂斷層錯動所致，後來分析尚可能有其他成因。實際上，米崙斷層與嶺頂斷層兩側確實發生多處地表破裂現象[28]，說明該地震誘發了這兩條斷層錯動。

○二○六花蓮地震也出現了土壤液化的問題，北起花蓮市華西路，也就是花蓮航空站東側，南至

① 花蓮市區的統帥飯店倒塌 ② 花蓮雲門翠堤大樓造成十四人罹難（圖片來源：林祥偉）

②|①

東華大學以東的崩坎一帶，尤其花蓮火車站前站西起國聯五路、東至國盛七街、南起商校街、北至國盛八街，面積約〇・二平方公里區塊內有明顯的因土壤液化導致的地層下陷狀況。

花蓮市會發生土壤液化，其實是大家意料之外的。因為從地質角度來看，這次土壤液化區域皆分布在米崙斷層與嶺頂斷層兩側河川與舊湖沼的沖積地層，原本認為這些沖積層多為含砂礫石或卵礫石的土層，不是一般認為容易發生土壤液化的砂質土壤，然而震後的地質調查發現花蓮的沖積層其實由砂、礫石與粉土組成，而且部分地區含有相當厚度易液化之砂土、粉土質砂與粉土。奇特的是，花蓮港一帶有發生噴出粒徑十公分礫石的紀錄，與過往以為的「噴砂」非常不同！這說明除了砂質土壤，礫質土的液化潛能也是未來做液化防災時需要重視的一環。

除了地質上的特殊之處，花蓮地震的地震序列也是關鍵。主震發生當時，花蓮市區震度達到七級，但實際搖晃時間只有十秒左右，以這樣的時間應該不足以讓地下的孔隙水壓提升、造成土壤液化，推測之前早就有一些事件讓孔隙水壓升高，而兇手就是主震前的大量前震。前述花蓮地震發生前出現了九十次以上的前震，其中包含規模五點零以上的地震，這些地震所激發的孔隙水壓可能使地下水位升高，而主震是「壓垮駱駝的最後一根稻草」。29

檢視這次花蓮地震的土壤液化災情，學者發現有幾個議題值得探討。首先，這次土壤液化區與倒塌建築的位置都位在米崙斷層與嶺頂斷層的沿線上，而中央地質調查所早已將米崙斷層周邊列為活動斷層地質敏感區，此次現象也讓民眾譽為「神預測」。中央地質調查所構造與地震地質組科長盧詩丁表示，此處的活動斷層地質敏感區劃設本來就是依據當地的斷層地形特徵去圈繪，在學理上是證據充足的斷層活動潛勢區。經由此次案例，除了能解除民眾對於地質敏感區劃設可靠性的疑慮，也讓地質調查所工作同仁增添更多信心。這次地表破裂狀況幾乎分布在地質敏感區

花蓮0206地震米崙斷層地質圖（圖片來源：中央地質調查所）

內，僅少部分破壞發生在敏感區之外，可見活動斷層地質敏感區劃定的重要性，以及必須成為所有工程考量的要素。

從震波的資料解析，靠近斷層處因斷層破裂效應，測得垂直方向的加速度值大多超過水平方向的加速度值，意思是垂直方向的震動強度比水平方向的震動來得顯著。而近斷層震動通常包含單頻率、長週期、大震幅的脈衝，這樣的震波特性對土壤液化的影響是值得後續深入研究的，因為近年來有研究發現，垂直方向的地動（一般來說就是地震P波的震動方向）也有可能與適當的土層產生共振效應，讓土壤液化產生[30]，意味著過去單看水平方向

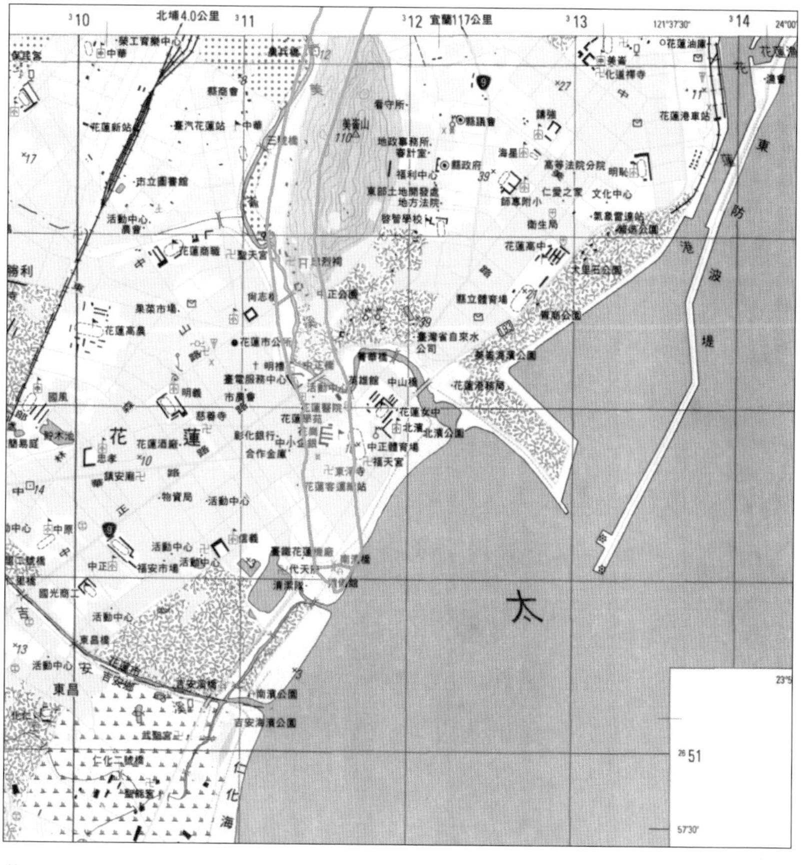

花蓮米崙活動斷層地質敏感區（圖片來源：中央地質調查所）

震動對土壤液化的影響，其實並不足夠。

另外，在調查花蓮市有土壤液化災情的地區建築物，學者注意到土壤液化造成建築物基底有輕微的拱起、滲砂的狀況，導致建物傾斜。然而細看建築物本身的損害，卻發現建物梁柱、牆壁可見到大量的「剪力破壞」，也就是建物左右晃動時才會產生的破壞結構。曾有研究推測輕微土壤液化的地層仍還有傳遞剪力波（S波）的能力，但因土層柔軟讓振動週期延長，使得中高樓層建物、柔軟地質上的建物以及長跨距橋梁等與震波產生共振效應，加強震度幅度而產生嚴重破壞。[31]此外，不同頻率的地震波與當地土層、建物的共振性質都有所不同，加上震波在土層中傳遞的過程，可能彼此干涉，因而波動被放大、甚至消減，這諸多因子都會影響一個地區的振動幅度。關於土壤液化潛勢地區的相關研究，仍有許多問題等待釐清。

花蓮地震造成四棟大樓傾倒，也震出了建築物的耐震問題。九二一地震後，政府提出「建築物實施耐震能力評估及補強方案」，首先針對公有建築物進行耐震評估調查，而且建築耐震設計規範上都有大幅度的更新，許多人以為較新的房屋應吸取前車之鑑，在耐震設計上應該更為進步，為何還會出現那麼嚴重的建物損壞事件？事實上，從九二一地震發生至修正後的法規上路執行，中間仍有幾年的空窗。

當時有關建築物的耐震設計，需依據《建築物耐震設計規範》實施，該規範於一九七四年開始使用[32]，內容不斷與時俱進翻修；九二一地震發生後，再次針對臺灣的地震力分區做修正，設計地震力也提高（詳細內容，可參閱第四章），然而修正後的新法規一直到二〇〇五年底才完成，隔年開始進行的建築工程都需遵循這套規範，這意味著二〇〇六年之後興建的房屋，才會比九二一地震以前建的房子更為穩固。[33]

而關於花蓮的土壤液化潛勢調查，盧詩丁表示，本來就在規劃的進程中，只是調查作業還沒開始，土壤液化事件就先發生了。災害事件我們不樂於見到，但也因為災害的發生，常能加速研究進展、敦促法案成立，甚至讓民眾意識覺醒。「九二一地震前，活動斷層的研究就已進行，地震後確實加速了系統性調查的進展；而〇二〇六高雄美濃地震之前，土壤液化也早被知曉，且已經有相關的調查，但是該次事件讓土壤液化潛勢區的調查與公布作業變得更加急迫。」盧詩丁補充。

地震時時刻刻都在發生，二〇一六年高雄美濃地震後，政府積極執行老舊建物耐震快篩，兩年後，花蓮市馬上又遇到強震攻擊，相關的建築法規、建物抗震能力提升、法規執行強制力的落實等，政府都不斷積極且持續的優化，並因應多變的地震活動不斷調整。至於一般民眾可以做的事情，包括自主瞭解所居地的地質與房屋概況，評估居所風險，讓地震災防能由下往上補強，至少做到「現階段最好」的準備。

〇二〇六花蓮地震做為九二一地震之後二十年間的耐震總檢核，雖仍有不足，臺灣的耐震防災措施確實正一年比一年進步。

3-3 海嘯：南亞海嘯與三一一東日本大震災

一八六七年十二月十八日，北部地震更烈，災害亦更大，基隆城全被破壞，港水似已退落淨盡，船隻被擱於沙灘上；不久，水又復回，來勢猛烈，船被衝出，魚亦隨之而去。沙灘上一切被沖走。原本建築良好之屋宇，亦被沖壞，土地被沙淹沒，金包裏地中出聲。水向上冒，高達四十尺；一部分土地沈入海中……

——*Alvarez, Formosa*[34]

這樣一段描述構築出一八六七年，發生於基隆的一場自然災害畫面。要描述這段故事之前，需要先把時空拉到二〇〇四年的印尼蘇門答臘。

該年十二月二十六日，北半球正處寒冷冬季，南半球則是炎熱的夏天，許多西方遊客趁著聖誕假期專程前來南亞的印度洋海邊，浸泡在清涼海水中，或是在岸上享受著溫暖的日光浴。此時，正在玩水的遊客，有人注意到海水大規模地退去、出露大片灘面，但不是所有人都意識到這件事背後的意義，反而更大膽往海的方向走去，探索平常不易領略的灘面景象。

緊接著悲劇發生。原本大規模退去的海水，順著新的一波浪潮往陸地方向襲來，剛開始遠觀就像是一般的海浪，但愈靠海岸、浪頭愈高，高到已經超出一般海浪該有的規模。遊客開始感覺不妙，拚了命往內陸或高處奔跑，而有些遊客放棄逃跑，就這樣站穩穩地面對著巨浪，然後被浪吞噬殆盡。[35]

2004年12月26日南亞海嘯美軍氣墊船救援（圖片來源：wikimedia_commons）

二〇〇四年的「南亞海嘯」席捲了印度洋周邊海岸，奪去了二十九萬多條人命，其中有三分之一是沒有足夠逃難能力的兒童，而且西方遊客的罹難人數也相當高，因此縱使最主要災情發生在印度洋地區，該次災難卻讓世界各國都感到萬分震撼與悲慟。

南亞海嘯的發生與板塊活動引發的隱沒帶地震活動有關，震央位於印尼蘇門答臘西方一六〇公里左右的深海中，驚人的是，根據餘震分布，發現該次地震所產生的地表破裂長度達一千六百公里。破裂帶長度通常與地震規模成正比，據後續計算得知這次地震規模高達九點一，是繼一九六〇年智利地震（規模九點五）、一九六四年阿拉斯加地震（規模九點二）之後，二十一世紀以來發生規模最大的地震。如此強震，住在靠近震央一帶的印尼居民肯定深有感受，但地震引發的海嘯竟可傳遞至非常遙遠的距離，使得在其他國家海岸邊度假的遊客，完全無法意識到死神會突如其來奪去自己的性命。

「地震可能引發海嘯」這件事其實在更早以前就已經被知道了，尤其在環太平洋地區，這裡因為是最主要的地震活動帶，且一九四六年發生的阿留申群島地震引發的海嘯事件，衝擊到阿拉斯加與夏威夷，造成一百六十五人死亡，這促使美國在夏威夷建立了地震海嘯警報系統，三年後改制為太平洋海嘯警報中心。然而印度洋一帶因從未發生過海嘯事件，這裡的人們對於海嘯的警覺性較低，甚至根本沒有預警系統，才會造成這次悲劇發生。二〇〇四年南亞海嘯爆發後，海嘯預警系統才擴張到整個印度洋。多數人也是因為這次事件，才真正認識所謂的海嘯。

海嘯其實就是規模較大、且破壞力強大的波浪，但特別要強調的是，海嘯其實不是直接由地震震出來的波浪，海嘯要能產生，水中需要有一股強勁的力量推動水體，造成海面的動盪，動盪的海面接著就如漣漪一般，會將波動向外擴散，實際上看起來就是波長很長、低緩起伏的海浪。而當海上的長浪往陸地前進時，因海水深度變淺，但前進的海水體積不變，原本低緩起伏的長浪會被壓縮成高低落差顯著的浪。以南亞海嘯為例，當時的海嘯最高可達三十公尺，也就是將近十層樓高，最後靠近岸邊時水體潰散、灌入沿岸的村落或度假區，巨量水體的快速沖刷就會產生巨大的破壞力，造成重大的傷亡。

南亞海嘯讓印度洋周邊與世界各國重視海嘯可能造成的災害，相對於位在太平洋沿岸的臺灣，更加有感的應該會是二〇一一年東日本地震造成的海嘯事件。

三一一東日本震災影像（圖片來源：wikimedia_commons）

日本遭遇海嘯其實是歷史上常有之事，光從海嘯的英文「tsunami」就能一窺端倪。國際學者會直接使用日語發音的詞彙來描述海嘯，代表日本過去一直就是個與海嘯共存的國家。然而二〇一一年三月十一日的海嘯事件所造成的複合型災害，讓日本、臺灣甚至世界各國人民心中都產生不同於南亞海嘯的強烈衝擊。

東日本地震發生於當地時間下午兩點四十六分，震央位在宮城縣仙臺市以東約一百三十公里處的太平洋海域。震源深度二十四公里，屬於淺源地震，規模則為驚人的九點一！當時本州島與東北一帶都能感受到異常顯著的晃動，甚至有地方持續感受地震晃動長達六分多鐘，可以想見此次地震能量是多麼驚人。主震過後約三十分鐘，巨大的海嘯開始席捲日本東部海岸，宮城縣、岩手縣與福島縣等地都遭受毀滅性的破壞，估計陸地受海嘯侵擾面積達五百六十平方公里。

雪上加霜的是福島縣沿岸設有核能發電廠。當時廠內運作的一至三號機在地震發生當下立刻就進入停機程序，僅存備用的柴油發電機以確保冷卻系統能持續運轉。然而，此次海嘯遠超過預期，核電廠外五．七公尺高的海堤完全不敵高達十五公尺的海嘯攻擊，廠內的柴油發電機被泡在海水中無法使用，致使反應爐爐心過熱熔毀。三一一東日本地震連帶造成的福島核災，讓全世界重新省思核能發電的設計是否安全，也引發了許多「是否該繼續使用核能」的激烈辯論。總體而言，東日本地震確實給世人上了非常重要的一課。

造成這次東日本地震的原因，來自太平洋板塊隱沒至北美板塊時，海底斷層錯動引發的板塊回彈現象。經學者估算，斷層的錯動量達到二十公尺，滑動面積則有十萬平方公里，堪稱是隱沒帶給予西太平洋的一記重拳。雖然海嘯事件對日本人來說並不陌生，但因這次地震能量比往常大上許多，海嘯威力也不同以往，日本東海岸多處雖然設有防波堤，仍無法抵擋磅礴的大浪侵灌。

三一一地震後，日本受到來自各國的援助，臺灣也列在其中。政府、企業與民眾皆對災區投入大量捐款，慈濟、臺灣紅十字會等單位也派人到災區進行協助。

同樣為位處西太平洋板塊交界帶上的島國，三一一地震促使臺灣人更加關注地震海嘯事件，尤其在臺灣北部海邊仍有一個核電廠正在運作，民眾大多會擔心在地震頻傳的臺灣，是否有可能發生像日本一樣的地震海嘯事件？要瞭解臺灣受地震海嘯侵襲的可能性，我們得對海嘯形成機制有更深入的理解。

海嘯是一種水體受擾動所形成的巨大、有破壞性的波，海嘯事件的成因，都是因為海底斷層上、下盤相對滑移推動後，推升或下拉海水使得海水面產生動盪所致。其實海嘯也可以由大陸棚山崩、海底火山爆發，甚至隕石撞擊等事件誘發，重點在於必須擾動到水體，也因此陸地上的斷層錯動並不會造成海嘯。再來就是擾動水體的能量必須夠大。以海底斷層活動誘發的海嘯為例，學者推論斷層活動誘發的地震規模至少大於六點五，而且要是淺源地震，才容易誘發海嘯。

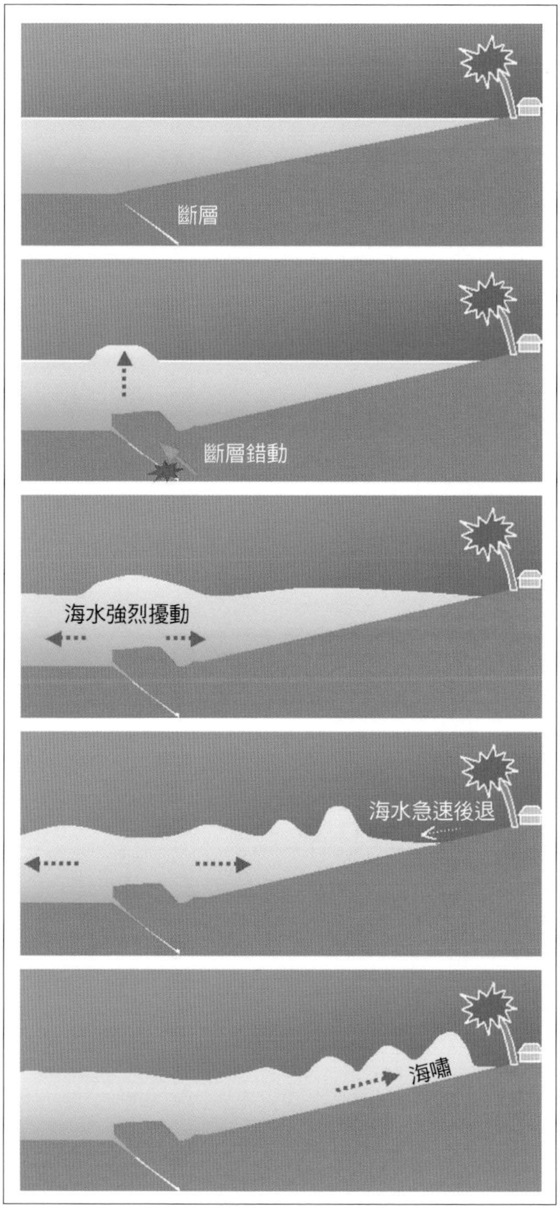

海嘯形成機制與傳遞方式（圖片來源：國家地震工程研究中心）

下一個讓海嘯成形的條件是「由深至淺的緩坡地形」。海嘯最初在遠洋位置時，會以「高傳遞速度與長波長」的形式傳遞巨大能量，通常在深海區時的波速可達七百公里以上、波長則可達一百公里，這樣的波產生的波高可能頂多數十公分，對於遠洋捕魚的船來說，就跟平日起伏的海浪沒有太大差異。然而當這股巨大能量在無顯著消散的狀況下傳遞至淺海區時，海浪的波速減緩、波長也變短，但後方能量繼續傳遞過來，使得水體逐漸在淺海區向上疊加，可能產生數十公尺的巨浪，也就是我們所謂的海嘯。

相對於日本，臺灣歷史上也遭遇過幾場海嘯事件，但海嘯高度幾乎不超過一公尺，並未帶來災情，唯一一場被確認為臺灣近海地區地震所引發的災難性海嘯事件僅有一八六七年的基隆海嘯。[36]從保留下來的各種文獻交叉比對，學者認為發生此次海嘯的地震震央可能位於臺灣北方外海，規模估計達七點零，海嘯高度可能達六至十五公尺，推測是地震斷層的活動所引起。[37]縱使在那之後，臺灣並未遭遇過任何海嘯災難，詳細的研究與災害預防措施仍是必須要做的，因為沒有人能承擔得起海嘯災難後的種種結果。

依據形成海嘯的幾個要素來檢視臺灣全島，可以發現西側臺灣海峽一帶位於陸棚上，沒有太多地震來源而不易形成海嘯；最有可能受到海嘯侵擾的地區，分別為臺灣東北、東部，以及臺灣西南部三區塊。

臺灣東北外海接續琉球島弧與沖繩海槽，為臺灣三大地震帶之一，淺源地震多、火山活動旺盛，而且臺灣東北開口處為基隆與蘭陽平原一帶，地勢平緩，較有可能發生海嘯危機；臺灣東部正對著東部外海亞普海溝的隱沒方向上，需要當心亞普海溝錯動時可能帶來的海嘯正面衝擊，但臺灣東部因沒有顯著緩坡，所以海嘯襲來的影響可能也不大；最後，臺灣西南外海由澎湖水道、澎湖峽谷至馬尼拉海溝，地勢漸深，加上馬尼拉海溝的隱沒作用持續累積應力，很可能發生規模八點零以上的地震，引發海嘯並衝擊西南沿海地區。前中央地質調查所所長江崇榮曾表示[38]，若臺灣東北與西南兩處真的產生海嘯，依據兩處構造帶離臺灣本島之距離，海嘯短至十分鐘、長至一小時內就會侵襲臺灣。

生存在四面環海的島嶼，無論海嘯在未來是否會對臺灣產生衝擊，充分理解海洋環境，是民眾必須要建立的防災意識與準備。

（本文作者：黃家俊）

注釋

1 背斜為岩層受擠壓時向上彎折，而岩層層面在彎折的軸線兩側相背對的地質構造。

2 莊文星，〈中臺灣河川新面貌（一）大安溪峽谷〉，《國立自然科學博物館館訊》第二五八期（二〇〇九年）。

3 國家地震工程研究中心，《九二一集集地震全面勘災精簡報告》（一九九九年）。

4 大森房吉被譽為「日本地震學之父」，曾針對梅山地震寫了一篇論文「Preliminary Note on the Formosa Earthquake of March 17, 1906」。

5 經濟部中央地質調查所，《活動斷層近地表變形特性研究（1/4）》（二〇一一年）。

6 馬國鳳，〈集集大地震破裂行為〉，《臺灣之活動斷層與地震災害研討會論文集》（二〇〇二年）。

7 Ma et al. (2006). Slip zone and energetics of a large earthquake from the Taiwan Chelungpu-fault Drilling Project. *Nature*, *444*, 473-476.

8 蔡衡、楊建夫著，《臺灣的斷層與地震》（臺北：遠足文化，二〇〇四年）。

9 Lee et al. (2002). Geometry and structure of northern surface ruptures of the 1999 Mw=7.6 Chi-Chi Taiwan earthquake: influence from inherited fold belt structures. *Journal of Structure Geology*, 24, 173-192.

10 李錫堤等，〈九二一集集大地震之地表破裂與地盤變形現象〉，《地工技術》第八一期（二〇〇〇年）。

11 經濟部中央地質調查所，《活動斷層近地表變形特性研究（3/4）》（二〇一三年）。

12 紀宗吉等，〈車籠埔地震斷層沿線地表變形致災案例探討〉，《經濟部中央地質調查所特刊》第十二號（二〇〇〇年），頁二三五至二五四。

13 林務局自然保育網—九九峰自然保留區。https://conservation.forest.gov.tw/0000127。

14 經濟部中央地質調查所，〈九二一地震十年映像〉，《地質》第二八卷第三期別冊（二〇〇九年）。

15 經濟部中央地質調查所，《九二一地震地質調查報告》（二〇〇〇年）。

16 臺灣的大規模崩塌定義為崩塌面積大於十公頃、深度大於十公尺，或崩塌體積超過十萬立方公尺者。詳細內容或相關案例可參考雷翔宇等著，《颱風：在下一次巨災來臨前》（臺北：國家災害防救科技中心、春山出版，二〇一九年）。

17 科技部災害管理資訊研發應用平臺網頁。

18 李錫堤，〈草嶺大崩山之地質與地形演變〉，《中華水土保持學報》第四二期（二〇一一年）。

19 行政院農業委員會水土保持局，〈九份二山崩塌地變動觀測〉，《九十二年度土石流防災暨監測科技計畫成果彙編》（二〇〇三年）。

20 陳宏宇等，《九二一地震對生態影響與回復研討會論文集》（行政院農業委員會特有生物研究保育中心，二〇〇九年）。

21 中央地質調查所土壤液化潛勢查詢系統。https://www.moeacgs.gov.tw/2019.htm。

22 國家災害防救科技中心，《〇二〇六地震災情彙整與實地調查報告》（二〇一六年）。

23 素地係指沒有任何人為建築物的土地。

24 黃富國等，〈〇二〇六美濃地震土壤液化震害探討〉，《土木技師公會技師報》（二〇一八年）。

25 經濟部中央地質調查所，《二〇一六〇二〇六地震地質調查報告》（二〇一六年）。

26 中華民國內政部營建署網頁資訊。

27 呂苡榕，〈震央在高雄，為何是臺南慘重？原來是場址效應〉，《端傳媒》（二〇一六年二月六日），取自https://theinitium.com/article/20160206-taiwan-earthquake/。

28 經濟部中央地質調查所，《二〇一八〇二〇六花蓮地震地質調查報告》（二〇一八年）。

29 黃富國、王淑娟，〈〇二〇六花蓮地震土壤液化震害相關問題討論〉，《國家災害防救科技中心災害防救電子報》第一五八期（二〇一八年），頁五。

30 郭俊翔等，〈〇二〇六花蓮地震強地動紀錄與近斷層波形特徵〉，《地工技術》第一五六期（二〇一八年）。

31 黃富國、王淑娟，〈〇二〇六花蓮地震土壤液化震害相關問題探討〉，《國家災害防救科技中心災害防救電子報》第一五八期（二〇一八年）。

32 國家地震工程研究中心，《安全耐震的家》網頁。http://www.ncree.org/safehome/ncr05/ncr5.htm。

33 王明鈞，〈花蓮地震後，你住的房子是安全嗎？〉，《信傳媒》（二〇一八年二月九日），取自https://www.cmmedia.com.tw/home/articles/8454。

34 臺灣地質知識服務網—地質大事。https://twgeoref.moeacgs.gov.tw/GipOpenWeb/wSite/ct?xItem=139183&ctNode=1243&mp=6。

35 羅傑．穆森（Roger Musson）著，黃靜雅譯，《地震與文明的糾纏——從神話到科學，以及防震工程》（*The Million Death Quake*）（臺北：天下文化，二〇一三年）。

36 中央氣象局地震測報中心—海嘯資訊網頁。https://scweb.cwb.gov.tw/zh-tw/tsunami/taiwan。

37 也有研究資料認為海底山崩是造成該次海嘯發生的原因。

38 經濟部中央地質調查所新聞資料，〈臺灣可能發生海嘯嗎？〉（二〇一一年）。

CHAPTER **04**

與震共舞的日常

土角厝一隅（圖片來源：國家地震工程研究中心）

4-1 地震時，建築為什麼會殺人？

九二一時，柯孝勳還是中央大學土木工程學系的博士班學生，現為國家災害防救科技中心地震與人為災害組組長的他回憶起那一夜的震撼，仍感到有些不真實。

地震發生後，國家地震工程研究中心集結全國一千多位大專院校教授與研究生、工程顧問公司技師與民間團體成員，分成九個組別進行勘災調查，包括地質及斷層、強地動觀測及分析、交通設施、工業設施與建築物震害等，柯孝勳參與了建築物震害調查小組，被分配到重災區之一臺中石岡勘災，他想起讓他印象深刻的一幕：「我們在路口等紅燈時看到一車車棺木往災區送，又聞到還沒被挖出來的遺體氣味，當下我突然就愣住了，直到那時，我才真切感覺到大災害的沉重感。」

地震工程界有句老話：「地震不會殺人，建築物才會。」這句話當然不是絕對，因為地震引發的山崩、海嘯一樣會致命[1]，但不可否認，地震時大部分的傷亡都是因建築倒塌或嚴重損毀所造成。

傳統的土角厝
（圖片來源：國家地震工程研究中心）

一九〇六年梅山地震與一九三五年新竹—臺中地震造成上千人死亡的主因，就是當時普遍的土角厝建築耐震能力太差，雖然日本殖民政府因此不再將土角厝列為合法建築，但因民眾普遍經濟能力不高，實務上無法禁止繼續使用、興建。直到九二一地震前，全臺灣建築總數還有約五%是土角厝，但住在這五%土角厝中的居民，卻占了九二一罹難者總數的四一%。[2]

另外有二八%的罹難者，是居住在理應較為堅固的鋼筋混凝土建築中。[3] 根據國家地震工程研究中心的勘災結果，鋼筋混凝土建築達嚴重破壞以上程度者占了四八%[4]，導致民眾產生「鋼筋混凝土建築不安全」的印象，使得九二一地震後的房產市場吹起一陣鋼骨鋼筋混凝土構造風潮，其實這是個迷思，在一九九五年的阪神地震中，嚴重破壞比例最高的反而是鋼骨構造樓房，這個例子很能說明不同的建築材料各有不同特性及優缺點[5]，事實上只要設計得宜，不論鋼筋混凝土、鋼骨鋼筋混凝土或鋼骨構造都可以有良好耐震能力。

那麼為何鋼筋混凝土建築在九二一地震中會被破壞得如此嚴重？其中一個主要原因是「軟弱層」的問題。臺灣因氣候炎熱多雨，沿著馬路或街道興建的街屋通常會有騎樓供行人遮陽避雨，這類建築形式一樓與道路平行方向的牆壁量本就較少，早期甚至還有一種連柱子都沒有的懸臂式騎樓，導致底層耐震能力不佳，而街屋一樓常做為店鋪使用，商家為了展示商品、打造開闊的賣場空間，常會把隔間牆敲除，這種種原因使得一樓成為整棟建築最脆弱的軟弱層，地震發生時最先受到破壞，因此九二一地震後處處可見一樓整個被壓垮而矮了一截的房屋。當時損壞的各種不同型態鋼筋混凝土建築中，有騎樓的建築所占的破壞比例最高，達到八四%。[6]

施工品質不良或監工不實是另一個使房屋倒塌的重要因素，誠如英國地震學家穆森所言：「你可以賄賂建築督察員，但是你無法賄賂地震！」[7] 鋼筋混凝土建築中的鋼筋就像房屋的骨架，有良好的「骨本」就不容易被地震摧毀。在一根混凝土柱子中，直立的鋼筋稱為主筋，再加上外圍的一圈圈箍筋、內部的繫筋將主筋圍束起來。為了便於運送，一般鋼筋大約會裁切成十二至十五公尺長，蓋房子時再將兩段鋼筋搭接起來。由於搭接處是柱子相對脆弱的地方，鋼筋混凝土構造施工規範中，對於鋼筋的搭接長度、位置都有要求，有些在九二一地震中倒塌的建築就有鋼筋搭接長度不足、或相鄰主筋搭接位置沒有錯開的問題，臺北新莊「博士的家」大樓就是一例。其他如箍筋間距過寬、兩端僅彎折九十度而未伸入混凝土中的施工方式，都容易使箍筋在地震時鬆脫，導致混凝土崩落，進而使房屋倒塌。[8]

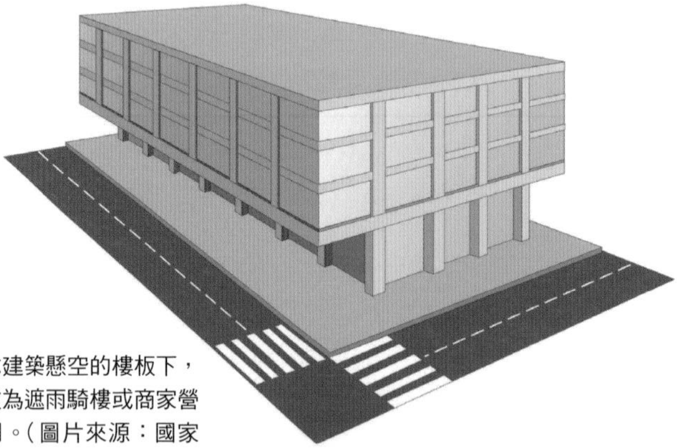

懸臂式建築懸空的樓板下，通常做為遮雨騎樓或商家營業使用。（圖片來源：國家地震工程研究中心）

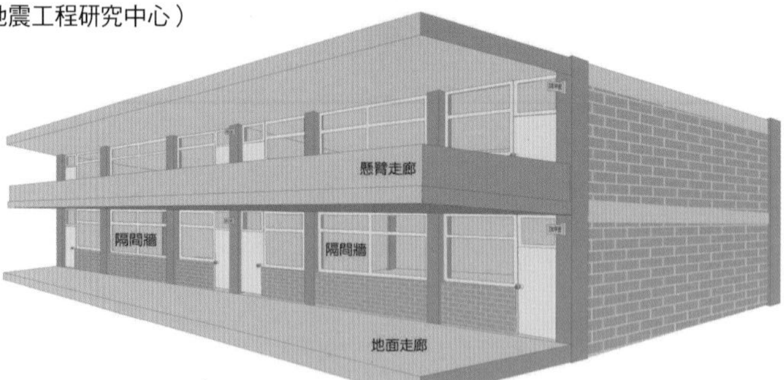

臺灣早期許多校舍多屬於懸臂式建築（圖片來源：國家地震工程研究中心）

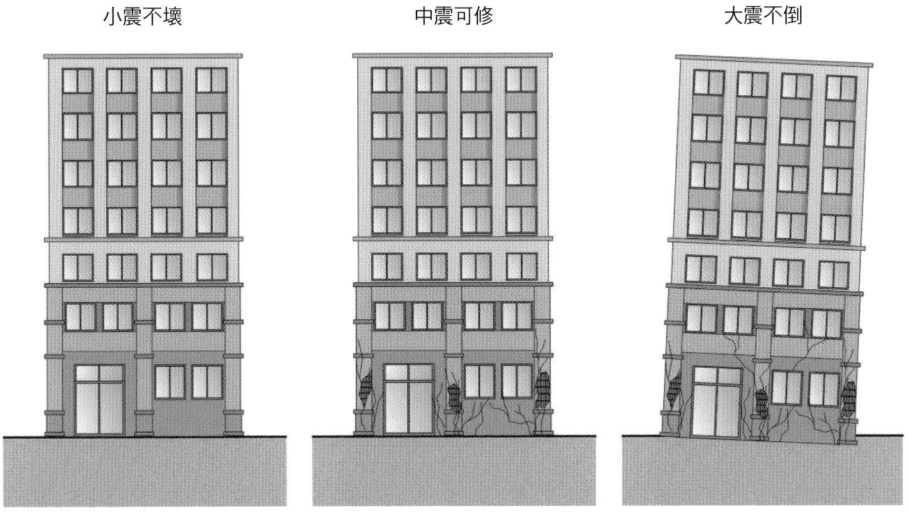

根據歷史地震統計，當地平均每30年就會發生一次的最大地震，其強度不會使建物受損，震後能維持正常機能。

當地平均每475年就會發生一次的最大地震，其強度只會使建物局部受損，但經修繕後仍可居住。

當地平均每2500年就會發生一次的最大地震，其強度可能使建物全面受損，但不會倒塌，大樓內的人可逃離大樓。

（圖片來源：國家地震工程研究中心）

不可否認，人為因素是九二一地震中大量建築倒塌的原因之一，不過不一定所有受損的建築都是故意偷工減料，也可能與早期耐震規範[9]尚不完備有關。在探討耐震規範沿革前，必須先有一個觀念，那就是不管遭遇多大地震，都完全不會受損的建築並不存在，就算技術上有可能做到，經濟上也不允許，因此耐震規範是以「小震不壞，中震可修，大震不倒」的原則訂定的。

小震、中震與大震在耐震規範中的正式用詞分別是：中小度地震、設計地震、最大考量地震，這三種地震水準並非直接對應某個規模或震度，而是考量建築形態與建材、建物所在地所屬震區、地盤性質、距斷層遠近等眾多因素計算而得，會因地而異。以一棟建築的使用年限約五十年來看，它會有八〇％以上機率遭遇「小震」水準的地震，如果它完全按照耐震規範設計，結構體理應完全不會損壞。

而一棟建築在未來五十年內遭遇「中震」或「大震」的機率，分別是一〇％與二％，在中震水準下，建築所受到的損害必須是要可修復的，萬一不幸遇到大震，則要求建築至少不能倒塌，以避免人命傷亡。中震與大震指的就是回歸期四百七十五年與兩千五百年的地震，但回歸期並沒有固定週期，對一棟建築物來說，大震可能發生在五十年的頭一天，也可能發生在最後一天。

耐震規範的演進，是從一次次地震經驗中學習而來，例如一九八五年墨西哥外海發生震矩規模八點零的地震，竟導致遠在四百公里外的墨西哥城有大約三五％建築受損；一九八六年十一月花蓮外海地震，造成距震央一百多公里的臺北縣中和市華陽市場倒塌，這兩場地震促使耐震規範於一九八九年將盆地效應的影響納入考量。

盆地效應又與建築物的「共振現象」有關。假設一座鞦韆來回擺盪一次的時間是三秒鐘，這三秒鐘就是它的「自然振動週期」，只要有外力每隔三秒推一下鞦韆，就會與它的自然振動週期形成共振，讓鞦韆愈盪愈高。由於臺北盆地鬆軟深厚的沉積層會使長週期震波顯著放大，因此與新店、陽明山等山區的〇．三至〇．五秒相比，盆地內的地表震動週期為一．二至一．六秒左右，恰好容易與樓高十二至十六層的建築形成共振效應，因此耐震規範特別針對臺北盆地高度相近的建築提高耐震標準。

耐震規範的完備程度，與我們對地震的理解息息相關。九二一地震前兩年，耐震規範剛做過一次修訂，除了借鑑一九九五年阪神地震土壤液化災情，增訂土壤液化評估方法、嚴格規定鋼筋混凝土建築施工細節之外[11]，並將全島劃分為地震一甲區、地震一乙區、地震二區及地震三區，這四個區域的建築至少要能夠承受三三〇、二八〇、二三〇、一八〇gal的最大地動加速度。在這個震區分布版本中，地動加速度最大的地震一甲區主要落在花蓮、嘉南一帶，因為各界認為這兩個地帶最有可能發生大地震[12]，而車籠埔斷層當時被歸類為第二類活動斷層，因此周邊區域未被劃為強震區，沒想到九二一地震一來，斷層附近區域最大地動加速度大多都超過規範要求的二三〇gal，達到三〇〇gal以上[13]，震後國家地震工程研究中心立即重新檢討震區劃分，除北北基桃、高屏部分地區劃為地震乙區外，其他區域全劃為地震甲區，所考量的最大地動加速度分別為二三〇gal與三三〇gal。

九二一地震暴露出我們對自己生存環境的陌生，經過五年的檢討與修正，新的《建築物耐震設計規範及解說》在二〇〇五年拍板定案，其中包括幾項重大變革，一是將軟弱地盤對地震波的放大效應納入考量；二是鑑於車籠埔斷層兩側六公里地區建築物受損分布密集，占勘災調查總數六成之多，因此建築設計上必須考慮近斷層效應。

由於各地的地震特性會受與斷層距離遠近、地盤軟弱與否等各項變因影響而有所差異，新版的震區劃分從「一視同仁」改為「因材施教」，各鄉鎮市自成一區，而臺北盆地因盆地效應的影響，是以里為單位細分成臺北一區、臺北二區、臺北三區。

到這裡，也許有讀者會想問，自己居住的鄉鎮市「耐震係數」是多少呢？其實耐震係數只是一個通俗籠統的用詞，實際上從未在耐震規範中出現過。在一九九七與一九九九年緊急修正的兩個震區版本中，耐震係數可以理解為地震可能導致的最大地動加速度，例如地震一甲區的三三〇gal，但隨著相關知識的進展，地震工程學界理解到僅僅給定一個最大地動加速度值，並不能充分反映各地不同的地震特性，因此二〇〇五年修訂後的《建築物耐震設計規範及解說》，是對各鄉鎮市區分別訂定「震區短週期與一秒週期之設計水平譜加速度係數」、「震區短週期與一秒週期之最大考量水平譜加速度係數」，再考量建築所在地的地盤特性及與斷層間的距離後，才能換算出建築理應要能承受多大的地動加速度而不致倒塌。

雖然耐震規範的各種係數與專有名詞對一般人來說有點艱深，但依目前臺灣的法規落實程度，民眾大可對規範的作用抱持信心。不過這不表示九二一地震前蓋的房子一定不安全，勘災經驗也顯示，原本被劃分為弱震區的南投、臺中等地，大部分建築仍能倖免於難。[14]況且建築物是否堅固，關鍵仍在於施工品質。若民眾對自己的住家耐震能力有疑慮，可至「街屋耐震資訊網」[15]進行簡易試算，當然最保險的方式還是委託專業單位如土木技師公會等進行結構安全評估，或至營建署網頁「老舊住宅耐震安檢專區」查詢相關資訊。

即使房屋一開始蓋得很堅固，任意改建也會影響它的耐震能力。幾米的繪本《向左走．向右走》描述一對住在同一棟公寓相鄰房間的男女，因為一人出門總是習慣先向左走，另一人習慣先向右走而彼此錯過的故事，在繪本最後一頁，作者畫了一堵被敲出一個大洞的隔間牆，這個畫面固然很適合說明男女主角最終重逢的快樂結局，在結構安全上卻大有問題，會讓牆被打掉的這層樓成為前文提到的「軟弱層」，甚至可能危及整棟樓的安全。其他諸如拆除陽臺外牆把室外空間變成室內空間、頂樓加蓋以致載重超出原有建築結構承重能力，都會增加建築在地震時受損的風險。

假設繪本中的男女主角中了樂透，有能力買新房子，那麼面對市面上五花八門的「耐震宅」、「制震宅」、「免震宅」，該如何選擇呢？在幫他們做決定前，我們得先瞭解這些名詞的意義。只要是符合耐震規範，單純以建築本身的梁、柱、牆等結構來吸收地震能量的建築，都算是「耐震」建築；「制震」為日文漢字直譯，正式中文名稱為「減震」，藉由在梁柱構架中裝設減震器（耐震規範中稱為「消能元件」），可幫助結構吸收約二〇％至三〇％地震能量，使建築在地震時晃動的時間縮短、幅度縮小；「免震」也是日文漢字直譯，正式中文名稱為「隔震」，在建築物和地面間設置隔震層，安裝隔震元件，可隔絕六〇％以上地震波，但施工難度及造價高。

一般來說，標榜制震、隔震的建築售價都會較高，民眾不免會想知道自己的錢是否有花在刀口上。游忠翰說，關於這個問題，即使是專家也很難光從建築外表判斷，如果是裝設減震器的制震宅，理論上裝愈多愈有效，但在結構分析上，一棟樓會有變形量較大的樓層與變形量較小的樓層，這與它的外型、設計細節有關，如果可以對症下藥，在變形量較大的樓層裝設減震器，數量就不一定要太多。這也是為何「有沒有效」很難從外表判斷的原因之一。不過若一個建案在廣告上寫「花崗岩制震」、「SRC制震」等用語，民眾至少可以詢問賣家用的是哪個廠牌的減震器、是否有廠商檢驗報告，如果沒有裝設減震器卻宣稱是制震宅，就是將建材（如SRC）本身的「耐震」效果與「制震」混為一談，頂多只能算是一般的耐震建築。

九二一地震後，減震、隔震等技術日益受到重視，二〇〇五年修訂後的耐震規範也將相關設計內容納入，由於目前臺灣在隔震建築的興建上經驗仍不多，為避免不當或錯誤設計施工，耐震規範要求

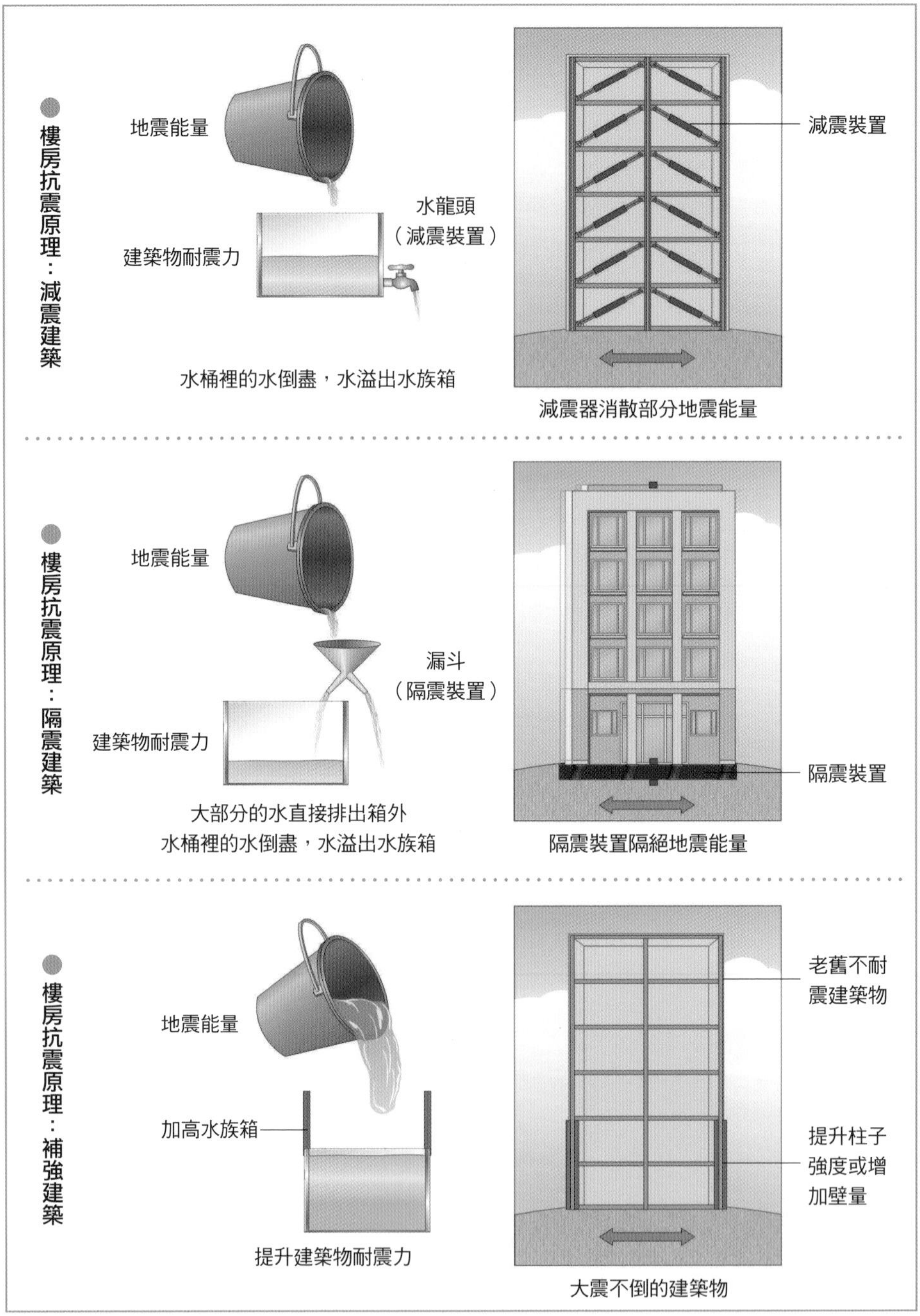

樓房抗震原理：減震建築
地震能量
水龍頭
（減震裝置）
建築物耐震力
水桶裡的水倒盡，水溢出水族箱
減震裝置
減震器消散部分地震能量
樓房抗震原理：隔震建築
地震能量
漏斗
（隔震裝置）
建築物耐震力
大部分的水直接排出箱外
水桶裡的水倒盡，水溢出水族箱
隔震裝置
隔震裝置隔絕地震能量
樓房抗震原理：補強建築
地震能量
加高水族箱
提升建築物耐震力
老舊不耐
震建築物
提升柱子
強度或增
加壁量
大震不倒的建築物

（圖片來源：國家地震工程研究中心）

隔震建築須經專業機構進行事前審查評定，消能建築之分析與設計細節應由一獨立之審查小組進行審查。民眾可詢問賣家審查機構為何、是否能提供相關證明。

游忠翰說明，隔震與減震建築的差異，在於隔震系統屬於結構物的一個樓層，一開始就包含在整體建築設計中，而臺灣目前幾乎大部分減震建築的減震器都是外加的，一棟建築裝設減震器前，本身就要符合耐震規範的要求，裝設減震器的目的是「提升性能」，就像腳踏車的避震器一樣，沒有避震器的腳踏車還是能正常使用。對一般人來說，選擇隔震或減震住宅的意義在於，遭遇「大震」時一般住宅的受損狀況會比隔震或減震住宅嚴重，等於是事先投資以節省未來可能的修繕費用，而在遭遇「中震」或「小震」時，所感受到的搖晃也較輕微，居住上更為舒適。對於災後需要確保功能不受影響的機構像是醫院、防救災單位等，採用隔震建築的效益更加明顯，例如位於新北市新店區的慈濟醫院、臺北市災害應變中心等。

游忠翰提醒，不論是耐震、減震或隔震建築，都要有定期維護、檢修的觀念，並非裝了相關設備就一勞永逸。減震、隔震建築需制訂檢測、維護計畫，這在耐震規範中都有明文規定，一般耐震建築也最好至少每隔十年請結構技師檢查結構是否安全，就像人需要做健康檢查一樣。如果是地震後需緊急判斷房屋是否仍可居住，則可參考國家地震工程研究中心手冊《安全耐震的家》所列舉的裂縫型態等徵兆，以判斷是否需要立即撤離或請專業技師進一步檢查。

目前全臺有四百一十萬戶住家屋齡超過三十年，由於一九九七年以前建築物耐震設計標準較低，確實存在著安全疑慮。

為了加速建物補強的腳步，鑑於高雄美濃地震中倒塌的維冠金龍大樓一至三樓是做為賣場使用，營建署透過修改《建築物公共安全檢查簽證及申報辦法》，強制規定一九九九年年底前興建的私有公用建築物（如學校、醫院、商場等），皆需進行耐震評估檢查及補強。

然而，針對私有住宅推動耐震能力評估與補強、或是拆除重建，困難度很高。因私有建築通常屬多重私人產權，經費需由所有權人分攤，再加上施工期間住戶必須另覓居處，因此經常難以達成完整補強或重建的共識。有鑑於此，行政院於二〇一八年核定推動「全國建築物耐震安檢暨輔導重建補強計畫」，委託國家地震工程研究中心成立私有建築物耐震階段性補強專案辦公室，協助建物所有權人在等待整合全數區分所有權人意見以進行全面性補強或拆除重建之前，提供短期緊急性之處理措施。

階段性補強的目標是大幅降低建築物軟弱層破壞之風險，其在遭遇大地震時仍可能嚴重受損，但不至於立即倒塌，能為住戶爭取逃命時間。以高雄美濃地震中「四樓變三樓」的大智市場為例，它隔鄰一棟四層樓建築的騎樓因為增設了幾根柱子，雖仍有結構性損壞，但相較於大智市場仍倖免於倒塌的命運。

建物的軟弱底層，是九二一地震時就暴露出的老問題。不論是高雄美濃地震或二〇一八年花蓮地震，都有許多建物因此倒塌或嚴重受損。有些集合住宅會將一樓做為停車場或開放式公共空間，階段性補強即可從類似這樣的開放空間著手，既可快速解決迫切的安全問題，對使用性的影響也較小。[16]

4-2 校舍耐震補強

高中職及國中小校舍是另一批透過耐震補強大大提升安全性的建築。九二一地震共造成二百九十三所國中小校舍嚴重損毀或倒塌，以震央所在的南投縣為例，當時國中小學生總人數約六萬五千人，估計有三萬個學生在倒塌或嚴重損毀的教室內上課，若地震發生在白天，恐怕將如二〇〇五年巴基斯坦地震、二〇〇八年汶川地震一般，導致學童慘重傷亡。[17]

為何本該培育國家未來棟樑的國中小校舍會如此脆弱，要從一九六七年九年國民教育開始說起。九年國民教育當時由於耐震相關知識不足，加上從宣布到實施只有一年籌備時間，許多校舍都是依據同一套標準興建，存在某些「先天不良」的設計，例如懸臂走廊，這類設計縱沿於走廊的方向皆不設柱子而形成結構上的弱點，這點可以從九二一地震中倒塌的校舍皆是沿著走廊方向倒塌看出。另外為了通風採光大面積開窗，則容易產生短柱效應，一般連接天花板與地板的柱子，在地震發生時整支柱子都會變形以吸收地震力，因為能夠變形的長度較長，在相同位移量下形成的轉角較小，不容易超出柱子變形能力的極限，

九二一地震中倒塌的校舍皆是沿著走廊方向倒塌（圖片來源：國家地震工程研究中心）

但舊式校舍的柱子下端左右兩側被鋼筋混凝土窗臺夾住，上端兩側則是強度遠低於鋼筋混凝土的鋁製窗框，以致地震時只有上端能夠變形，轉角較大而容易產生破壞，所謂短柱效應即是指「柱子能夠變形的範圍變短」。

老舊校舍的「後天失調」，則是因為學生數量增加，原有教室不敷使用，有些學校便在舊校舍上加蓋新校舍，形成「老背少」建築，就像一個有年紀的人要站穩已經很吃力，還得背著一個年輕人一樣。如果是在水平方向加蓋，則為了便於通行而採取比鄰相接的方式，但新舊校舍在地震來襲時振動頻率不同，又因相距過近而容易彼此碰撞、進而崩塌。[18]

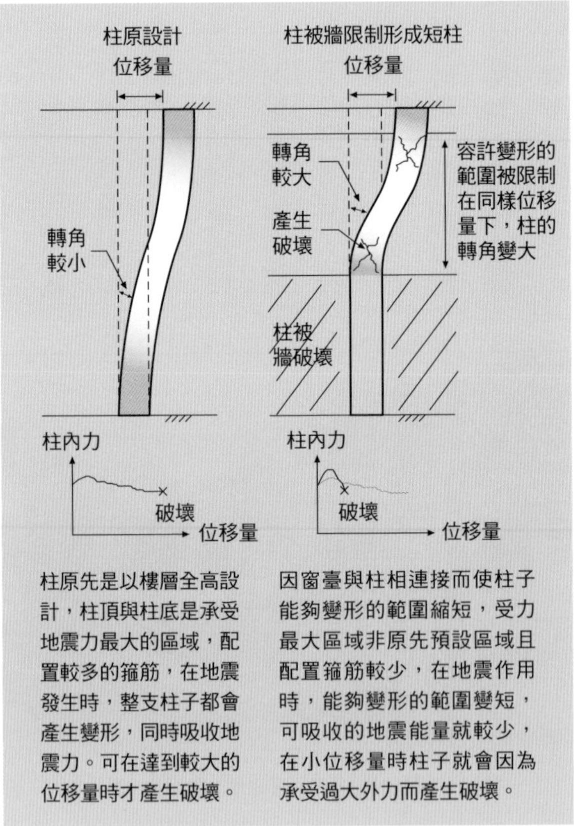

柱原設計
位移量
轉角
較小
柱內力
破壞
位移量
柱原先是以樓層全高設計，柱頂與柱底是承受地震力最大的區域，配置較多的箍筋，在地震發生時，整支柱子都會產生變形，同時吸收地震力。可在達到較大的位移量時才產生破壞。
柱被牆限制形成短柱
位移量
轉角
較大
產生
破壞
容許變形的範圍被限制在同樣位移量下，柱的轉角變大
柱被
牆破壞
柱內力
破壞
位移量
因窗臺與柱相連接而使柱子能夠變形的範圍縮短，受力最大區域非原先預設區域且配置箍筋較少，在地震作用時，能夠變形的範圍變短，可吸收的地震能量就較少，在小位移量時柱子就會因為承受過大外力而產生破壞。

短柱原理（圖片來源：國家地震工程研究中心）

校舍不僅是學生求學場所，災害發生時也常用於避難，結構安全性更不容輕忽，不過考量到費用與時間成本，耐震能力有疑慮的校舍不一定都要拆除重建，補強原有建物不僅較經濟，也能減少碳排及廢棄物。國家地震工程研究中心二〇〇九年成立老舊校舍補強專案辦公室，協助教育部執行全國高

中職以下校舍補強事宜，因地制宜採取不同補強工法。

對於具明顯軟弱底層的校舍，可在建築既有框架內增設整片鋼筋混凝土剪力牆；或將原有牆體置換為鋼筋混凝土牆，因為對採光影響較大，可選擇配置於像是視聽教室之類採光需求較低的教室。如果想降低採光、通風的影響，可以在柱子單側或兩側增設翼牆。擴大柱補強則是將原有柱子加粗，特別是在原有柱之混凝土品質不佳、箍筋量不足，或原有校舍長向、短向耐震能力皆不足時，更適合採用此工法。

由於上述提到的三種工法有共通的缺點，主要是必須破壞既有門窗，需要額外經費復原，因此研究人員經實驗提出隔間牆增設複合柱這種工法，複合柱中的鋼筋穿過隔間牆，像是訂書針一般把牆牢牢釘住，使之能承受更大地震力，既不影響採光、通風，也不像擴柱補強可能影響動線。還有一種工法是增設鋼骨框架斜撐，與其他工法相比具有工期短、減少噪音汙染的優點。也可以利用重量輕、強度高的碳纖維布包覆梁柱，這樣一來即使柱體開裂，混凝土也不易脫落，進而提升柱子的耐震能力。

二〇一〇年甲仙地震時，距離震央約三十公里的玉井國中有多棟被評估為耐震能力不足、但尚未進行補強的校舍受損狀況達到無法使用的程度，但與玉井國中相距一公里的玉井工商，因已完成補強而完好無損；二〇一六年高雄美濃地震時，臺南市歸仁國中尚未完成補強的兩棟校舍受到結構性破壞，已完成補強的四棟則不受影響，這些實例都顯示出耐震補強的效益。目前臺灣校舍耐震補強已來到最後一哩路，二〇一九年耐震指標低於八十的校舍皆已逐步完成補強，耐震指標介於八十至一百間的校舍，預計於二〇二二年全部完成補強。

九二一地震前的校舍外觀較為千篇一律，震後重建的許多學校都展現獨特風格，如臺中市東勢區具客家聚落特色的中科國小、全木造建築的南投縣中寮鄉和興國小、布農族風格的信義鄉潭南國小等等，此外像是南投市營盤國小、中寮廣英國小也在校舍二、三樓設置斜坡道，兼具無障礙空間與逃生功能。[20] 地震雖然會造成破壞，但也同時帶來改變的契機。也許下一次大地震發生時，至少在學校師生傷亡多寡的層面，我們不必再仰賴幸運之神的眷顧。

4-3 臺灣第一高樓如何抗震？

本章第一節曾介紹過耐震、制震與隔震的區別，也許有人會好奇，臺灣第一高樓臺北一〇一是如何抵抗地震的威脅？是否有使用高級隔震設備？答案是，臺北一〇一的耐震能力，主要來自其結構系統，而非制震或隔震設備。

臺北一〇一的特殊造型出自李祖原建築師的手筆，八層樓為一斗的外觀如竹子般節節高升，不過要使這棟高達五百零八公尺的建築「內在」也如竹子般堅韌，得靠結構工程師在結構安全上下工夫。

永峻工程顧問公司是這棟大樓能屹立於地震帶上的幕後功臣。現任董事長謝紹松是臺北一〇一結

歸仁國中校舍拆除重建工程榮獲園冶獎及卓越建設獎多項殊榮（圖片來源：歸仁國中網站）

構專案負責人及簽證技師，曾在加州洛杉磯執業，當時便有設計三十層樓以上鋼結構大樓的經驗，加州與臺灣同樣位處環太平洋地震帶，因此結構設計上也需要耐震考量，但在臺灣蓋高樓，要考量的不只有地震，還有颱風，而抵抗這兩種自然力的結構需求又互相矛盾：把建築設計得較硬、較重能夠抗風，但愈硬、愈重的建築地震時承受的慣性力愈大、愈不容易設計，結構工程師的挑戰便是如何做到「軟硬適中」。

在設計臺北一〇一前，永峻工程顧問公司已經有和林同棪工程顧問公司合作設計長谷世貿聯合國大樓、高雄八五大樓等高樓的經驗，但臺北以沖積盆地為主的軟弱地層，對臺北一

101大樓（圖片來源：永峻工程顧問公司）

〇一這類深開挖工程來說，是颱風與地震之外的第三個挑戰。也因此雖然臺北一〇一世界第一摩天大樓的頭銜已於二〇〇七年被杜拜的哈里發塔取代，但以所要克服的工程難度而言，仍是極罕見的例子。

謝紹松表示，臺北一〇一在設計階段曾參考紐約一家工程顧問公司設計的一二六層大樓，這棟最後並未興建的大樓原本預計蓋在芝加哥，芝加哥跟紐約一樣沒有地震，因此高樓多採用鋼筋混凝土構造（RC），以減少高樓因風晃動的幅度，但臺北一〇一屬於鋼骨鋼筋混凝土構造（SRC）與鋼骨構造（SS）的混合體，結合混凝土的堅硬與鋼材的韌性，結構系統則選用由巨型柱及巨型梁組成的「巨型結構」（megastructure）。臺北一〇一雖然有一〇一層，但整座大樓共有十四層沒有做為辦公室使用，這十四層的作用除了設置空調等機電設備、消防避難平臺及儲存防災用品，結構設計上也利用這些樓層設置了許多斜撐，連結中央的核心柱與外圍的巨柱，就如同人的脊椎骨般，讓臺北一〇一站得又直又穩。

臺北一〇一共有十六根核心柱，以及外圍的八根大巨柱、十二根小巨柱。最大的巨柱尺寸為三乘二．四公尺，幾乎是一個小房間的大小，使用的鋼板最厚達八公分，並在六十二樓以下的高度灌注每平方英寸承重一萬磅的高性能混凝土，讓建築物符合上輕下重的原則。六十二樓的高度是經過精密計算的結果，讓巨柱的強度足以撐起大樓本身高達七十萬噸的重量，整棟大樓又不至於太硬。

這三十六根柱子下是一大塊實心基礎板，核心區厚度為三．五公尺，巨柱範圍厚度為四．七公尺。實心基礎板下則是數百支直徑一．五公尺、穿過鬆軟崩積層、直達岩盤的混凝土基樁，有些基樁深達地下八十公尺。主樓因為高度較高，基樁多達三百八十支，六層樓高的裙樓也有一百六十六支。「主樓部分的基樁已經密到不能再密了。」謝紹松說。

鋼的韌性雖然優於混凝土，還是可能在地震中損壞。一九九四年洛杉磯北嶺地震發生後，鋼骨建築乍看沒有受到地震影響，直到某天一位工程師偶然取下裝修材料，才發現鋼骨梁柱接頭已經嚴重損壞。加州政府清查該區域鋼骨建築的結果，發現損壞情形非常普遍[21]，證實了傳統鋼骨梁柱接頭無法滿足耐震需求，這是因為梁柱接頭銲接後會有應力集中，導致接頭特別脆弱，往往是大地震來時最先被破壞的地方，即使以增加螺栓等方式來提高接頭強度也沒有效果。

臺灣早在一九九〇年就從傳統接頭試驗結果中發現其耐震性能不足的問題，並完成高韌性鋼骨接頭的開發，初期使用案例較少，直到北嶺地震後才開始受到重視與採用，許多國內外學者也開始研發各種不同的高韌性接頭，臺北一〇一採用的高韌性接頭是臺灣科技大學教授陳生金最早所研發，在接頭往後退約十二公分處開始做切削，切削面積則依鋼梁長度而定。因為地震來時整棟建築結構較弱的部分會先受影響，透過切削鋼板，便能將這個「較弱的部分」，從接頭轉移到被切削過的地方，而這個部分因為是一體成形，沒有經過焊接，因此能吸收較多地震能量，高韌性接頭能吸收的能量是傳統接頭的七到八倍。謝紹松說明，可以吸收的能量愈多表示韌性愈高，提高韌性是抵抗地震的關鍵，因為如果要跟地震「硬碰硬」，梁柱尺寸可能都要放大好幾倍，既不經濟也影響建築使用性。

高韌性接頭在地震中並非完全不可能損壞，但如果單一接頭吸收的能量已達極限而損壞，剩餘的能量仍可由其他接頭共同吸收，使整體結構能兼顧抵抗大地震所需要的強度與韌性。傳統接頭有相當比例的破壞形式就像是骨折，正式名稱為「脆性破壞」，高韌性接頭的破壞就像扭傷，學術上稱為產生「塑性鉸」，不至於使結構在大地震時嚴重破壞。臺北一〇一是以最大考量地震為標準設計的，如果遭遇這種規模的地震，可能會有不少地方產生塑性鉸，但整體結構仍能保持穩定不會倒塌。

臺北一〇一雖然結構穩定無虞，但它並非完全靜止不動。所有樓房都一樣，即使沒有地震、颱風也會因為風吹、車輛與人員活動而產生微小振動，這稱為樓房的「自然振動週期」，可以透過裝設微震儀量測出來，假設一座樓房振動十次約歷時五・七秒，表示它的自然振動週期約是〇・五七秒。樓房高度愈高，自然振動週期就愈長，這跟擺長愈長的單擺左右擺盪一次所需的時間愈長是一樣的道理。為了監測結構物在地震時的振動反應，中央氣象局在全臺六十幾座建築中安裝結構物強震監測系統，根據監測結果，臺北一〇一的自然振動週期約為六・八秒。

臺北一〇一在季風作用下的長時間振動，雖不至於影響主結構安全，卻可能讓建築內的人被晃得頭暈，懸吊在九十二樓到八十七樓間、重達六百六十公噸的金色大圓球（正式名稱為調諧質量阻尼器，

101大樓阻尼器（圖片來源：永峻工程顧問公司，wikimedia_commons）

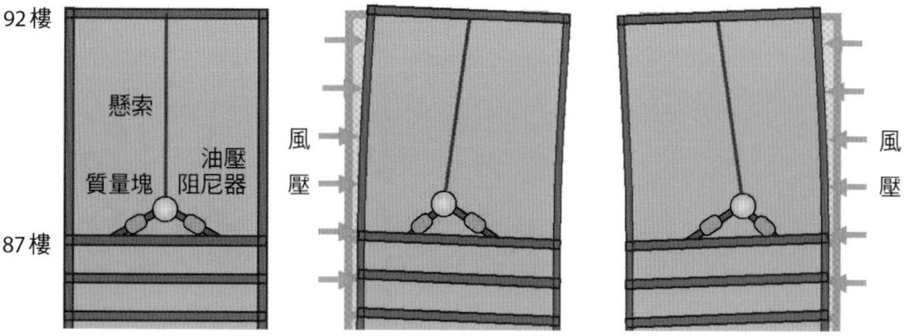

阻尼器原理（圖片來源：國家地震工程研究中心）

Tuned Mass Damper）就是為此而設置。有趣的是，共振現象雖然會使建築在地震時振動更加劇烈，臺北一〇一卻運用這個現象使建築更加穩定。阻尼器之所以要用到六層樓空間，是因為它的擺長必須達到十二公尺，如此振動週期六．九秒才會與大樓本身的自然振動週期接近，當風往左邊吹時，它就往右邊擺，藉由共振現象與相對運動，來吸收大樓的振動能量。

每當發生颱風或地震，阻尼器的擺動幅度往往成為媒體焦點，無形中使得防風、抗震的功勞似乎都歸功於阻尼器，不過謝紹松很有信心地說，臺北一〇一原本的結構安全設計已經達到一百分了，加上阻尼器大概就是一百零五分，它的裝設是出於使用上的舒適度要求，但考慮地震、颱風對結構安全的影響時，並未將它的作用納入考量。這是很合理的設計邏輯，阻尼器是在接近完工階段才裝設，但在四年多的興建過程中，臺北一〇一隨時都會遭遇地震或颱風，自然無法指望阻尼器來防風抗震。

二〇〇二年三月三十一日的三三一地震，對臺北一〇一來說是一次悲喜參半的考驗。三三一地震臺北市最大震度達到五級，當時大樓已經接近完工高度的一半，地震使兩支塔吊及塔吊上的配重塊自五十六樓高度墜落，造成五人死亡、二十多人受傷。事後永峻工程顧問公司對建物已完工的部分進行全面檢測，發現沒有任何地方產生塑性鉸，所有損壞都是因塔吊墜落的衝擊而產生，地震本身對主要結構完全沒有任何影響。後續施工時也針對塔吊安全性進行改善。

除了地震與颱風，二〇〇一年的九一一事件也曾為臺北一〇一的興建帶來一些疑慮。不過謝紹松指出，臺北一〇一因為要考慮地震的影響，梁柱尺寸、鋼板厚度都超過世貿雙塔，世貿雙塔坍塌的主因是飛機撞進大樓後起火燃燒，鋼結構受熱軟化，最後被上層結構的重量壓垮，「以臺北一〇一巨型梁柱的強度及尺寸，飛機可能一撞上就自己掉下去了，即使真的起火燃燒，因為我們使用的鋼板比較厚，耐熱效果也更好。」萬一真的遭遇類似事件，大樓免不了會受損，但不至於像世貿雙塔一樣發生連鎖型破壞。

臺北一〇一另一個特殊之處，在於它是臺灣第一個由土木、結構技師全程駐地監造的工程案例，平均每個月有五位技師參與監造工作。由於當時聘請技師駐地監造在工程界尚不普遍，臺北一〇一的監造團隊本來可能在完工後就此解散，但同為臺北一〇一結構簽證技師的永峻工程顧問公司總工程師甘錫瀅認為這是難得的經驗，便說服這些技師繼續留下來，將臺北一〇一的監造經驗應用在其他工程上，「沒想到我們後來發現願意聘請技師駐地監造的建設公司還不少，因為避免施工錯誤而省下的時間與金錢，比付給結構技師的酬勞還高。」甘錫瀅說。顯見臺灣對於駐地監造已愈發重視。

有一個例子可以說明先進的建材必須搭配細心的監造過程，才能確保應有的品質。臺北一〇一的混凝土泵送高度超過四百公尺，為了確保泵送過程不會發生粒料分離（指混凝土中的砂石粒料出現混合不均勻的狀況），結構技師要求先進行泵送試驗，以瞭解混凝土配比工作性與抗壓強度，並進行實尺寸模擬試驗（Mock-up Test），依據箱型柱內混凝土泵送一次的高度，在地面設置三層樓高的巨柱，並以長達三百九十一公尺的水平輸送管模擬泵送高度，測試混凝土泵送這麼遠的距離後，是否還能維持一萬磅強度，以及巨柱中的鋼筋配置是否會影響混凝土流動，確認沒問題後才進行實際泵送。

甘錫瀅認為，使專業結構技師駐地監造普及化，是臺北一〇一為臺灣工程界帶來的重要影響。內政部建築研究所二〇〇三年推動的耐震標章認證制度，便要求要有「特別監督單位」於工地現場進行結構工程連續性、週期性監督工作；近年臺北市政府都市發展局興建公共住宅時，也會要求進行「耐震特別監督」，顯示臺灣對監造制度愈來愈重視。

如同美國建築工程師李維（Matthys Levy）與薩瓦多里（Mario Salvadori）合著的《建築生與滅：建築物為何倒下去？》一書中所言：「野心是人類活動最主要的動力之一，它可能促使我們去建造新的巴別塔，或者讓我們謀求更好的設計與營建方法。然而如同在任何其他人類所致力的領域裡，我們斷言在結構的領域裡，單單是技術的進步並無法確保失敗的減少，甚至還會使其增加。只有秉持人類的良知與社會責任，才能建造出更安全的建築物。」[22] 要使建築屹立不搖，先進的建材與技術並非唯一關鍵，品質管理與監造制度也非常重要。從這方面來看，臺北一〇一的成就不只在於高度，也在於它為工程界所立下的典範。

（本文作者：林書帆）

〔專題〕

地震危害度分析：融入耐震設計，應用於未來防災

上帝不擲骰子（God does not play dice with the universe.）

——愛因斯坦（Albert Einstein,1879～1955）

愛因斯坦與榮獲諾貝爾物理學獎的丹麥量子物理學家波爾（Niels Henrik David Bohr）因為「上帝不擲骰子」這句話，掀起了科學史上最著名的論戰之一，當時波爾以「愛因斯坦，你少對上帝發號施令！」反駁，時至今日，仍是量子物理學界爭議不休的話題。[23]

幾十年來，許多歷史學家、哲學家和物理學家對這個命題提出質疑，但更多是集中在討論愛因斯坦與波爾對量子世界運作的不同觀點與立場。[24]

這個世紀之爭的關鍵之一在於，「宇宙究竟是有規律的鐘錶，還是賭桌上的骰子？」世界究竟是如同機械鐘錶般地運作（所作所為都是預先設定好的），還是自身命運的執行者（宇宙並非決定論）？[25]

當人類面臨像是地震這樣劇烈的自然災害時，該相信決定論，還是非決定論？「我不相信上帝在丟骰子。」國家地震工程研究中心研究員簡文郁說。長期從事地震危害度分析的他認為，「理論上，如果這個骰子擲出去的姿勢、力道、骰子的彈性係數、跟空氣的摩擦、旋轉、重量等等，所有條件統統知道的話，三就是三，不會跑出一或二。為什麼我們要猜點數呢，因為這些資料都沒辦法抓到。如果對

一個物理現象有充分的理解，就可以很確定地分析它；如果對它不夠理解，就要借助於統計。對於地震的現象，目前為止我們的瞭解相對有限，所以才會出現很多的統計方法，像是地震危害度分析。」

以環境出發的分析模式，最終為人類應用於防災

地震危害（Seismic Hazard）是地震發生所造成的自然破壞潛能，包括地震動、地表破裂與變形、液化、山崩、海嘯等等。為了將地震危害具體量化，並且要能顯示出地震在不同地區產生地震動（ground-motion）的差異現象，地震危害度分析（Seismic Hazard Analysis）在一九六八年由柯奈爾（C. Allen Cornell）首次制定，這個分析最常見的表現方式為震動強度的分布圖，也就是呈現未來特定時間與機率條件下的震動強度分布。

談地震危害不可不提的是地震動（ground-motion）這個概念。地震動是由震源釋放出來的地震波引起的地面運動，是一種廣義說明地震大小的方式，它可以透過很多不同的參數來描述，地震加速度就是其中一種描述方式。

地震危害度分析在七〇年代剛起步時，由於地震資料與地質調查研究成果相對缺乏，要建立評估所需的地震機率模型有其困難，必須先做很多基礎調查。當時美國的製作方法是針對曾經發生一定程度地震動之處，先從地震發生的表面與深度去檢查震源與模式，接著，從當地地質構造、岩石和土壤類型、地形坡度和地下水條件等去評估這些因素對地震的影響，確定哪些地區具有潛在地震可能性之

後，就在地圖上繪製出來。這樣的地圖，我們稱之為地震危害圖（Seismic Hazard Map，簡稱SHM）。危害取決於地震發生的規模與位置、發生的頻率，以及地震波穿越岩石和沉積岩的特性。[26]

地震危害度分析（Seismic Hazard Analysis，簡稱SHA）標的可以是地震動，也可以是地裂、可以是海嘯，因為地震危害潛能除了地震動，也包括斷層破裂、液化、山崩、海嘯等等。我們現在大部分講的都是地震動，那是因為震災調查結果顯示，大部分的損失都是來自地震動造成的人造結構物毀損，以及生命傷亡，也因此危害度分析在發展的早期很自然的以地震動為主要的評估對象。透過危害度分析，把地震動的評估方程式放進來，就可以知道不同的震源對我們的影響。

關於地震危害度分析的方式，主要有兩種

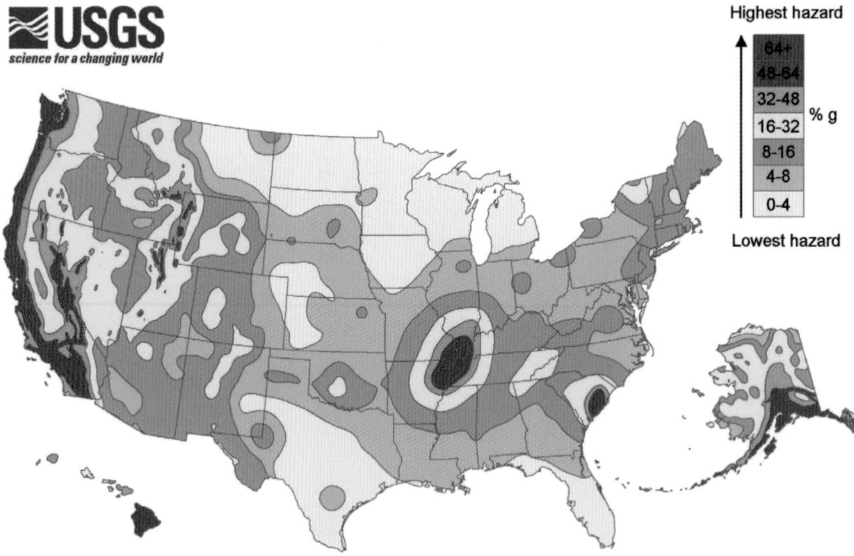

美國2014年的地震危害圖（PGA, 2% in 50 years）（圖片來源：美國地質調查所）

做法，其中機率式地震危害度分析（Probabilistic Seismic Hazard Analysis，簡稱ＰＳＨＡ）是柯奈爾首先採用的一種分析方法，另外一種則是定值法（Deterministic Seismic Hazard Analysis，簡稱ＤＳＨＡ）。「定值法並不是完全不考慮機率，只是它已經設定好一個機率的水平在那裡，而ＰＳＨＡ則是完全用機率，做完之後最後再決定用什麼回歸期。這是兩種不同的思考，但它們的內涵其實是一樣的。」

什麼是ＰＳＨＡ，簡文郁用了生動的比喻，「你們兩個人都會打我，你比較弱小、離我十公里，可能在十到二十公里之間遊走；他很強壯、離我五十公里，可能在五十到六十公里跑來跑去。你很愛動，他可能愛睡覺，因此，對我來講，你雖然很瘦小但距離近，對我影響也是很大的。所以我要去評估，你們都在什麼時候醒來、什麼時候睡覺、與我的距離、打我的次數、出拳的範圍與力道，並且用這個力道去計算距離愈遠之後的衰減率是多少，就用所有這些來做評估的基準。而這些不同條件，我的感受都不一樣，這就是ＰＳＨＡ。」

地震危害的思考，是以環境做為出發點，讓人類對於自然與大地變動有更深刻的理解。而當人類進入了環境，才會產生風險概念。也就是說，地震危害是對於地震災害潛勢的具體描述，而地震風險則是要說出這些災害潛勢對人類可能的影響。「hazard指的是Nature，自然的、環境的，若人不在，地怎麼動都沒有關係，是以環境的角度來看自然現象。而risk是對人的，如果構造物在這裡，地動了我就會擔心，所以風險是用人的角度思考，到底對人有沒有危害。如果我很強壯，管你怎麼搖都不太有關係；如果我很弱，你隨便動一下我就完蛋了。hazard可以很大，但我如果夠強壯，risk就會小。」簡文郁說明了hazard和risk這兩者的關係。

PSHA具體的呈現方式，就是前段提到的地震危害圖。地圖是地理空間資訊，所以一定要有位置、要有評估的對象，再來是大小、發生機率，以及如何影響人。地震危害潛能有很多種，因此危害圖也隨之各有不同，該如何看待各種危害圖之間的關係？簡文郁說，「還是傾向把致災因子獨立開來評估，在震源都是一樣的狀況下，講地震動就是地震動，講液化就是液化，不過液化與震動有關，是震動大小的函數。山崩也可以單獨做，最後再去綜合考量。」為什麼不放在一起？是因為它們的致災現象是不一樣的，各自引起的災害樣態也不一樣，簡文郁舉例，「就像人肚子痛了看內科，刀傷看外科，要看不同的門診，當然也可以找到全能的醫生，他什麼都可以看。但通常若是問題很大、複合式的，可能需要各科醫生一起會診，看你從哪個角度去論述。」也就是說，各種各樣的地震危害圖可依據研究者不同需求加以選擇並進行複合分析。

創繪這些危害潛勢地圖可以顯示各地發生一定機率的地震規模的分布，提供最準確和詳細的資訊；更可以幫助工程師設計出能夠承受相當地震動的建築物、橋梁和公用設施；各級政府也能運用這些資料於土地利用規劃、建築法規與規範，進一步提供緊急應變措施。[27]

以臺北為例，將未來五十年發生規模六點五的地震機率是多少，做出一個地震危害圖，提供出實務的、足夠的、可靠的、有用的基本資訊，如此一來，防災人員便可知道如何應變規劃。

一九七〇年代開始發展的必然與偶然

為什麼這門分析法在近五十年才產生呢？簡文郁認為有其偶然性與必然性，必然因素是因為人類對地震尚無法完整掌握，為了能更充分考量地震的不確定性，必須大量採用機率模式才能因應評估與實務的需求，所以自然產生這種系統性的分析法。隨著對地震理解程度的提升，分析模型的精細度與可靠性亦逐步提升，分析程序更是愈趨複雜。在這發展過程中，有一些外部因素、需求或事件都不經意地催化了地震危害分析的盛興。

回到地震危害分析發展初期的環境來看，「一九六〇、七〇年代美國和全世界的核能電廠蓬勃發展，核能發電的耐震安全成為重要議題，於是美國率先從太空計畫引入系統可靠度分析的觀念。因為核能法規相對嚴謹，還有各種管制，加上政府願意投入經費，PSHA就是乘著這股趨勢發展起來的。」簡文郁分析。而後續俄、美幾次核能事故，包括二〇一一年日本三一一福島事件，致使核電廠強化系統安全一再被評估，而耐震安全一直是重要環節，這也就推進了更精細的地震危害分析的模型與程序。全球的核能發展，可說是促動地震危害分析的偶然因素。

整個PSHA的發展是漸進的，中間有一些重要的學者在不同時期針對整體發展做了階段性的整理與論述，讓整個PSHA更有系統性的架構，並透過一些重要的計畫或研究去釐清研發過程中的重要議題，隨著階段性的成果彙整後，一直往前推進，提出新概念，或是解決階段性問題。

將地震的時空特徵與衰減幅度統統納進來

地震危害潛勢地圖製作需要非常龐大的數據與統計，包括過去的斷層和地震、地震波穿過地殼時的行為、在特定位置的近地表土層的地質條件等。既然是採用統計的方式評估，不確定性的考量也是一大重點，這部分十分複雜，需要地球科學、地震學、地震工程的專家共同研商。

首先，要有過去的歷史地震紀錄和斷層調查，才能為未來地震建立機率模型，也就是震源的時空特徵。這些包括斷層震源、隱沒帶震源、區域震源。透過地震觀測、地質調查證據，輔以地震理論或定義，建構起震源的統計模型，才能描述地震發生的時空特徵。

以臺灣來看，要知道地震源的時空分布，可以從地震目錄、地質調查或是像ＧＰＳ這樣的觀測模式去取得，還有地震學的理論模型等，都可以幫助評估、預測將來會發生什麼樣的地震、多久會發生一次、規模大小、位置、深淺及震源機制等。

此外，地震動衰減關係也是分析的關鍵之一，描述地震造成的地震動隨地震規模與距離改變而變化的數學關係式，可由地震觀測資料回歸分析而得。一般而言，地震規模愈大，地動愈大，但規模大到一定程度之後，地動又會趨於穩定，也就是飽和；另一方面，地動又有隨著距離的增加而減小的現象，這也是為什麼早期稱為「地震動衰減式」。

臺灣全面應用於耐震設計，九二一後巨量資料讓Hazard更精準

臺灣有危害潛勢圖嗎？

廣義來說，一九〇六年梅山大地震後的梅山斷層調查、震度分布圖，以及一九三五年新竹—臺中大地震後有關獅潭斷層及屯子腳斷層的調查圖，雖然古老，都算是地震危害潛勢圖，因為它們針對地震發生的斷層位置與地裂做出調查，可以說是一種地裂潛勢圖。「如果說要從歷史回顧的角度來看，我覺得眼光要寬容一點，不能用現在的技術去要求，地震危害地圖是一種概念，是慢慢成形的。」簡文郁解釋。

在臺灣，最全面性以及最廣泛應用的地震危害潛勢圖，應該就是耐震設計規範的設計基準地震分區圖，這是地震動潛勢圖，而最早的版本是一九七四年發布的。當時，依據徐明同、蔡義本、茅聲濤等幾位教授的研究成果，定出了版本，雖然方法和資訊相對有限，但大致都能反映幾個歷史大震的震害分布。現在，在中央地質調查所也都可以找到很多不同類型的災

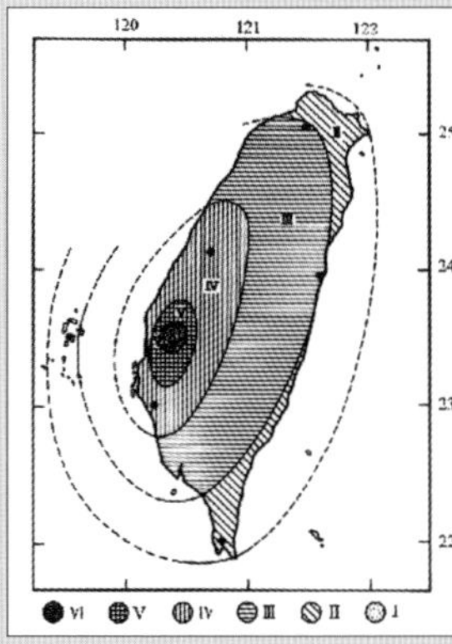

1906年梅山地震等震度圖

1906年3月17日嘉義廳打貓支廳（嘉義縣民雄鄉）與梅仔坑支廳（嘉義縣梅山鄉）附近發生芮氏地震規模（ML）7.1的強烈災害地震地震動分布圖，臺灣全島及澎湖均達震度2級以上，震央附近的震度達6級，等震度圖呈現東北—西南的長橢圓形。單一地震事件地震等震分布圖可以看出地震動隨震源距離而衰減的現象，震動最大的地方就在震央附近。（圖片來源與解說：https://scweb.cwb.gov.tw/earthquake/DisasterCate.aspx?ItemId=21&CId=12 十大災害地震圖集，簡文郁）

害潛勢圖。危害圖可以針對單一事件繪製（真實事件或境況模擬），例如梅山地震；也可以針對不同現象繪製，例如液化、斷層地質敏感區、山崩潛勢等。

臺灣PSHA的先驅研究者就是前面提到的徐明同、蔡義本、茅聲濤等幾位教授。一九八〇年代，在美國核能管理委員會（NRC）以及行政院原子能委員會（AEC）要求下，台電開始針對核電廠進行有系統的PSHA，因此為臺灣培養出了較多這方面的人力。同時間，許多重大工程，例如水庫，也開始採用PSHA的結果做為設計與安全評估的依據或參考。簡文郁說，臺灣PSHA的研究發展以及工程需要，落

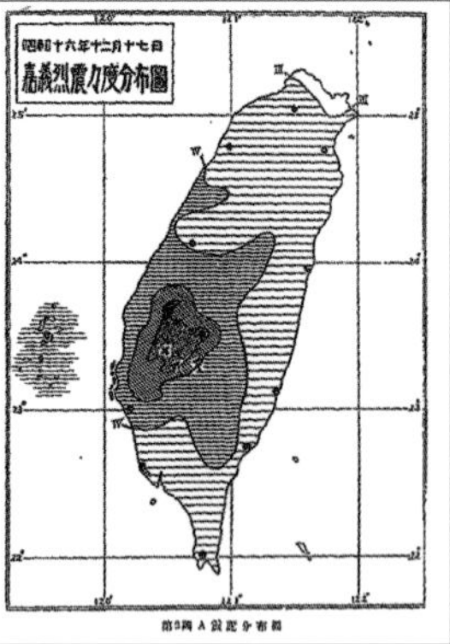

1941年嘉義大地震震度分布圖

1941年12月17日嘉義中埔附近生芮氏地震規模（ML）7.1的強烈地震，除臺灣島北端一隅及基隆為震度2級外，包括澎湖均為震度3級。震度分布圖呈現不規則形狀，除了反映震源特性之外，也反映當地的部分地質特性（軟弱或堅硬）。（圖片來源與解說：臺北觀測所，簡文郁）

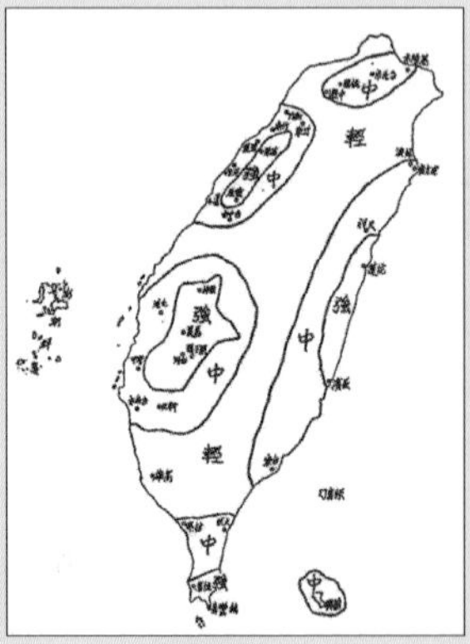

1974年耐震設計基準地震分區圖

（機率式）地震動潛勢圖能呈現出各地在未來一定期間地震動潛勢，而潛勢的意涵則指：1、某一機率下的地震動大小；2、某一地震動下之機率大小。本圖為1974年發布的最早版本的耐震設計基準地震分區圖。圖中四個強震區分別為新竹－苗栗－臺中一帶、嘉義－臺南、恆春、花蓮－臺東。這些地區都是過去百餘年內曾發生強烈地震災害的地方。對應目前耐震設計規範地震分區圖，本圖約相當於在未來50年內，超越機率達10%的地震動分布圖，強震區的尖峰地表加速度值約為0.33g。
（圖片來源與解說：國家地震工程研究中心，簡文郁）

實在決定耐震設計基準地震，這與核能電廠的耐震安全評估有絕對的關係，與國際趨勢是一致的。

若從概念上理解，可以將PSHA想成一個介面模式，它把地質地震調查和地震工程連結起來，使之被有系統的應用。

地震是經驗科學，九二一地震是當時國際上單一地震產生紀錄數量最多的一次，對臺灣或是對世界來說，此次形成的地震資料庫具有非常重要的貢獻，使得分析模式容易更精準地被建置。此外，九二一地震之前，臺灣活動斷層調查多以能源礦產的探勘開發為目的進行，九二一之後，才真正轉而從地震防災角度思考，著重於斷層幾何形貌與相關地震活動潛能參數研究，這對於地震危害分析非常有幫助。

若以造成九二一最大傷害的車籠埔斷層以及曾發生烈震的梅山斷層地震危害圖來看，是否有任何警示？簡

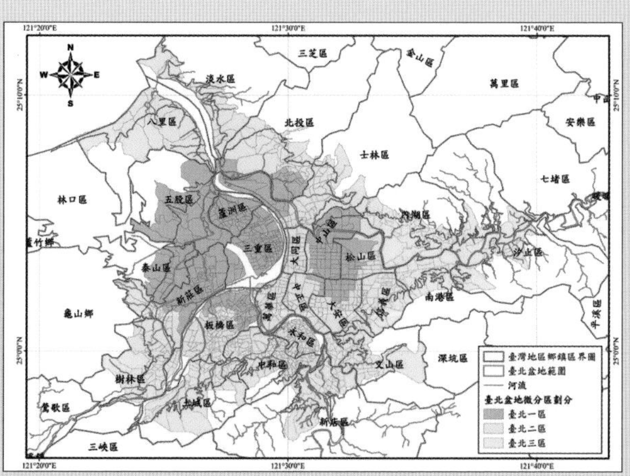

2010年臺北盆地耐震設計地震分區（潛勢）圖

臺北盆地有特殊的盆地效應，遇到淺層、遠域的大規模地震，例如1999年921地震、2002年331花蓮地震等，地震波的長週期能量常因盆地效應放大而致災，尤其對中高樓結構物造成威脅。除了危害度分析外，需要考量特殊軟弱盆地地層造成的影響。

本圖為現行2010年版耐震設計規範中，臺北盆地之設計基準地震分區圖（以行政區界為畫分單元），分為三區，圖中粉紅色為臺北一區，其長週期設計地震力約為橘色的臺北三區的1.5倍。一般而言，粉紅色區域內的高樓在地震時會比橘色區域內的高樓搖晃得更厲害，因此設計基準需要提高約50%，以確保所有盆地內的結構都有一致的風險承擔，也就是地震動潛勢高，結構就必須強壯一些，才能降低風險到一定水準之下。（圖片來源與解說：國家地震工程研究中心，簡文郁）

文郁舉了例子，「以梅山斷層的地震危害圖來看，的確是需要更擔心與關心的，一方面是它的回歸期比較短，再來是它上次錯動距離現在已經一百一十年了。不過，另一個角度是，九二一之後十月底左右，梅山發生規模五點多的地震，有可能是被誘發的地震，讓能量釋放掉一些。所以任何地震危害圖都需要很多模式一起研判。以防災角度來看，事情沒有絕對的，就是要隨時做好準備。」

活動斷層調查屬於前端調查，取得危害資料後，就必須延伸到後端，做工程上的應用。

臺灣在二〇〇五年公布施行的《建築物耐震設計規範及解說》明訂各種耐震設計的細則，例如建築物設計最小地震力之計算標準、建築物外圍的非承重或非剪力牆版及構材、抵抗地震力之鋼筋混凝土構架應設計為韌性抗彎矩構架等。簡文郁認為，臺灣耐震設計落實度是全世界最高的國家之一，「有些國家有，但是無法落實，因為受限於一般人的經濟條件，所以不可能做。臺灣的話，很少沒有照這個規範走的，即便連農舍都有。」

臺灣地震環境雖然險峻，但社會耐震性、硬體的抗災性以及防救災軟體都已具備一定的水準，且法規落實度很先進，早就進入每個人的生活，保護人們居家安全，這些都是地震危害分析的具體成果。當然這並不代表不會受災。

未來的難題：全球研究的局限

回顧歷史，一九七〇年代開始，地震學家就開始製作許多色彩鮮豔的地震危害圖，然而，地震危害圖距離完美還有很長一段路。如二〇一一年日本規模九點一的三一一大震災所揭示，這次的地震迫使地震學家和地震工程師面臨一個事實，就是在地震危害分析地圖上相對安全的地區，也可能會發生高度破壞性的地震。日本自一九七九年以來，造成十人以上死亡的所有地震，都發生在地震危害度分析地圖上的低度危害區，而其他類似的地震危害分析也有類似情形，例如二〇〇八年的中國汶川大地震以及二〇一〇年的海地大地震，都是預期與實際之間有落差的事件。[28]

可能是危害分布方法或模式存在某些缺陷，也或許是方法或模式很好，但用於單一功能地圖

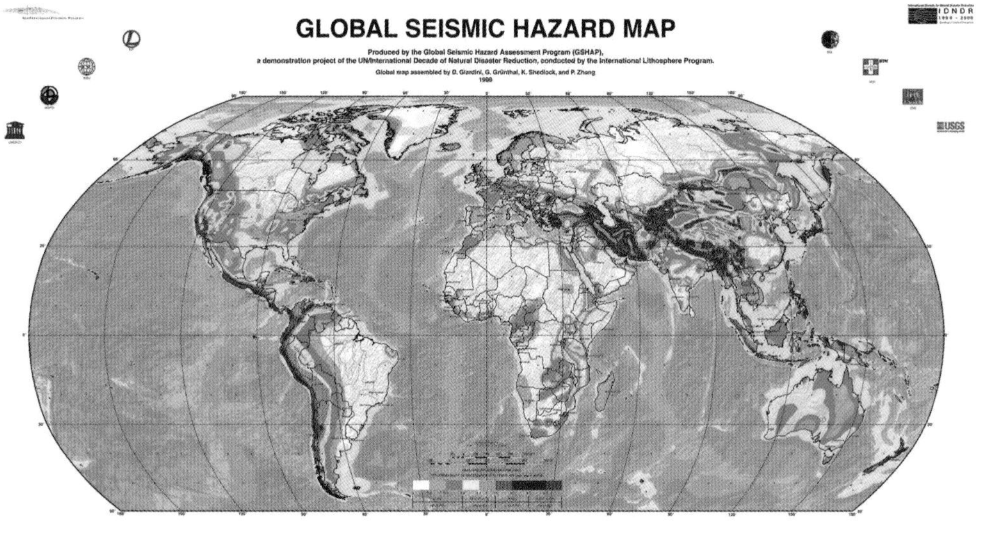

全球地震災害圖，1999。（圖片來源：SoCalGIS.org）

的特定輸入資料是不盡正確的。所幸這樣的情況開始發生改變。

天氣預報是基於大氣隨時間變化所計算出的模型，地震危害圖則是將基礎建立在隨時隨地紀錄地體與斷層活動。多年下來，地震危害度分析不斷改進預測方法和結果，並對不確定性進行更多評估，使用多種指標來評估、衡量、驗證地震危害圖。多指標分析是非常重要的模式，因為沒有任何一個單一標準可以完全計算出地震危害。

這個概念在運動中很常見，球隊常常會以不同的方式對運動員進行表現評估。例如，某位棒球球員可能打擊率很普通，但是因為具有相當優秀的外野守備能力而成為隊中相當有價值的球員。一位球員在某一方面做得非常好，但可能另一方面非常差，必須透過一個適當的模型，將他的價值放在適當的位置。[29]

另一方面，地震危害圖反映了環境，這也是它必須不斷被修正的原因，因為環境一直在變。

地震危害圖的確每隔一段時間就要重做，除了發現先前做得不夠好，分析的方法、分析的程序、細緻度、地震的震源調查等都會不斷進步，況且還可能有新的模式，因此以國家地震工程研究中心的建議目標，大概每隔四到六年就應更新版本，畢竟這牽涉到民眾的身家性命。提供更好的分析預測，我們就可以與時俱進，從中獲取思考與應變的方向，並適時納入相關法規，融入日常生活。現代化社會愈來愈講求國家社會的韌性或回復性（resilience），因此在強烈地震必然會再次發生的前提下，必須善加利用地震危害度分析與危害潛勢圖，推動耐震補強工程，提升建築物的耐震性能，盡可能減少地震損失與人員傷亡。

關於不確定性：是誰在丟骰子？

不確定性，一直是最複雜，也是ＰＳＨＡ最重視的部分。在地球科學或是其他科學當中，我們把未知的領域都用不確定性來描述。

地震是經驗科學，不論是地震地質學或是地震工程學，都可以說是從每一次的災害與失敗中將不確定因素降低，才得以不斷前進。

回到愛因斯坦的骰子，面對地震的不確定性，我們該相信決定論，還是非決定論？統御自然界令人驚奇的多樣性背後，規則究竟為何？

許多哲學家給了我們答案。去討論宇宙是決定論還是非決定論毫無意義，因為兩者都有可能，答案取決於研究的對象有多大或多複雜。而愛因斯坦本人也認為，包括他自己在內的所有理論，都只是某個更偉大理論的墊腳石。

這是一段沒有終點的旅程。只要地球與人類同時存在，這個命題就會一直存在。至於如何看待地震危害圖或是地震危害分析，取決於你對它的信心度，而這信心度，來自於人們想要的安全程度，以及對自然的理解深度。

（本文作者：王梵）

未來50年台灣孕震構造之發震機率圖

中台灣

10 苗栗前緣構造
Mw 6.7 15%
11 銅鑼構造
Mw 6.0 9%
12 東部苗栗構造
Mw 6.2 11%
13 獅潭斷層
Mw 6.6 <1%
14 三義斷層
Mw 7.0 6%
15 屯子腳斷層
Mw 6.6 <1%
16 彰化斷層
Mw 7.6 6%
17 車籠埔斷層
Mw 7.6 <1%
18 大茅埔-雙冬斷層
Mw 7.0 7%
20 梅山斷層
Mw 6.6 10%

南台灣

19 九芎坑斷層
Mw 6.9 23%
21 嘉義前緣構造
Mw 7.3 16%
22 木屐寮-六甲斷層
Mw 6.8 32%
23 中洲構造
Mw 6.9 37%
24 新化斷層
Mw 6.3 <1%
25 後甲里斷層
Mw 6.0 44%
26 旗山斷層
Mw 6.6 6%
27 小崗山斷層
Mw 6.2 21%
28 高屏溪構造
Mw 6.6 3%
29 潮州斷層
Mw 7.0 6%
30 恆春斷層
Mw 6.8 24%
31 恆春離岸構造
Mw 6.2 23%

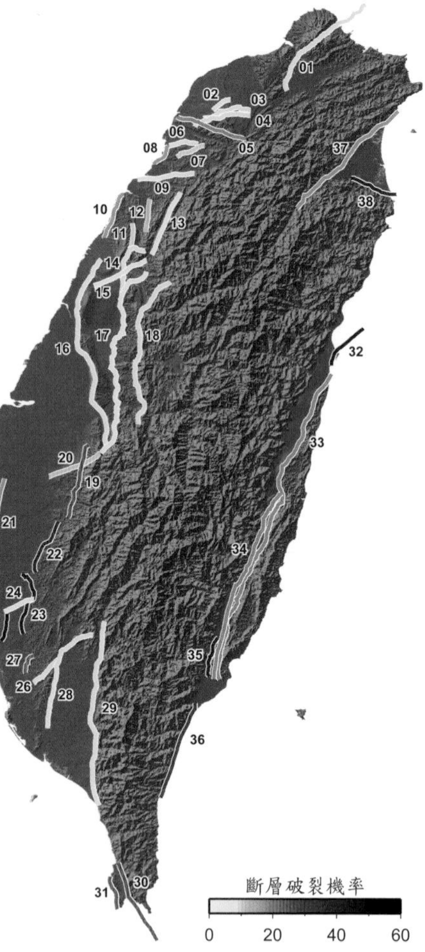

北台灣

01 山腳斷層
Mw 7.0 7%
02 雙連坡構造
Mw 6.2 2%
03 楊梅構造
Mw 6.0 3%
04 湖口斷層
Mw 6.8 5%
05 鳳山溪走向滑移構造
Mw 6.7 17%
06 新竹斷層
Mw 6.4 4%
07 新城斷層
Mw 6.6 9%
08 新竹前緣構造
Mw 6.4 15%
09 斗煥坪構造
Mw 6.5 1%
37 北宜蘭構造
Mw 6.8 15%
38 南宜蘭構造
Mw 6.4 35%

東台灣

32 米崙斷層
Mw 6.4 42%
33 花東縱谷斷層
Mw 7.5 17%
34 中央山脈構造
Mw 7.4 17%
35 鹿野斷層
Mw 6.2 37%
36 太麻里海岸線構造
Mw 6.7 28%

全台灣

規模大於6.5	97%
規模大於6.7	94%
規模大於7.0	55%

北台灣

規模大於6.5	44%
規模大於6.7	25%
規模大於7.0	7%

中台灣

規模大於6.5	38%
規模大於6.7	18%
規模大於7.0	12%

南台灣

規模大於6.5	82%
規模大於6.7	80%
規模大於7.0	21%

東台灣

規模大於6.5	50%
規模大於6.7	50%
規模大於7.0	31%

紅色標示各孕震構造可能發生之最大規模與其發震機率。
此計算參考台灣地震模型所提供之孕震構造參數。
孕震構造13,15,16,17,20,22,24,32,33採用布朗過程時間模型(BPT)，其餘孕震構造使用泊松模型(Poission) 估算。

TAIWAN Earthquake Model

基準日2015年1月1日

「未來50年臺灣孕震構造之發震機率圖」為臺灣地震科學中心蒐集了1973年至2011年上萬筆地震資料分析後所公布之臺灣地震危害潛勢圖。圖中顯示未來50年各「孕震構造」可能發生的「最大地震規模」和發生該規模地震的機率。圖上列出來的所有構造，其實都有可能發生地震，只是機率有高有低，不可輕忽。有些標注為「構造」而非「斷層」，是因為其並非活動斷層，可能是地表看不到的盲斷層。

（圖片來源：科技部臺灣地震科學中心地震模型團隊，2015）

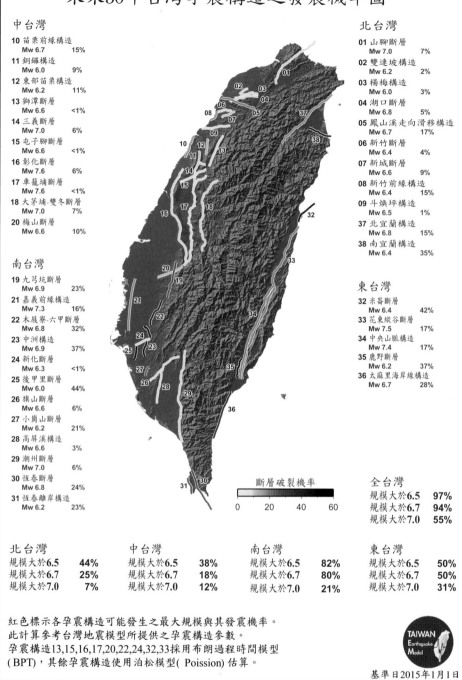

注釋

1 地震即使在美國黃石國家公園這麼空曠的地方也可能致命，例如一九五九年八月發生的一場強烈地震，所引發的山崩就導致二十八名露營者不幸喪生。

2 內政部建築研究所，《九二一震災重傷者受傷因素與建築特性關係研究》，取自https://www.abri.gov.tw/tw/research/show/631。

3 同注2。

4 國家地震工程研究中心，《九二一集集大地震全面勘災報告——建築物震害調查》，頁二三。取自https://www.ncree.org/PublicationProfile.aspx?id=10189。

5 阪神地震中鋼骨構造建築的破壞比例及原因，請見曾慶正、張惠如著，《你的房子結構安全嗎？地震不用怕！專業技師教你安心購屋100問》（臺北：健行文化，二〇一六年），頁一五七。

6 同注4，頁二六。雖然有大量騎樓建物在九二一地震時倒塌，但只要加強建築與道路平行方向的強度就能滿足安全需求，無須禁止騎樓的設置。

7 《地震與文明的糾纏》，頁二七九。

8 軟弱層問題與鋼筋混凝土施工細節，參考李政寬、張惠玲、邱世彬著，《安全耐震的家——認識地震工程》（臺北：國家地震工程研究中心，二〇〇九年），頁一一〇、頁一四二至一四七。須注意的是，本章限於篇幅，關於建築為何會倒塌僅舉出部分原因，其他原因如混凝土強度不足等未一一列舉，若想取得更充分資訊，可至國家地震工程中心網頁下載《安全耐震的家》全書內容，網址：https://www.ncree.org/safehome/。

9 臺灣耐震規範可追溯到一九七四年，最初附屬於《建築技術規則建築構造編》，一九九七年另外訂定《建築物耐震設計規範及解說》，為求行文簡潔，本章簡稱為「耐震規範」。

10 《安全耐震的家——認識地震工程》，頁六五、頁八九。

11 同前注，頁一九五。

12 王哲夫，〈屹立不搖已是神話？——漫談建築物耐震設計〉，《國立自然科學博物館館訊》第三一一期（二〇一三年十月），第四版。

13 國家地震工程研究中心，《九二一集集大地震全面勘災精簡報告》，頁五九，取自https://www.ncree.org/PublicationProfile.aspx?id=10169。

14 同前注，頁五〇。

15 網址：http://streethouse.ncree.narl.org.tw/。該網址提供的試算方法僅適用於五層樓以下（含五層樓）鋼筋混凝土或加強磚造建築，且各層樓版（含屋頂）需為鋼筋混凝土樓版。

16 有關全國建築物耐震安檢暨輔導重建補強計畫的說明，參考國家地震工程研究中心建物組副研究員邱聰智的演講資料「住宅建築耐震階段性補強」，取自https://www.ncree.org/Speeches/。

17 數據取自https://conf.ncree.org.tw/download/A0970312-20070907WorkShop-Dryeh-brief.pdf。

18 老舊校舍結構問題主要參考許健智、羅俊雄，〈重要設施建築物（學校）耐震評估與強化政策〉，《國家地震工程研究中心簡訊》第四十三期（二〇〇二年九月），頁一至三。短柱效應另參考楊正敏，〈傳統長條型校舍 遇強震最易倒〉，《聯合報》（二〇〇八年五月二十八日），C4版。

19 校舍補強工法介紹參考校舍結構耐震能力評估與補強作業講習會資料，取自https://school.ncree.org.tw/files/common/conference/20171124-handout.pdf。鍾立來、楊耀昇、連冠華、吳賴雲，〈校舍隔間磚牆增設複合柱補強之研究〉。林叡延、黃世建、邱聰智、林敏郎，〈補強用鋼框架斜撐與既有RC構架之接合研究〉，取自https://school.ncree.org.tw/school/information/research.php。

20 見黃榮村著，《台灣921大地震的集體記憶》（臺北：INK印刻文學生活雜誌，二〇〇九年），卷首無頁碼彩頁。

21 參考曾慶正，張惠如，《你的房子結構安全嗎？》（臺北：健行文化，二〇一六年），頁一六二至一六四。

22 馬昔斯・李維（Matthys Levy），馬里奧・薩瓦多里（Mario Salvadori）著，顧天明，吳省斯譯，《建築生與滅：建築物為何倒下去？》（*Why Buildings Fall Down*）（臺北：田園城市，二〇〇四年），頁二五六。

23 馬瑟（George Musser）著，宋宜真譯，〈宇宙是隨機的嗎？〉，《科學人》第一六四期（二〇一五年十月），取自http://sa.ylib.com/MagArticle.aspx?Unit=featurearticles&id=3759。

24 根據最新文獻顯示，愛因斯坦的確有講過這句話。
Andrew Robinson With a new afterword by Diana Kormos Buchwald.(2015). Einstein: A Hundred Years of Relativity. Princeton University Press.
Mindy Weisberger. (June 12, 2019). " 'God Plays Dice with the Universe,' Einstein Writes in Letter About His Qualms with Quantum Theory." *History.* Retrieved from https://www.livescience.com/65697-einstein-letters-quantum-physics.html..

25 同注23

26 USGS,〈Earthquake Hazards 101 - the Basics〉. Retrieve from https://earthquake.usgs.gov/hazards/learn/basics.php

27 USGS,〈Earthquake Hazards 101 - the Basics〉. Retrieve from https://earthquake.usgs.gov/hazards/learn/basics.php

28 Seth Stein, Edward Brooks, Bruce Spencer, Kris Vanneste, Thierry Camelbeeck and Bart Vleminckx (February 28, 2017), *Assessing how well earthquake hazard maps work: Insights from weather and baseball*, retrieved from https://www.earthmagazine.org/article/assessing-how-well-earthquake-hazard-maps-work-insights-weather-and-baseball

29 同注28

參考文獻

1 Andrew Robinson With a new afterword by Diana Kormos Buchwald. (2015). Einstein: A Hundred Years of Relativity. Princeton University Press.

2 Mindy Weisberger. (June 12, 2019). " 'God Plays Dice with the Universe,' Einstein Writes in Letter About His Qualms with Quantum Theory." *History.* Retrieved from https://www.livescience.com/65697-einstein-letters-quantum-physics.html

3 Seth Stein, Edward Brooks, Bruce Spencer, Kris Vanneste, Thierry Camelbeeck and Bart Vleminckx(February 28, 2017), *Assessing how well earthquake hazard maps work: Insights from weather and baseball*, retrieved from https://www.earthmagazine.org/article/assessing-how-well-earthquake-hazard-maps-work-insights-weather-and-baseball

4 USGS,〈Earthquake Hazards 101 - the Basics〉. Retrieve from https://earthquake.usgs.gov/hazards/learn/basics.php

5 馬瑟（George Musser）著，宋宜真譯，〈宇宙是隨機的嗎？〉，《科學人》第一六四期（二〇一五年十月），取自http://sa.ylib.com/MagArticle.aspx?Unit=featurearticles&id=3759。

6 鄭錦桐，PSHA理論。

CHAPTER **05**

科研最前線

運作中的勵進號研究船。於2019年進行「南海海盆形成與演化」以及「南海大地震、海嘯其天然災害潛勢研究」。（攝影：柯金源）

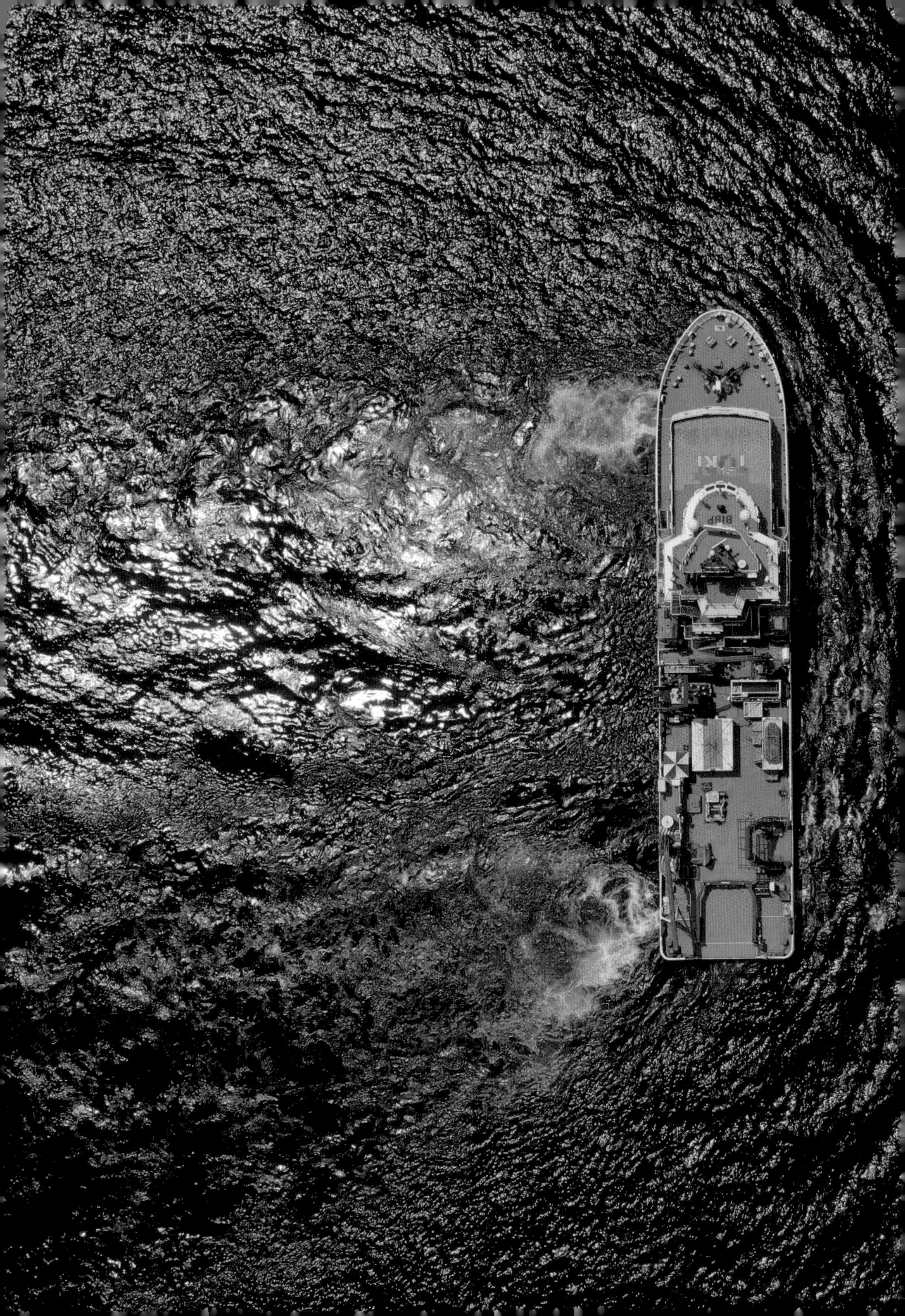

5-1 最先進的預警系統：地震速報研究者吳逸民

九二一地震那夜，中央氣象局地震測報中心在一百零二秒後即發布地震速報資料，將震央位置、震源深度、地震規模以及各地震度，以電子郵件、傳真、網路等方式第一時間傳送給氣象局相關人員、中央與地方消防單位首長，即時搭建起防災第一線。

地震發生後五分鐘，氣象局即發布有感地震報告，更傳至政府部門與媒體手中[1]，並以氣象錄音服務專線發布此一重大地震消息。消息傳播之快，讓美國、日本等國際學者紛紛前來臺灣一探究竟，他們最好奇的問題是：「為什麼可以這麼快？」

「快」是透過比較而來，一九九四年美國南加州的北嶺地震，耗費三十分鐘才知道位置所在；隔年阪神大地震花了三十分鐘才完成地震報告，當時日本首相村山富市是先從電視新聞得知地震發生。相較於同屬九〇年代的大地震，臺灣讓地震速報的計算單位由「分鐘」縮短成「秒」，讓人們在與地震波傳播速度的競賽裡大幅超前。

引領臺灣在這場競賽中脫穎而出的推手，就是臺灣大學地質學系教授吳逸民。

系統守護臺灣，他守護系統

在九二一那晚，少數配有專用呼叫器的重要關係人，可以第一時間收到包含震央位置、規模，以及九大都會區最大震度等資訊的簡訊，其中一個從睡夢中被搖醒的人，即是當時擔任中央氣象局技士的吳逸民。

「我跟我太太說，有很大的地震發生了，我必須要趕去支援。我們家房子是新建的，又在岩盤上，應該沒有問題。我很抱歉，這時候沒辦法跟妳在一起。」吳逸民一瞥呼叫器螢幕上顯示的二十個數字代碼，解讀後即知地震規模很大。

1989年舊金山芮氏規模6.9的洛馬普里塔（Loma Prieta）地震
（圖片來源：wikimedia_commons）

冷靜安撫驚慌的太太後，吳逸民便從基隆家中開車直奔臺北氣象局，行駛在無人的中山高速公路上，腦裡卻閃過一九八九年舊金山芮氏規模六點九的洛馬普里塔（Loma Prieta）地震，也有許多高架橋崩塌陷落，他心裡揣想著建國南北路高架橋是否承受得起這次地震，但來不及猶豫，責任感與理智已導引他在二十分鐘內抵達氣象局。

氣象局能夠在極短時間內發布初步報告，便是倚賴吳逸民研發設計的程式系統。因地震觀測系統全年無休，在氣象局任職的十年間，他也隨時待命，大地震一發生，他總是得第一時間到場，關切定位是否準確、震度判讀是否合理，也難怪吳逸民的女兒常說，「地震來的時候，我的爸爸就會消失。」

地震預警關鍵：搶先於S波之前發布

地震預警概念並不新穎，早在一八六八年，美國地震學家庫柏（J.D.Cooper）便提出以地震速度差異啟動電流達到預警效果的概念。「在距離舊金山十至一百英里的地方架設很簡單的機械裝置，當地震波動足以造成災害時，將會在城市內觸動由電纜發射的電流，並同時啟動警報鈴聲，鈴響必須非常大聲、特別，所有人都應該知道地震警鈴響了。當然，除了地球的震動，不應該有其他觸動警鈴的可能。該機械裝置必須是自動啟動，不該倚賴報務員（telegraph operator）啟動。」[2]

雖然庫柏並未落實其構想，但一九八〇年代以後隨著即時地震觀測技術發展，包括強震儀和寬頻地震儀的發明、數位化通訊的快速發展、資料處理技術的進步以及電腦軟硬體的升級，地震學家們再度想起地震預警的構想，並開始有國家投入開發與應用。[3]

起步較早的日本國道鐵路公司JR，一九八二年將裝置在海岸線的地震儀訊號併入自動停車的控制系統中，當位於震源區的地震儀達到觸發標準，就可在震波到達鐵道前對行駛中的列車發出警告，這也是第一個將庫柏概念付諸實現的地震預警系統。[4]此外，還有在太平洋對面的美洲，像是墨西哥一九八五年於米卻肯州（Michoacán）地震造成墨西哥市上萬人死亡的災情後，便發展地震預警系統SAS（Seismic Alarm System），在鄰近隱沒帶的海岸線裝設地震儀，對墨西哥市提供八十秒以上的預警時間；以及美國地質調查所（USGS）在一九八九年洛馬普里塔地震發生後裝設預警系統，對一百公里外搶救奧克蘭倒塌高速公路的人員發出警報。

臺灣也在一九八六年的花蓮地震後，趕上這波發展地震預警的潮流。一九八六年十一月十五日清晨五點二十分，花蓮東方二十公里海底發生芮氏規模六點八的地震，造成十五人死亡、六十二人輕重傷，二百戶以上建築物受損。但最讓人關注的原因是這起發生在花蓮外海的地震，卻導致一百二十公里外的臺北縣市房屋倒塌，例如臺北市復興南路上的裕台企業大樓傾斜，一、二樓下陷，連續壁破裂，玻璃窗受擠壓傾斜碎裂等。不僅如此，當時臺北縣中和市的華陽市場三層樓建築物坍方，由於二、三樓多戶為改成住家而增加磚造外牆與隔間牆，導致建築物成為上剛下軟的結構，不利耐震，地震一來，一、二樓支柱大部分折斷，部分甚至夷為平地，多達三分之二房屋倒塌。當時便有人提出，若以花蓮與臺北相距一百二十公里計算，S波抵達臺北應需三十多秒，若能提早發出預警，便能緊急應變。

以上各國開發的概念，便是應用庫柏所思，藉由傳遞速度最快的P波（壓縮波）與傳遞速度較慢的S波（剪力波）傳遞的時間差，在S波造成地表強烈晃動、帶來破壞性災害之前，為離震央較遠的地區提供警報，爭取數秒至數十秒的應變時間。此一方式預警，被稱之為「區域型預警」，又稱「前端偵測型」（front detection），採用比S波跑得快的電磁波搶先發出警報，這其實是一場電磁波與S波的競速。

現今區域型預警系統可於地震發生後十五秒測得地震資訊，以S波每秒三至四公里的傳遞速度來算，對於震央五十公里以外的區域即可在S波抵達前先獲得預警。但是，在震央五十公里以內的區域，電磁波「快」不過S波，此時，就得以「現地（偵測）型」（on-site warning）預警補其不足，利用較早抵達的P波訊號，在S波抵達前估算S波的振動強度，並發出警報。

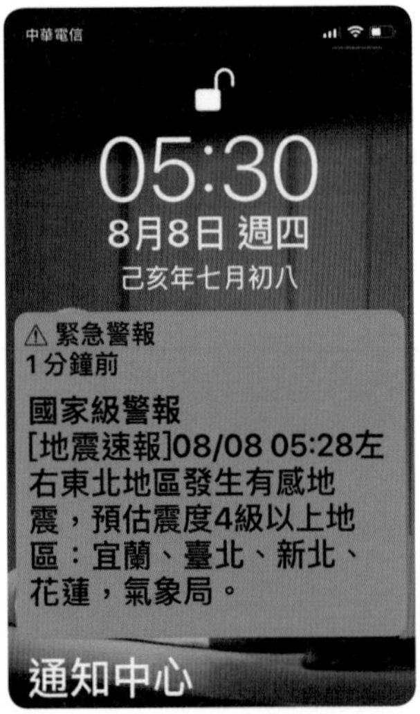

速報畫面（圖片來源：國家災害救科技中心）

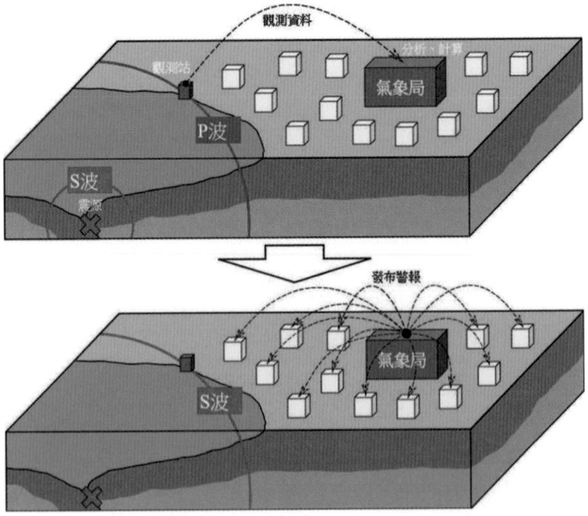

強震即時警報系統（圖片來源：中央氣象局）

觀測科學化：不能預測，但可以預警

一九八六年對於預警系統的構思，促成氣象局投入五億兩千多萬經費，發展地震預警系統。想做到預警，得先將觀測工作基礎打穩。氣象局一九八九年將當時的地球物理科擴充編制為「地震測報中心」，是臺灣第一個地震測報業務專責機關，大幅建置了完善且現代化的地震觀測網。

在當時氣象局長蔡清彥的支持下，氣象局聘請中央研究院數理科學院院士鄧大量、中央大學地球科學系教授蔡義本、美國紐約州立大學教授吳大銘、服務於美國地質調查所的李泓鑑博士等人召開顧問會議，決議加強對臺灣地區之強地動觀測，蒐集各都會區強震資料，並在都會區廣設強震站及結構物監測系統約一千部強震儀，構成「臺灣強地動觀測網」（Taiwan Strong Motion Instrumentation Program, TSMIP）。

依據此結論，地震測報中心一九九一年啟動「強地動觀測計畫」，配合六年國建計畫，以六年為一期，而從每期計畫的核心便可揭示地震測報中心的發展目標：由地震監測開始，發展地震速報，最後達成地震預警（強震即時警報）。

「地震可以預測嗎？」這也許是地質地震學家最常被問到的問題。「目前還不能預測，但是我們地震學家知道地震波怎麼跑、知道地底下的構造。」吳逸民參與TEDX Taipei年會演講時誠實地回答，做為地震學家的他，並未迴避所有地震學家們心頭懸而未決的世紀難題，他催生了臺灣的地震預警系統。

吳逸民解釋，地震預警概念上與颱風預報較為接近，在颱風生成後，預測路線與強度，在抵達受影響區域前發出警報，「只是颱風是好幾天，地震是幾秒鐘。」幾字之差，地震學家鑽研多年就為「分秒必爭」。

吳逸民是臺灣地震預警發展最貼身的見證者，一九九一年甫從海洋大學海洋研究所畢業入伍服役，期間報考氣象局，兩年後退伍便進入氣象局地震測報中心擔任技佐。人生的第一分工作，便是觀測強震。

吳逸民回憶剛進氣象局時，各地測站最早使用速度型短週期地震儀[5]訊號回傳到氣象局，以人工方式定出地震位置。因為速度型短週期地震儀很靈敏，對於微小訊號的紀錄相當清晰，但若發生強震時便容易超過可記錄範圍，得挑P波到達時先定位，再以電話撥接的方式連接各測站的強震儀取得震度跟強震紀錄，再推算地震規模，在一九九五年以前，發布一個地震報告需花費三十分鐘。

臺灣速報的優勢：利用即時強震訊號自動定位

「當年，沒有一個國家用即時強震訊號做地震觀測，臺灣是第一個！」吳逸民指出，能在一百零二秒內傳出地震報告的關鍵有二：一是善用「即時強地震觀測訊號」，第二是以此資訊做自動定位，並在短時間內提出預警。

此一轉捩點正是一九九五年。在鄧大量的建議下，強地動觀測網（TSMIP）與中央氣象局地震觀測網（CWBSN）[6]共站的加速度型地震儀，利用了同一條傳輸專線把強震資料同步傳回氣象局，相較於七〇年代區域性的強震儀陣列[7]，受限於當時僅能以類比訊號傳輸紀錄，後來拜數位發展之賜，一九九五年的強震資料即能藉由數據專線立即傳回臺北，做到「即時」監測。以此「即時強地動系統」為骨幹，臺灣的地震測報進入「速報」階段。[8]直到九二一地震，當時全臺已有超過六百三十個自由場強震站[9]，其中具有即時傳輸功能者約有六十個，蒐集地動訊號後即時傳輸回氣象局。

一九九五年阪神大地震，日本首相村山富市在震後一個多小時才收到地震報告，吳逸民解釋，當時日本震度七以上地震必須由人為判斷，才能發布，而臺灣領先的關鍵就在於以自動化加快速報發展。至於自動定位與預警系統如何做到，得從「B計畫」的故事講起。

本土B計畫勝出

當時服務於美國地質調查所的顧問李泓鑑提點臺灣可能有發展地震預警潛力，也成為氣象局一九九四年提出臺灣第一部《氣象白皮書》納入「地震預警」的契機。當年，氣象局啟動第一個地震預警的實驗，由加拿大一間商業公司主導，選在地震活躍的花蓮設立十個測站，資料透過專線匯集至花蓮氣象站做即時處理，並將結果傳至臺北的氣象局本部評估、分析，這也是臺灣地震預警系統發展的雛形，在內部被稱為A計畫。

當時，傳輸地震訊號的電話線路尚有一半頻寬容量可使用，中研院地球科學研究所院士鄧大量便建議發展B計畫做為備案。B計畫的基礎技術由李泓鑑提供，執行者就是氣象局內的吳逸民，他們隔著太平洋時差一起工作。[10]

當時A計畫與B計畫都是藉由撰寫程式讓計算流程自動化，藉由強震紀錄的P波與S波自動定位，計算地震規模，同時能將地動加速度換算成規模。其中自動定位技術，是A計畫與B計畫競逐的核心目標。為了縮短時間，必須利用地震初始震動定出規模，但是如何保有一定的準確度，成為技術上最難以克服的瓶頸，這也讓當時國內外許多學者都不看好臺灣發展預警系統。

由於A計畫測站大多僅分布於花蓮狹長的海岸線地帶，雖然可在十幾秒獲得地震訊息，但定位準確度不理想，震央位置平均誤差達二十二公里，規模誤差也達到〇・七個規模單位。吳逸民認為，A計畫在通訊、展示介面跟軟體程式方面表現不錯，但執行團隊缺乏地震學人才，對於地震核心掌握度不足，以至於重要資訊誤差很大，實用性不高。

一九九五年即時強震資訊的啟用，免除需人工電話撥接的時間，吳逸民主責的B計畫順利發展出自動挑選P波與S波的系統，將發布地震時間縮短至五分鐘。以B計畫的成功為基礎，吳逸民馬不停蹄投

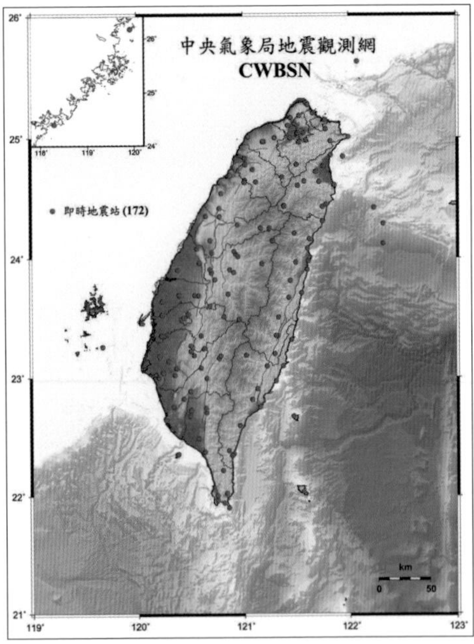

地震觀測網分布圖（圖片來源：中央氣象局）

入預警工作，利用宜蘭、花蓮、南投等地共六十至七十個測站的即時強震訊號建立「花蓮子網」[11]預警系統，由於串連多個地區即時強震訊號，覆蓋性較廣，將定位誤差控制在二十公里內、規模誤差〇．三單位內，獲得地震資訊的時間大幅縮短至二十秒。

最終，B計畫淘汰了受限於商業系統而無法修改的A計畫，原有測站都併入B計畫，成為臺灣第一個成功的地震速報系統。

ML10 找到精準與即時之間的平衡

「時間愈長、資訊愈多，訊息也愈穩定，但可預警的時間卻在降低。」預警技術一直在精準與即時之間求取最佳平衡，吳逸民指出，臺灣採用即時強震訊號，小地震不會觸發系統，誤報率不高，這也是臺灣比較早發展預警的墨西哥優越之處。

藉由密集的測站建置，定位成為區域型預警中相對容易解決的部分，然而，規模則難得多。一九九八年吳逸民提出「ML10」方法，以地震初期十秒訊號算出規模，並將誤差控制在〇．三單位，一舉成為大幅突破時間門檻的關鍵。

透過虛擬子網，當最鄰近震央的三至五個強震儀受P波觸發、確認為地震後，系統會先收集十秒的震波資訊，再據以計算震央與各地震度[12]，此技術成為大幅縮短預警時間的關鍵，當時可在三十秒內提供地震解算結果，對震央五十至七十公里外的地區達到預警效果。

二〇〇二年，吳逸民與鄧大量共同發表文章，已經可在地震後二十二秒提供初步地震訊息，為當時最佳的地震預警效果。地震反應時間平均為十八秒，對於距離震央約六十公里以外的地區已經有預警能力，對於一百公里以外地區則可提供十秒以上預警時間。

「原本一個地震發生後，社會、媒體允許你半小時發布地震報告，後來變成十五分鐘，現在五分鐘左右就可以了。」吳逸民苦笑，技術進步了，測報人員的壓力也增加，地震發生當下得判斷資訊是否準確。說好聽是臨場反應，其實也是吳逸民最大的壓力測試，直到二〇〇四年離開氣象局轉往臺灣大學任教，他才發現自己鬆了一口氣。

地震預警不單是吳逸民的心頭壓力，即使全球已有不少國家開發預警系統，但真正對民眾發布的國家，僅有日本與臺灣。「要運用（預警）訊息，做錯事要負責的。」吳逸民說，日本政府受到我國九二一地震影響後，二〇〇一年開始投入開發緊急速報系統；墨西哥亦投入地震預警系統建置，其地震帶距離市中心超過三百公里，相較於此，地狹人稠的臺灣地震預警顯得困難許多，以花蓮到臺北僅一百二十公里來看，計算時間必須更壓縮，才能爭取更多的預警時間。

「不管用什麼方法，先求有，我是比較樂觀的人。」吳逸民的信心除了來自天性，還有透過數量龐大的地震站補足單一測站之不足。「有人說只能用P波或S波，是把自己綁在單一站點去看地震訊號。但我不一樣，我用全部的訊號、所有的時空來看地震發生。」大量而密集的測站資訊幫助他擺脫時空限制，天生個性則讓他勇於嘗試，並從其中找到有規律的關係式，再探討原因，難怪吳逸民說地震預警是一項「創意」的工作，而他也自詡為「不能選戰場的戰士」。

解決盲區的方式：現地型預警

雖然ML10已協助臺灣可在二十秒內預警，但是，以S波波速每秒三．五公里來計算位於震央七十公里以內的地區，S波將比警報先到達，等同無預警效果，因此五十至七十公里也被稱為地震預警的「盲區」（來不及預警的地方）。

為解決此一困境，離開氣象局的吳逸民開始構思現地型預警。傳統芮氏規模是由地震波的最大振幅經距離修正而得到規模，為了觀測最大振幅，大概也無時間預警。但是已有許多研究發現，地震愈大時，地震訊號的震動週期愈長，吳逸民便以P波的振動週期推算規模，並與當時任職加州理工學院研究員、日裔美籍地震學權威金森博雄合作，歷經五年分析八百多筆各國地震資料，提出P波平均週期及位移振幅（Pd）方法，並利用美國南加州地震網的資料分析，確認紀錄到P波後三秒訊號可以用來做為地震預警，並可藉此將判定時間縮至十秒，盲區也從七十公里縮至三十公里以內，並計算出即將來襲的S波強度是否導致災害。

P-Alert：短小精悍的P波警報器

然而，對吳逸民來說，預警系統的最後一哩路才更為重要——如何普及到一般民眾家中？增加預警後避難求生的時間？

更便宜、更小型、更便於安裝的設備，即是他嘗試的實用解方。來到臺大後，他跟電機、資訊界等學者跨領域學者合作，嘗試將微機電感應器與P波三秒方法結合。二〇一〇年，他更將此技術轉移至民間廠商[13]，合作推出「P-Alert」（P波警報器），內含地震感應器及微機電處理器，價格可壓縮在五萬元以下，可應用於民生、廠區、大眾運輸與電梯等領域，像是讓電梯停止、在最近的樓層打開以利逃生，或是讓有危險氣體、液體及物質的工廠立即斷電關閉與停止原料供應，降低財產損失與生命危害的風險。

「P-Alert」不僅銷售至自來水維生系統、住宅建案等，也在不少科學園區、電子科技公司導入，更銷售至紐西蘭、新加坡、印尼、印度、韓國、希臘、菲律賓、中國、墨西哥等國，像是紐西蘭用於即時切斷牛奶管線輸送，二〇一三年更以此登上美國地震學會期刊封面，也讓臺灣從地震儀器的純進口國演進為具備出口能力。

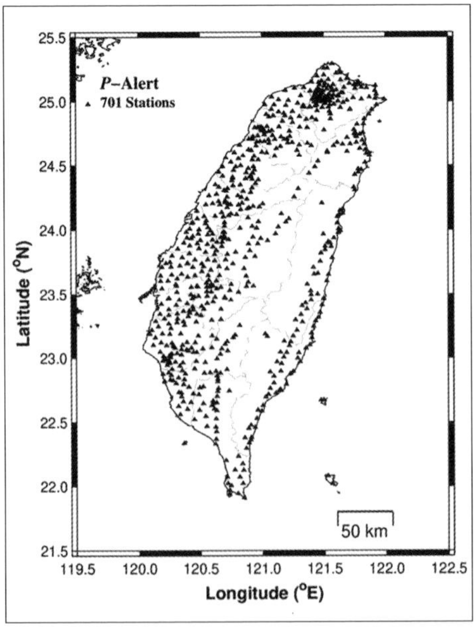

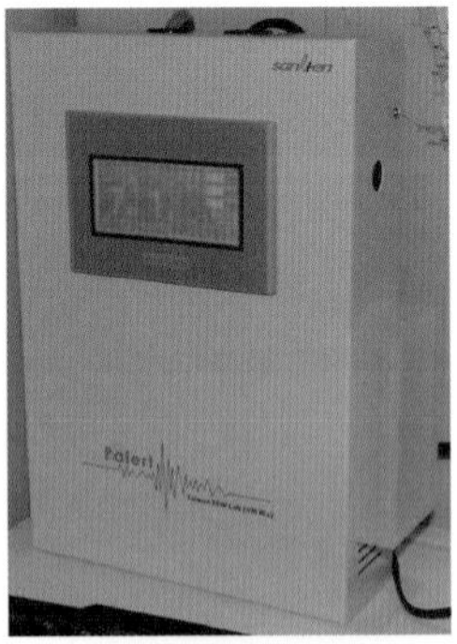

① 臺灣P波警報器觀測站分布圖
②③ P波警報器示意圖（圖片來源：吳逸民）

在行政院災害防救應用科技方案推動下，全臺中小學也布建超過七百套「P-Alert」。在近年兩次大震（二〇一六美濃地震與二〇一八年花蓮地震）中，現地預警在震源地區都可提供四至八秒的預警時間。

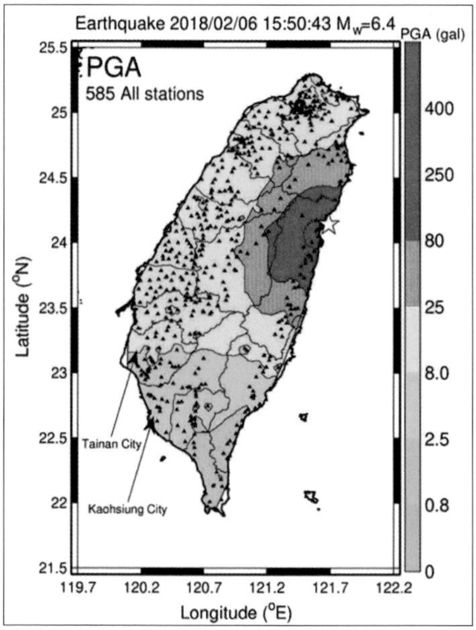

◀ 2018年2月6日花蓮地震現地預警可在震源地區提供4至8秒的預警時間（圖片來源：吳逸民）

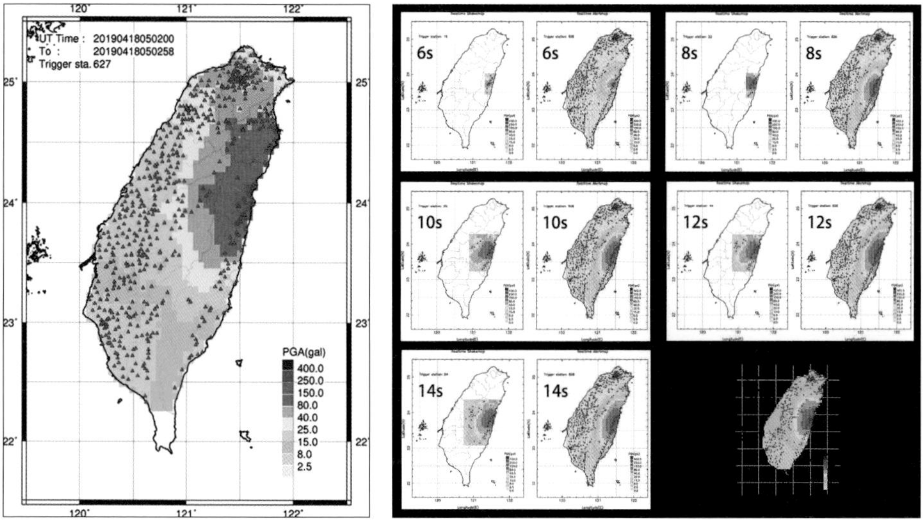

2019年4月18日13時01分07秒花蓮發生規模為ML）6.3、Mw 6.1，震源深度18.8公里的地震。現地預警測站數的多寡反應了預警時間與距離，同秒數下，測站數愈多（右），可預警範圍愈廣。（圖片來源：吳逸民）

「預警」第一代交棒後，更能走向國際

過往電腦技術並不普及，觀測訊號無法即時、有效地傳回計算，地震預警雖已有概念，卻活在神話裡。而一手孕育地震預警系統的吳逸民，可說是臺灣地震預警學者的第一代，雖然前無古人，他卻預見來者的重要。

到臺大任教，雖然離開第一線預警系統的崗位，但他選擇持續孕育下一代地震預警的人才，為後代的地震預警系統持續努力。從世界不同板塊而來的人們，越南、印度、日本、喬治亞都有人前來向他請益，跟他一起做博士後研究。雖然預警系統得跟時間賽跑，追求數秒之差，但人才培育卻動輒需要十年以上，來自越南的學生在吳逸民的實驗室念完博士後，也回到國內負責發展越南的地震網。

研究地震預警超過二十年，吳逸民更將注意力從程式碼中解放出來，看見臺灣以外的世界，也看見了更多因災難而需要幫助的人。「要真正降低地震所帶來的災害，事實上是要把房子蓋好，可是經濟能力不好，就蓋不起耐震力很強的房子。預警系統次之，不用花那麼多錢即可避難，至少可以減少生命

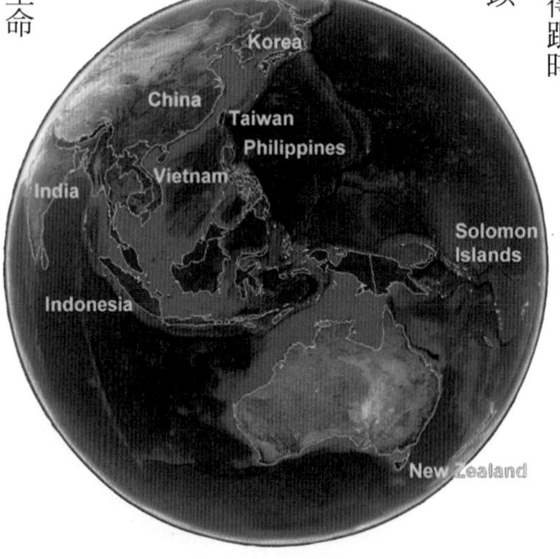

全球目前與臺灣合作建置地震預警系統的國家
（圖片來源：吳逸民）

損失。」吳逸民盤點，中國、印度、印尼、韓國、緬甸、越南、菲律賓、不丹，這些深受地震困擾的環太平洋、歐亞地震帶的亞洲鄰居們都曾找上他，其中讓他最傾力協助的是經濟能力有限的開發中國家。

雖然面向世界，但讓吳逸民心有不忍的其實是家鄉南投魚池的鄰居。九二一地震發生後，他在氣象局待上三、四天，沒有心力從全國關注中抽身，直到魚池同鄉打電話到氣象局，告訴他老家房子倒了，但家人都沒事。然而，不是所有人都這麼幸運。他的鄰居，在九二一前剛蓋好的房子，地震一來便倒塌，人躲過了地震，卻沒躲過內心的折磨，選擇離世。「地震一來，房子倒了，重新洗牌，掉入貧窮的循環。」吳逸民輕聲地說，預警的意義，首重避難、尋求掩護，但另一方面，也能減少心理衝擊，讓人安心。

熱愛釣魚的吳逸民，大海也形塑著他的人生哲學，「釣魚的人都說不能背對大海，而是要面向大海，所有的衝擊都從海邊過來，這也是我面對人生的方式。」面對地震，憑藉預警做好避難，減低災害，這是吳逸民一輩子追求的目標。

（本文作者：邱彥瑜）

5-2 從古地震解析大地裂痕：槽溝研究者陳文山

臺灣面積僅三萬六千平方公里，卻擁有三十三條活動斷層，這些活動斷層密集地分布於西部麓山帶與平原區，同時也是人口稠密處，一旦發生地震，導致災難機率極高，甚至美國地質調查所（USGS）亦將臺灣列為全世界的地震災害評估中最危險地區之一。

瞭解活動斷層的分布以及特性，是地震研究與防災工作中最基礎的一環。

阪神地震與九二一地震讓臺灣重視活動斷層

一九九五年日本發生規模七點二的阪神地震，罹難人數超過六千，受傷人數超過四萬，災損估計超過十兆日圓，這使得日本投入大量調查經費研究活動斷層。

阪神經驗讓中央地質調查所為之一震，如第二章所述，一九九七年開始彙整前人研究資料，並繪製比例尺二萬五千分之一的斷層條帶地質圖，滿足工程界與學術研究目的。在九二一地震重創臺灣前，中央地質調查所已進行活動斷層與地震地質研究，不過當時是依附於區域性的地質與礦產資源調查研究之下，順帶探討該區斷層性質與地體構造的關係，從而建立活動斷層的基礎資料。

根據二〇一二年中央地質調查所公布的最新活動斷層資料，全臺有三十三條活動斷層，其中二十條屬於過去一萬年內曾活動過的第一類活動斷層，十三條為過去十萬至一萬年內曾活動的第二類活動斷層。考量繪圖需求，只留下長度大於五公里的斷層，並移除存疑性活動斷層。

古地震研究：從追溯歷史地震尋得再現週期

研究活動斷層主要的目的之一，是為了瞭解斷層的再現週期，近十年來，地質學家為了取得更精確的資料，嘗試往地底下探尋過往地震的紀錄，也就是「古地震研究」。這種研究模式是從過去地震時記錄在地下沉積層當中的遺跡，探究地震發生年代、地點與規模大小，分析斷層長期滑移速率，藉此推算長期以來地震發生時間是否有規律性，若有，則可推算下一次大地震時間。

臺灣在一八九七年才有了第一臺地震儀，科學化觀測紀錄距今也不過一百多年，但大多活動斷層週期皆大於此。古地震研究試圖透過過往大地震重要資料，求得部分有固定週期的地層兩次地震的發生時間間距，是一種突破科學觀測限制，追溯更長遠地震紀錄的重要研究模式。

研究古地震及活動斷層週期，槽溝開挖為最直接、有效的方法之一。像是日本在阪神地震後，三年內槽溝開挖數量增加近一四四個。[14]而在九二一地震之前，臺灣地質學界並未正式採用開挖槽溝方式從事古地震研究。全臺第一條槽溝開挖，起因於嘉義民雄的中正大學正要興建之時。當時，中正大學校址被質疑可能有梅山斷層穿越，而梅山斷層曾於一九〇六年發生過規模七點一的嘉義地震，在缺乏精確地形圖的狀況下，梅山斷層確切位置便成為眾人爭議的謎團，也讓學界意識到活動斷層調查的重要性。因此，中正大學校區首度開挖一條長達百餘公尺的槽溝，並邀請學者前往勘查，但該次開挖

臺中霧峰921地震車籠埔斷層經過的光復國中操場（攝影：柯金源）

並未看到斷層。

九二一地震促成二十五條活動斷層的古地震研究

九二一地震發生，引發全長一百公里的地表破裂，是阪神地震所產生地表破裂的兩倍長度，車籠埔斷層瞬間成為關注焦點，不少從事野外調查的地質學者紛紛動身前往中部，其中也包括已在車籠埔斷層附近研究多年的臺灣大學地質系教授陳文山。

車籠埔斷層上下盤錯動量相當巨大，最高之處達十公尺，「房子好好的，但稻埕（曬穀場）變成三樓高，房子一、二樓通通在底下。」陳文山回憶第一次親眼目睹斷層錯動造成地表破裂變形的情景。

後來，中央地質調查所決定展開「地震

地質調查及活動斷層資料庫建置計畫——槽溝開挖與古地震研究計畫」，挑選全臺二十五條活動斷層展開先期古地震研究，分五年進行。中央地質調查所找上熟悉車籠埔地區的陳文山，因為槽溝研究必須仰賴沉積物定年、地層對比、沉積學、構造學等等的綜合知識，也得仰賴野外調查經驗，才能在眾多地表破裂之處選定適合位置進行槽溝研究，陳文山成為不二人選。

陳文山回憶，當年前往美國地質調查所學習槽溝挖掘時，同時間就有七處槽溝正在開挖，讓他能迅速在半個月內實際參與挖掘、瞭解流程與做法，並帶著這些經驗回到臺灣。

開挖一座槽溝

想開挖一座槽溝，首先得要尋找古地震斷層的遺址，挖開長寬約十餘公尺、深度約四至八公尺的槽溝，利用分析剖面中受到擾動的沉積層來判斷斷層特性，在被截切的岩層中採集可定年的材料，以碳十四或其他方法（如熱螢光）測定地層年代，再由斷層與地層交集關係判斷斷層活動的年代與地震事件的先後關係，從開挖到研究結束，至少需時一個月。

研究開展之初，得要挑選適當的位置，根據實際參與溝槽調查研究工作的地質與大地技師黃台豐、簡逢盈的文章，選址可透過Google Earth或其他高解析度衛星影像及航空照片等遙測影像，並配合區域地質與現地調查資料，判釋地表上的線形是否屬於構造線形（斷層崖）、侵蝕線形（斷層線崖、人工崖）或沉積線形（河階崖），做出地形上的判釋，加上歷史地震斷層位置紀錄，能初步決定槽溝開挖的地址。決定後，為保留原始地形狀態，提供未來地表若變形的評估標準，開挖前進行地形測量，開挖完成後也必須測量槽溝本體，將調查成果測繪於地形圖上。

為了方便剖面採集工作，槽溝內部會以階梯型態不斷內縮，基本以二至三階為主，若有需要可挖到四階以上，每階高度不超過兩公尺，上、下階之間須預留一至二公尺寬的平臺。以開挖三階為例，整體槽溝寬約九至十二公尺，深約四．五至六公尺，長約二十至三十公尺，但若槽溝大小必須增減時，要考量用地範圍，以及地下水位。

開挖的過程，必須將挖出的土方送出，槽溝開挖的土方量大約是開挖體積的一．五倍，必須駛入卡車運送，因考量行駛坡道不能太陡，得設置夠長的車道，陳文山曾挖過深達八米的槽溝，為了運送土方，便設置五、六十公尺長的坡道，槽溝變得相當巨大，開挖經費也增加。

機具開挖之後，必須用刮刀清理槽溝壁面，讓剖面細部斷層跟沉積構造清楚地顯現出來，以使研究者能夠辨認地層界線、組成物質、地層原色（新鮮地層顏色）、地質

① 槽溝壁清理　② 槽溝網線布置，地下剖面需詳細分層記錄與採樣。（圖片來源：陳文山）　①|②

構造及微構造等，並測布水平與垂直的網線以協助定位。

槽溝地質剖面量測、繪製完成後，可利用岩層與構造線的截切關係，判釋槽溝剖面中構造活動的時序，因尚無定年，只能獲得相對的岩層與構造時序，得知每次活動的型態、位移量等。

想要找出年代，在清理溝槽壁時，必須尋找沉積層中是否含有植物碎屑、漂流木等有機生物遺骸，採樣後編號，進行碳十四定年工作。

由於斷層錯動，原停留在同一位置的沉積物就被錯開，藉由同一位置沉積物定年，比對年代差異。此定年方法高度仰賴沈積物當中的含碳物質，即便地層錯動位置明確，找不著碳物質也沒辦法定年。若在缺乏植被、生物的地區，如沙漠，只能採用熱螢光定年，其原理為礦物晶體受熱會產生螢光，熱螢光強度與其在地層中所接受的輻照劑量成正比，藉此換算出熱螢光年代。[15]槽溝開挖結束後，將原本的土方回填並進行壓實，結束工作。

透過槽溝挖掘，觀察斷層與地表下淺層沉積物之間的交集關係，並由此判斷斷層的走向、傾角、位移方向、斷層活動次數，藉由年代資料推估斷層發生大地震再現週期以及長期滑移速率。

先天不良：臺灣的槽溝研究困難重重

目前古地震研究成果以美國加州聖安地列斯斷層最為先進，但聖安地列斯斷層屬平移斷層，以水平錯動為主，開挖兩公尺即可見到數次古地震錯動紀錄。反觀仍處於造山運動狀態的臺灣，活動斷層

霧峰鳳梨園槽溝開挖（圖片來源：陳文山）

多為逆衝斷層，這為槽溝開挖帶來第一道挑戰：得挖得夠深，才看得見過去。

陳文山指出，臺灣的槽溝深度少說得四、五米起跳，深至十米都有可能，因此臺灣槽溝規模都不小，陳文山挖過最大的槽溝，範圍媲美一座校園操場。

此外，臺灣位屬板塊不斷擠壓山脈隆起之處，讓這座島嶼的沈積層代謝相當快速，這也為槽溝研究帶來不利因素。做為定年取材處的沉積物通常顆粒粗大，不易保存碳物質進行定年，原因是沉積速率太快，以致沉積層過於年輕、不利碳質碎屑保存，每次開挖能看到地層涵蓋的時代都太短，無法忠實保留太多活動紀錄。以臺中豐原水源路開挖的槽溝為例，開挖十公尺，卻只看見九二一地震帶來的地表破裂，見不到任何一次之前的古地震紀錄。

其次，臺灣氣候夏季高溫多雨，容易遇上颱風，槽溝開挖只能選在冬天、乾季。第三，若開挖過深，容易挖到地下水層，大量地下水湧出會造成槽溝內積水，開挖剖面容易崩坍。

除了先天條件造成開挖困難，陳文山認為，最難的其實還是「人」，開挖地點的產權所有者，往往是開挖與否的關鍵。陳文山開挖過近四十條槽溝，當中遇過一些困難來自公有地所屬機關以及不願妥協的民間地主。不過，九二一地震的傷痛促成《災害防救法》於二〇〇〇年立法，伴隨多次天然災害，逐漸完善，讓相關研究工作稍微順暢一些。

由於臺灣沉積與侵蝕速度都快，單一地點很難保留所有的地震紀錄，因此採用時空替代（ergodic hypothesis），也就是在同一斷層開挖不同位置的槽溝，才能將所得到的眾多片段彙整拼湊出斷層活動史的全貌。

自美回臺之後，陳文山帶領團隊投入車籠埔斷層槽溝開挖，第一條選在他所熟悉的霧峰。當時，霧峰的僑榮小學垮在斷層上，校舍受破壞無法使用，便在此地開挖，因位置在斷層帶下方，本希望看到古地震紀錄，結果這第一條槽溝就「摃龜」，除九二一地震隆起紀錄外並無所獲。

不過，隨著經驗愈來愈多，後來的槽溝挖掘也獲得不少進展。同樣位於霧峰的「鳳梨園三號坑」，開挖八公尺便看得到兩百五十萬年前的老岩層，顯見這一帶經歷無數次逆衝斷層隆升，而透過不同岩層對比，看到至少三次過往的地震紀錄。

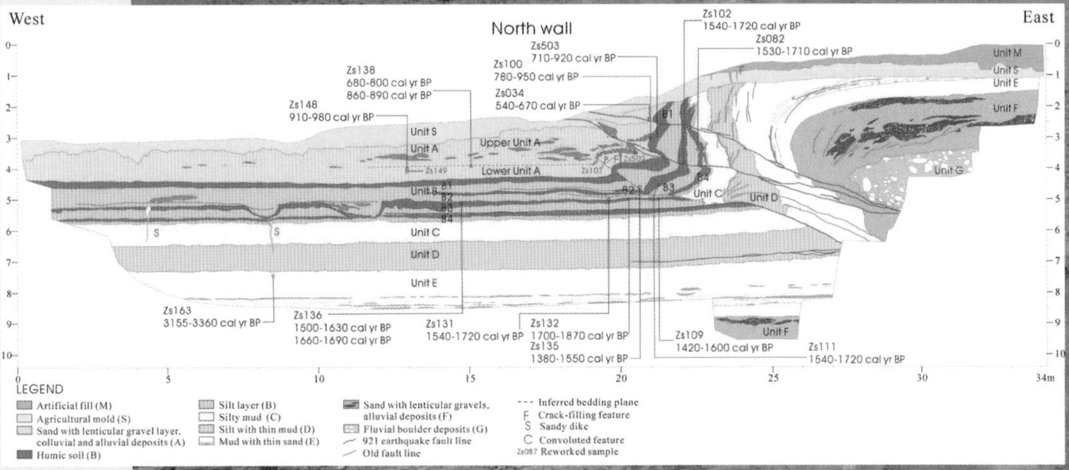

車籠埔斷層竹山槽溝北牆剖面圖

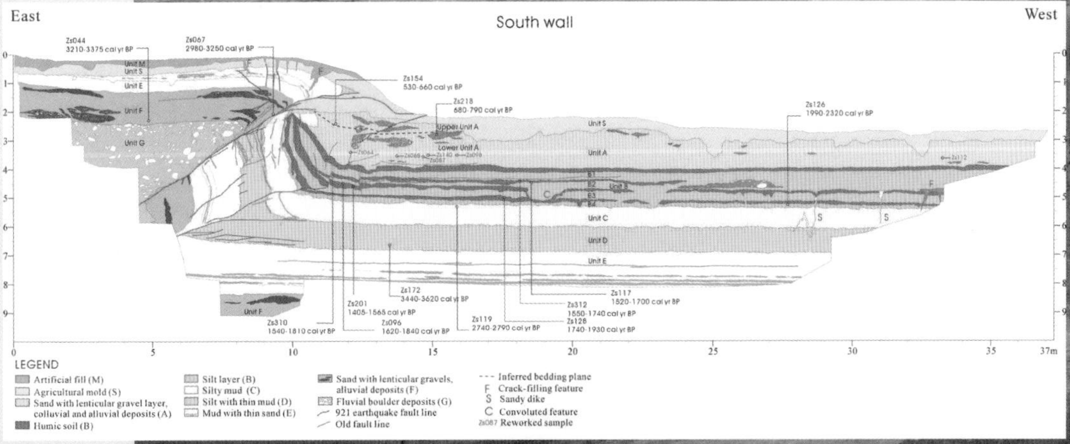

車籠埔斷層竹山槽溝南牆剖面圖

竹山槽溝開挖現場。北牆呈現褶皺兩側岩層保存良好的連續性，斷層前端並未切穿到地表，稱為斷層轉折褶皺；但在南牆呈現以斷層作用為主的褶皺構造，斷層前端已經穿到地表，稱為斷層展延褶皺。（圖片來源：陳文山）

亞洲少有斷層保存園區

槽溝開挖是透過地表沉積物探索斷層，短期開挖完畢終得回填，但車籠埔斷層的竹山槽溝，卻為臺灣留下一座世界難得的「斷層保存園區」。

此處鄰近竹山交流道的南側，在九二一地震後，斷層沿著河階崖出露地表，造成上盤抬升兩公尺。竹山槽溝長約二十多公尺，開挖成四階，發現槽溝的南牆剖面，呈現以斷層作用為主的褶皺構造，也就是斷層前端已經穿到地表，斷層上盤形成背斜構造，下盤形成向斜構造，此種也被稱為斷層展延褶皺（fault-propagation）。但在另一側的北牆剖面，褶皺兩側岩層保存良好的連續性，只有數條移動量不大的次要斷層，顯示地表變形是受淺處地層褶皺作用所造成，斷層前端並未切穿到地表，也稱為斷層轉折褶皺（fault-bend fold）。從南北側牆面的東半段，可看到斷層以東的地層向西擠壓滑動抬升，黃棕、白、灰、黑色的地層交錯捲曲，相當驚人。

「從學理上來講，距離那麼短不會有這種狀況。」陳文山指出，竹山槽溝的特別之處在於完整保留斷層

921 地震園區錦水頁岩露頭成為地震教育的重要場域
（圖片來源：王梵）

變形樣貌，且在僅十公尺之遙的南牆、北牆，卻有著天壤之隔的發現。然而，人為運作不及颱風侵襲速度，大量雨水流入，導致槽溝牆面崩塌。二〇〇四年選擇暫時回填，將黑色砂質土壤裝在太空包的巨型塑料袋中回填，便於辨認原開挖地層。

遲至二〇一三年，保存園區才正式開幕營運，蘇強（John Suppe）、金森博雄等知名地震學家皆來臺與會。除了日本阪神地震之外，臺灣的斷層保存園區也是亞洲屈指可數的斷層槽溝保存館。

臺灣經驗：逆衝斷層的研究里程碑

目前美國、日本的古地震研究資料量遠多於臺灣，但臺灣獨特的地質條件，使車籠埔斷層成為逆衝斷層古地震研究的重要里程碑，陳文山也自豪地說，這些資料對全世界研究造山運動有相當大的影響。

九二一地震讓全世界地震研究的目光無法忽視臺灣，陳文山回憶，有次以地震為主題的國際研討會上，國內的學術研究重鎮——當時的國科會，將九二一地震研究資料，燒錄成逾百片光碟，提供與會學者自由取用，開放的態度加上數量龐大的強震觀測紀錄，培養出臺灣如今中生代的一批重要學者，也促成許多國際重量級學者來臺交流，像是引入國外的地震情境模擬技術等，陳文山說，全球以車籠埔斷層為主題的研究可能就有六、七百篇。

槽溝研究時常得冒著「揁龜」的風險，最後憑藉七條有顯著收穫的槽溝研究成果，陳文山為車籠埔斷層解析出五次古地震事件（不包含九二一地震），分別發生於西元二四〇至二五〇年、西元四〇〇至五七〇年、西元一〇三〇至一〇六〇年、西元一一六〇至一二七〇年、西元一五二〇至一六五〇年，每次地表破裂隆起高度約在一至二．五公尺之間，與九二一地震隆起高度相當，藉此推估規模可能都在七點零以上，時間間隔並沒有明顯的規律性。而根據過往古地震發生的間距，最長七百年、最短兩百年左右，平均下來，車籠埔斷層的再現週期約三百至四百年，因此，推估下次發生時間可能在三百年後。

目前臺灣足以推算出再現週期的活動斷層僅四條，除車籠埔斷層外，還有東部的池上、瑞穗以及鹿野斷層，瑞穗地區的花東縱谷更在近四百年來發生至少三次大地震。

相較於世界其他地區，臺灣斷層再現週期相當短，即便同屬環太平洋地震帶的日本，最短再現週期也都在七百至一千年之間。此外，臺灣活動斷層分布相對密集，任何一條再活動，都可能影響附近其他

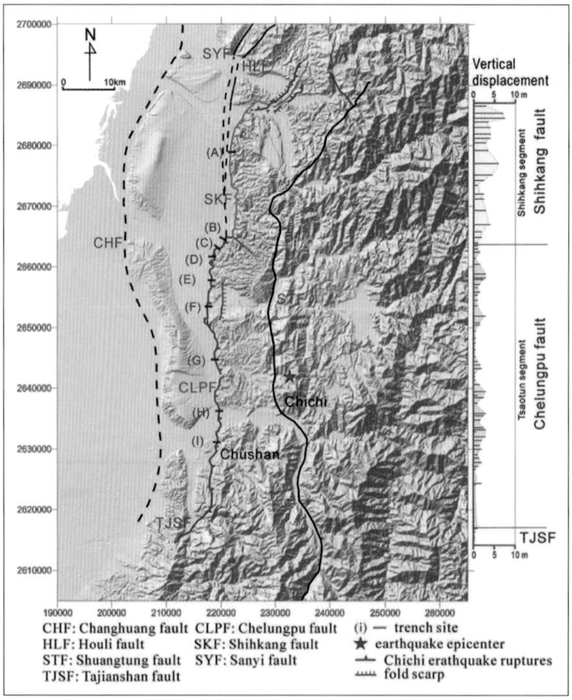

921地震地表斷層跡。車籠埔斷層開挖有8處槽溝，石岡斷層僅有1處槽溝。（圖片來源：陳文山）

活動斷層累積的能量，加上地下水、結構時常改變，再現週期都可能受影響。

陳文山指出，想要推估區域內發生地震的機率，必須有足夠的資料量，藉由許多條槽溝開挖，瞭解每一條斷層的古地震年代、滑動量等，才能算出整體機率。美國聖安地列斯斷層已可研判未來三十年發生規模六點五或七以上的地震機率。

透過開挖槽溝、古地震研究，我們對臺灣的活動斷層更瞭解一些，對於臺灣的國土開發、重要工程規劃都有不小的影響。陳文山舉例，像是核一、核二距離北部唯一的活動斷層「山腳斷層」皆不到十公里，當初興建時並不知道，建物安全係數較低，現在該如何補救，也引發討論。除了重要工程，對於人口集中的西部都市，像是通過雙北的山腳斷層，或是通過新竹市與新竹科學園區的新竹與新城斷層等，都特別需要關注。

陳文山從架上拿出日本獨立行政法人產業技術總合研究所（ＡＩＳＴ）旗下的地質調查總合中心所出版的《活斷層、古地震研究報告》，這份每年發行的報告，代表日本將古地震研究納入每年例行的基礎研究工作。陳文山期許，政府也應該對活動斷層投注更多研究經費與心力，畢竟，活動斷層調查可說是防災工作的重要基石。

陳文山此生挖過將近四十條槽溝，可說是全臺最瞭解槽溝的人，他笑說做野外研究沒有門檻，只要肯學，「我常說，地質不會有天才。地質必定要累積經驗，沒有人出生就會看花崗岩，從來沒有天才的地質學家。」

（本文作者：邱彥瑜）

921地震造成大甲溪床隆起，埤豐橋倒塌。（圖片來源：賴鵬智）

5-3 斷層錯動機制解密：深鑽計畫與井下地震儀

九二一地震時，位於臺中豐原與東勢交界處的大甲溪河床因車籠埔斷層通過，一夕形成高低落差約七公尺的瀑布，一旁的埤豐橋也因此倒塌，這個景象不僅讓臺灣人印象深刻，甚至出現在美國高中地球科學課本，透露出地表八公尺、地底十四公尺的錯動量世所罕見，也跌破專家眼鏡，因為當時對於地殼應力的理解，是無法造成如此大的斷層位移。[16]

九二一後迅速展開鑽井計畫取得新鮮斷層岩心

為何車籠埔斷層會產生如此巨大的錯動？馬國鳳曾在二〇〇三年與她在加州理工學院攻讀博士時的指導教授、重量級地震學家金森博雄，以及加州大學洛杉磯分校地球物理學家艾蜜麗．布羅德斯基（Emily E. Brodsky）等學者共同發表一篇論文，提出力學上的潤滑模型（lubrication model）可以解釋錯動量為何如此驚人[17]，要驗證這個假設，最直接的方式就是透過深井鑽探取得斷層帶的岩心，藉此瞭解斷層錯動過程中發生了什麼樣的化學、物理變化。

二〇〇三年，當時擔任中央大學地球科學學院院長的蔡義本教授爭取到國家科學委員會的支持，啟動「臺灣車籠埔斷層深井鑽探計畫」(Taiwan Chelungpu-fault Drilling Project，簡稱TCDP），由蔡義本擔任總主持人，中央大學馬國鳳、王乾盈、洪日豪與臺灣大學宋聖榮四位教授擔任共同主持人。在大地震發生後迅速展開鑽井計畫取得新鮮活斷層的岩心和井測結果，對於大地震發生及基礎地震研究非常有幫助，因為許多證據及現象將隨著時間過去漸漸消失，愈晚鑽井對於研究效果愈不佳。[18] 九二一地震提供了絕佳的機會，讓研究團隊能打鐵趁熱，直探地底取出那塊關鍵的岩心。

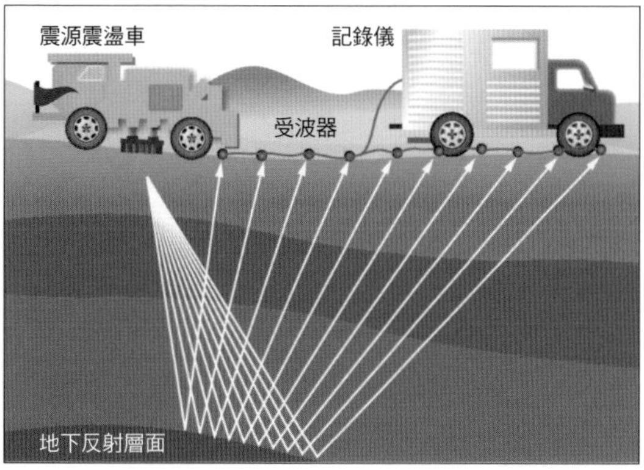

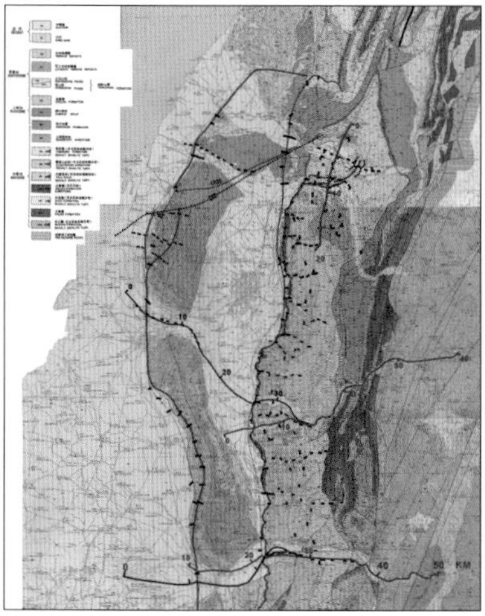

① 反射震測法原理：1震源打光、2地層反射、3受波器紀錄、4資料處理。
② 反射震測法之探油剖面（圖片來源：王乾盈） ②|①

由於鑽井所費不貲，第一步便是要確定鑽井的位置能夠「命中目標」，這必須要靠「反射震測法」探知地底構造。王乾盈解釋，反射震測法就像是為地底照X光，在中油公司震測團隊的協助下，利用震盪震源車將震波訊號打入地底，震波接觸到地層會反射回地表，地表接收器接收反射回來的訊號後，將其傳輸到紀錄儀記錄下來，經過資料處理的過程，便能得知地底岩層分布概況，同時也預估將會在地底約一千一百公尺左右，鑽遇九二一地震所觸發的主要斷層帶。[19]

二〇〇四年一月，研究團隊選定臺中大坑一處果園開始鑽井。雖然取得的岩心愈「新鮮」愈好，鑽井過程卻也急不得，必須二十四小時不間斷穩定地往下鑽，避免珍貴的目標岩心崩解碎裂，過程中來自臺灣大學、中央大學共六十名學生二十四小時輪班，為的是在取出岩心時馬上進行各項物理參數測量、封存裝箱，盡可能降低與外界空氣、水分接觸的影響。

①「臺灣車籠埔斷層深井鑽探計畫」（TCDP）工作圖
②③ 震盪震源車（圖片來源：王乾盈）

美國與德國學者參與深鑽計畫（圖片來源：王乾盈）

鑽取出岩心（圖片來源：王乾盈）

二〇〇四年八月，研究團隊從地底一千一百一十一公尺處取得目標岩心：約十二公分厚的斷層泥。岩心分析結果發現，這短短十二公分的斷層泥是由多層次重複地震滑移面所組成，至少滑移過三十三次，代表地震行為會重複發生。另外由黏土礦物分析得知，地震發生時斷層面上溫度超過攝氏一千一百度，使斷層帶岩石熔融形成假玄武玻璃[20]，這證實了當初的假設：岩石熔融使摩擦力降低，產生潤滑作用，使斷層滑移速度加快，導致車籠埔斷層北段巨量錯動。

地震發生過程中主要會釋放三種能量：輻射能（即我們在地表感受到的震波）、破裂能（表現在岩石、地表破裂）與摩擦能，其中摩擦能在地震總能量中占比最高，卻最難以估算，因為它往往會轉變為熱能釋放掉，取得岩心的目的之一就是希望能實際量化這三種能量的占比。馬國鳳與東京大學教授田中秀實等學者合作，透過分析岩心斷層泥顆粒大小及厚度，得知產生這些斷層泥的破裂能只占總能量六％，其餘皆以熱及震波的形式釋放，成功量化地震發生時的能量。[21]

除了這些重要成果，TCDP值得一提的部分，還有來自國際科學組織的強力支持，包括總部位於德國的國際地殼鑽探聯盟（ＩＣＤＰ）、日本海洋研究開發機構（JAMSTEC）等，美國地質調查所也提供許多技術及人員培訓面的支援。名古屋大學地震火山防災研究中心教授安藤雅孝，更是早在確定有經費執行計畫前，就開始和王乾盈找尋合適的鑽井位置。王乾盈說，阪神地震時錯動的野島斷層與加州聖安地列斯斷層，斷層面都與地面近乎垂直，滑移帶較深，不易鑽探。而車籠埔斷層為低角度（三十度傾角）逆斷層，只要直直往下鑽一、兩

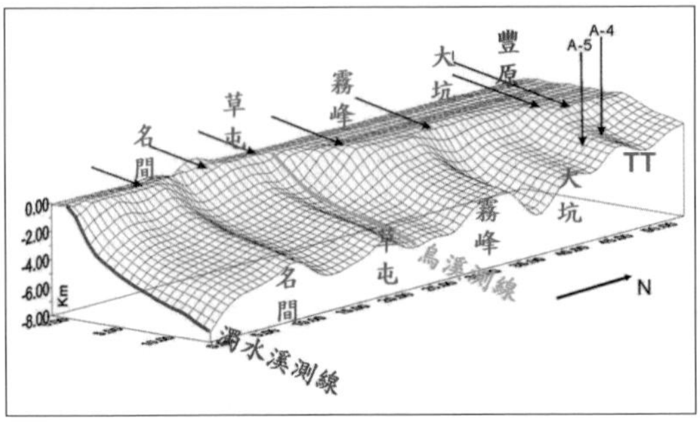

①
②

① 透過深鑽計畫取得的測線資料：濁水溪剖面與車籠埔斷層震測圖
② 車籠埔斷層層面圖（圖片來源：王乾盈）

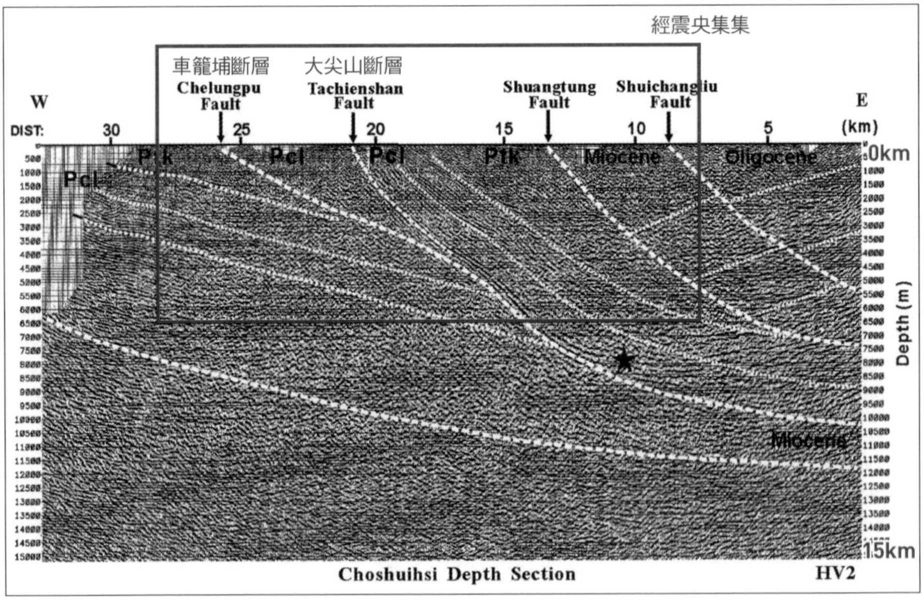

公里就能鑽到，鑽探難度不高、容易取得成果，是TCDP受到世界矚目的原因之一。為滿足各國研究所需，研究團隊在第一口井（A井）相隔三十九公尺處另鑽一口B井，並在B井中再側鑽一段C井，共取出三段岩心讓各國學者各取所需。

鑽井工程於二〇〇五年十月完成後，留下的鑽井也充分「物盡其用」。二〇〇六年七月，研究團隊在A井九百五十至一千三百公尺深度安裝了七個相距約五十至六十公尺的井下地震儀，這是當時全世界最接近斷層帶的地震觀測。中央大學地球科學學系助理教授林彥宇說明，這些地震儀屬於短週期地震儀，適合記錄震矩規模二以下的微小地震，三個地震儀位於斷層上盤，三個位於下盤，中間那一個恰好位於斷層面上，這樣的配置是為了盡可能捕捉到斷層的一舉一動：「以反射震測法測繪地下構造需要非常多資料處理的過程，不同的人來處理資料結果可能略有差異，根據國外研究，微地震會集中於斷層面上發生，我們當時希望可以透過微地震的分布，清楚勾勒出這條斷層的長相，包括它的寬度、深度等，這與反射震測法相比，有點像是氣象衛星遙測反演的結果與直接觀測的差別。也因此雖然七個地震儀都很重要，但我們對中間那一個特別寄予厚望，如果地震就發生在旁邊，一定可以記錄到非常漂亮的資料。」

出乎意料的是，六年過去，研究團隊完全沒有記錄到任何微地震。這種與預想不同的情況是科學研究的常態，林彥宇推測，這顯示車籠埔斷層北段累積的應力已在九二一地震時完全釋放，又回到重新累積應力的「鎖定」(locked)狀態[22]，因此無法產生微地震。

沒有S波——「均向地震會在自然條件下發生」躍上國際期刊

雖然車籠埔斷層面上沒有發生任何微地震，但在斷層下盤、深度約一千三百至一千八百公尺處，井下地震儀卻記錄到許多規模零到負一點五間的微地震，奇怪的是，這些微地震不像板塊擠壓、斷層錯動引發的地震，只產生壓縮波（P波）而沒有剪力波（S波）。

一般板塊擠壓或斷層錯動所造成的地震，由於伴隨地層剪切面的相對移動，因此會產生剪力波，但如果是地底某一點發生爆炸，震動會從這一點向四面八方傳出去，而沒有特定的方向與剪切面的相對移動，依據這樣的特性，馬國鳳將這類沒有剪力波的地震命名為「均向地震」（isotropic event）。

為何地底下會持續發生類似微小爆炸的事件呢？車籠埔斷層下方的地層，是以砂岩、頁岩為主的桂竹林層，具有高滲透性，馬國鳳推論，當年車籠埔斷層錯動時，強大作用力把斷層面磨成極細的不透水斷層泥，就像一個蓋子蓋在桂竹林層上方，使該處地下水無法向上流出，只能不斷累積在此處，液壓不斷增加，最後將積水區周圍的岩石瞬間撐裂出二至五公分的裂縫，引發微地震。[23]這項研究成果發表在二〇一二年七月二十七日的《科學》（*Science*）期刊，論文作者之一林彥宇表示，這項發現之所以特別，是因為觀測結果證實了均向地震會在自然條件下發生，以往發現性質相似的地震都是人為引發。

均向地震的發現，顯示我們對地震還有許多未知，而要對地震有更多瞭解，觀測資料的品質提升是不可或缺的一環。早期地震研究多以地表測站的紀錄為主，像是洗衣機、車輛經過的震動雜訊都會影響資料品質，另一方面，「從震源到地表地震儀的那塊區域，某種程度上主宰了你看到的地震波長什麼樣子，就像盆地效應中地震波通過鬆軟地層時會放大一樣。」林彥宇說，把地震儀擺在地底，就像是戴上眼鏡一樣，可以盡可能排除這些干擾，讓研究者看到未被這些因素影響的地震波。車籠埔斷層井下地震儀在鑽井東北方約十到十五公里的三義埔里地震帶，平均每日可以記錄到約十個規模零到二的微地震，與同一區域地表觀測網每二至三日僅記錄到一個微地震相比，即凸顯出井下地震儀對監測微地震的重要性。[24]「這也是為何美國、日本都要把地震觀測網地下化的原因。」

微地震觀測：不能因為可能錯就不去做

中央氣象局自二〇〇七年起也開始建置井下地震儀觀測站，視岩盤深度將地震儀設置在三十至五百公尺深的地底，每個測站包含井下寬頻地震儀、井下強震儀與地表強震儀，至二〇一八年止已完成所有六十二站的建置工作，完整涵蓋全臺有效監測範圍，透過降低雜訊影響，提昇地震速報預警精確度及時效。[25]林彥宇認為，中央氣象局建置井下地震儀的決策，或許不盡然是受TCDP的影響，「因為這是世界趨勢，不過我想我們的研究成果會讓他們更有信心去做這件事，有了更高品質的資料，學界也能做更好的研究。」

記錄微地震是車籠埔斷層井下地震儀的重要目的之一，不過微地震又不會帶來災情，為什麼研究人員要關注它呢？林彥宇說，一般人關心的地震預測，甚至是在大地震發生前先想辦法把累積的應力釋放掉等減災措施，也是科學家的終極目標，但以我們對地震的理解程度，在達到這些終極目標前，還有非常多基礎研究要做，包括微地震在內。「一個造成斷層破裂長度將近一百公里的大地震是很複雜的，微地震則相對單純，等我們累積了足夠的微地震知識，或許就能知道地震如何開始、如何變大、如何停止，進而有機會阻止大地震發生，這可能是一、兩百年後的事，但是現在沒有充分的基礎研究，未來就不可能實現。」

微地震研究或許能夠發揮見微知著的效果，但林彥宇也強調，目前要將微地震視為大地震前兆還言之過早，「或許累積愈來愈多資料後會發現這研究方向是錯的，但不能因為這樣就不去做。」畢竟，臺灣直到一八九七年才引進第一部地震觀測儀，面對地震這個已有億萬年歷史的自然現象，我們所能做的只有把所有可能通往終極目標的路都走一遍。

（本文作者：林書帆）

5-4 監測海底地震：中央氣象局「媽祖計畫」（MACHO）

二〇〇四年底十二月二十六日，南半球的印度洋因蘇門答臘外海規模八．五地震引發前所未有的海嘯，當時死亡人數高達二十九萬多人。南亞海嘯讓世人嚴正省思現有的海嘯預警系統是否完備，位在地震帶周邊的沿海國家無不加緊強化觀測設備，並加強海嘯防災意識。臺灣身處西太平洋地震帶，對此議題並沒有缺席。

臺灣東部外海目前正有一條如臍帶似的、連結宜蘭頭城海邊與東北方太平洋海底的超長電纜；在功能上，它更像是一條巨型的海底聽診器。這是名為「臺灣東部海域電纜式海底地震儀及海洋物理觀測系統建置計畫」（Marine Cable Hosted Observatory）的巨大設施，由中央氣象局負責執行。該計畫的縮寫MACHO因為發音類似「媽祖」，具有保佑祈福、與自然和平共處的意思，因而多以「媽祖計畫」稱之。其設計概念是在海底裝設地震儀，

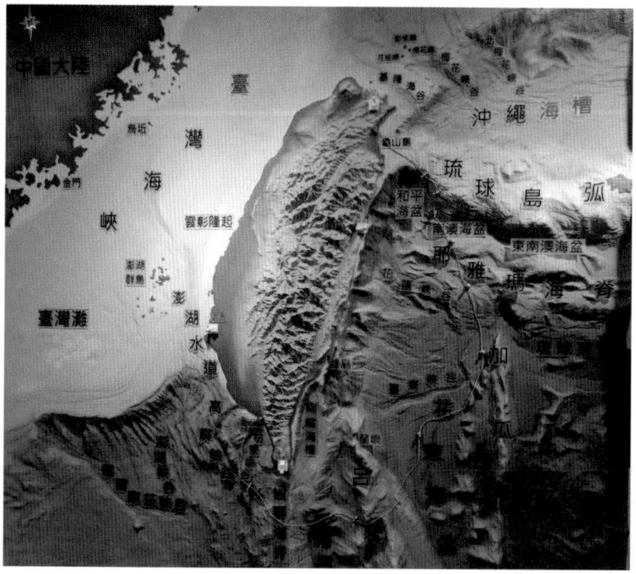

「臺灣東部海域電纜式海底地震儀及海洋物理觀測系統建置計畫」（Marine Cable Hosted Observatory）——媽祖計畫電纜布線圖
（圖片來源：中央氣象局）

並藉由海底光纖電纜將海底地震訊號快速傳回地上機房計算處理，為的就是希望增強東部外海地震與海嘯監測效能。有趣的是，這條掌握東部海岸命脈的纜線建設，最初的啟發並非來自於南亞海嘯。

現任中央氣象局地震測報中心副主任、也是第一與第二期媽祖計畫執行負責人之一的蕭乃祺[26]，回憶南亞海嘯事件，有很多感觸：「當時我擔任的是『地震與海嘯觀測課』課長，在那之前對於海嘯並沒有很深的感觸，就只記得在學校學過海嘯形成的機制。直到南亞海嘯發生，我才真正感受到海嘯可以造成的威脅有多大。」然而問及海纜建置與南亞海嘯的關係，蕭乃祺說明南亞海嘯雖然對計畫執行有正面影響，但更早的契機其實與龜山島有關。

溯源自龜山島監測，因南亞海嘯強化發展

二〇〇三年，因龜山島火山活動被證實可能有造成地震與海嘯、危害臺灣東北一帶之疑慮，加上當時龜山島僅有一座陸上地震監測站，解析力仍不足，中央氣象局遂規劃龜山島火山地震活動監測的措施。當時計畫草擬與成形推手為現任中央氣象局地震測報中心主任陳國昌，原來的設想是在海床架設幾個海底地震儀來記錄龜山島的火山地震活動，然而這種海底地震儀無法即時回傳訊息，而是得等在海底記錄一陣子後再打撈上來收取資料，不具備即時防災的功用。中央氣象局因而參考國外的做法，考慮裝設海纜地震觀測系統，以能即時回傳觀測訊息。

當時全球僅有幾個國家有做海纜地震監測系統，像是美國與加拿大合作的海神計畫（NEPTUNE）

在東太平洋板塊隱沒帶上建置大規模海底電纜觀測系統，歐盟有跨越歐洲海域的網狀式電纜觀測計畫ESONET，日本甚至從一九七〇年代，還沒有光纖技術之前，就已經開始建置海纜式海底地震儀，且在二〇〇七年前就已在東部外海設置了九條海底電纜。中央氣象局雖然自一九九〇年代開始陸續裝設密度極高的陸上地震觀測系統，但是對於海底地震儀的設置以及鋪設海底電纜的技術仍相當陌生。為求慎重，氣象局廣邀臺灣大學、海洋大學、中央大學等多個學術單位組成專家小組到這些國家觀摩取經，也在臺灣舉辦研討會，邀集國外專家來臺分享經驗。

二〇〇四年南亞海嘯後，政府更加注重地震海嘯防災議題，強調要強化海洋科技研究、整合學術研究與防災議題。為了這個目標，原來的「海纜式地震儀建置計畫」，於二〇〇六年二月修改成為「臺灣東部海域電纜式海底地震儀及海洋物理觀測系統建置計畫」，並於隔年開始執行。完成後的海纜將環繞整個臺灣東半部，除了加強東部外海地震的監測能力，也成為面對東部海嘯監測的最前線。雖然就歷史資料來看，地震比海嘯的威脅大很多，但臺灣遭受海嘯危害的案例還是有，像是一八六七年的基隆海嘯。「臺灣的歷史海嘯紀錄雖然還很短，不代表之後不會發生，就風險管理來說，有這樣的威脅，就該有相對應的準備，畢竟海嘯是低頻率但高風險的事件，一發生起來就可能是巨災。」蕭乃祺補充。

要解析臺灣受海嘯威脅的可能性有哪些，就得先瞭解引發海嘯的機制，以及臺灣周圍的地體構造。本書第三章有提及，造成海嘯有兩個很重要的要素，第一是海底需要由深至淺的緩和地形；第二是震源效應，除了地震規模外，還要看斷層的錯動方向。蕭乃祺解釋，以較有可能產生海嘯的正斷層或逆斷層為例，通常震波會順著斷層滑移方向、也就是垂直斷層走向的方向傳遞，因此位於斷層走向上的地區反而不容易受到海嘯侵襲。像是三一一海嘯發生時，臺灣雖然有發布海嘯警報，但實際上臺灣沿海幾乎不受影響，因臺灣並不在東日本構造帶的垂直方向上，反倒是遠在東太平洋的加州沿岸有遭遇三一一海嘯帶來的災情。

依據這些要素檢視臺灣周邊的幾個構造，如第二章臺灣地體圖所示，東北緊鄰琉球海溝、西南邊則有馬尼拉海溝，由於距離臺灣很近，大規模錯動有可能引發海嘯侵襲臺灣沿岸。另外最有可能的海嘯來源來自臺灣東部外海、菲律賓海板塊東緣的亞普海溝，其錯動造成海嘯將直撲臺灣東海岸，所以適時的監測工作不可輕忽。

目前海纜架設以宜蘭頭城為起點，向中華電信租用頭城會館一層樓做為資訊機房，纜線由該處沿岸向外延伸至目標地點。第一期纜線拉至宜蘭海谷的附近，並在前端節點裝設一組觀測儀器，除地震儀、海嘯壓力計外，還附加溫鹽深儀與水下聽音計等儀器，研究層面除包含地球物理觀測，也可做海洋生態調查。「像是水下聽音計主要可能是做鯨豚研究使用，這些資料雖然氣象局用不上，但節點式設計卻可以讓其他領域的學者有機會一同使用海纜資源，增加海纜使用的效益。」蕭乃祺說。

事實上，媽祖計畫不只有海纜鋪設工程，還整體考量了遠海海嘯監測以及臺灣陸地地震監測能力的提升。像是中央氣象局在東部與西南部外海各裝設了一臺海嘯浮標，負責接受海面起伏的信號。會這樣裝置是因為海纜與海嘯浮標的裝設目的不同，近臺灣地區鋪設的海纜負責監控離臺灣較近的地震與海嘯危害；至於遙遠的地震活動或許不會影響到臺灣，唯一會影響的就是遠洋地震所引發的海嘯，

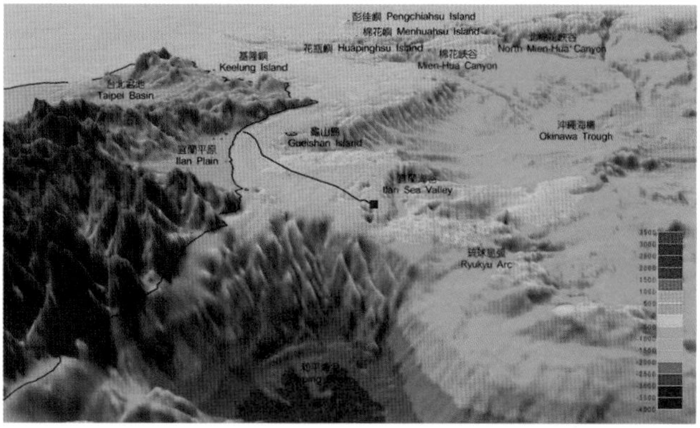

媽祖計畫第一期規劃的建置環境示意圖（圖片來源：中央氣象局）

目前東部與西南外海的海嘯浮標就是分別監測來自亞普海溝與馬尼拉海溝的海嘯事件。

此外，臺灣陸上的地震監測站雖然密集，但仍有很多改進空間。因過往架設的地震儀都在地表，而臺灣地狹人稠，地震儀難免會記錄到人為的干擾，井下地震儀的設置就變得非常重要。從二〇〇七年第一期工程進行時，中央氣象局就一併在臺灣本島各處、地下一百至三百公尺深處陸續設置井下地震儀，除了以記錄災害性地震為主的強震儀以外，也裝置了寬頻地震儀，這樣各類型的地震波都能被記錄仔細，至今已經在臺灣全島共裝設了六十二個井下觀測站，由這些井下與地表的觀測站獲取之完整資料除了提升地震資料品質外，也有助於學者對地震活動機制、大地構造運動等有更深入的認識。東部海纜、海嘯浮標與陸上井下地震儀的設置，使得臺灣陸地至東部海域的地震監測效能產生全面性的躍進。

其實最初提出計畫時，中央氣象局原本預期一次建造長達二百公里、附有四套地震海嘯觀測儀器的海纜系統，因當時國家預算有限，初期海纜長度僅做到四十五公里，但這反而使得氣象局有了更大的進步空間。「畢竟當時沒有經驗，」蕭乃祺表示，「我們不知道建設過程會發生什麼事，將第一期定義為前導計畫，先做一段看看成效，覺得不錯就繼續擴建。」

下海可以大幅縮短東部地震預警時間

第一期海纜成果雖然僅為前導，政府建置海纜系統的想法並未停止，畢竟海嘯防災關乎人民生命財產安全，加上第一期計畫以「學習」為目標，任何成功與失敗的經驗，都能讓後續的建置更加完善。

二〇一一年東日本大地震造成的海嘯事件，是南亞海嘯後，海纜建置計畫被關注的第二高峰。因日本為臺灣鄰近國家，發生如此嚴重的海嘯事件，讓臺灣更加關注海嘯議題。蕭乃祺回憶當年剛好是第一期海纜鋪設與儀器安裝工程正在準備進行的時候，「那時發生了一件趣事，三一一海嘯後沒多久，鋪設海纜的船於十六、十七日停靠在基隆港，當時局裡有邀請記者媒體前往採訪，有記者認為中央氣象局效率很高，海嘯發生後臺灣馬上就鋪海纜，但其實局裡早就在

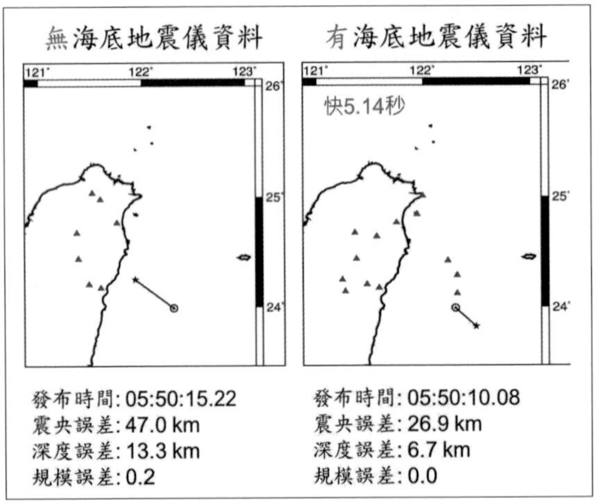

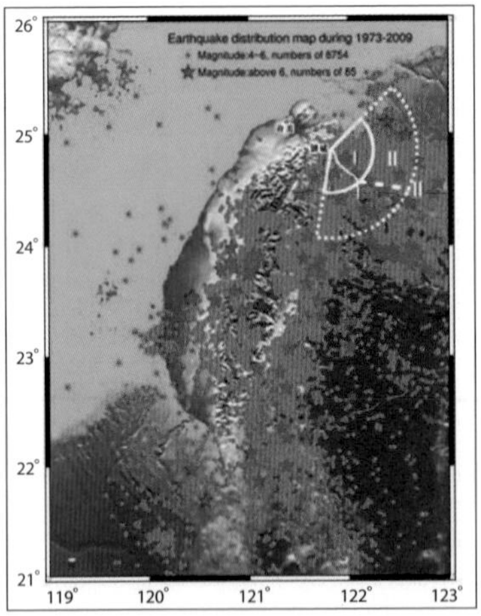

① 1973至2009年臺灣地震分布圖。紅點為規模四到六的地震震央、紅星則為規模六的地震震央。可見臺灣東北海域星點分布較為密集。（圖片來源：中央氣象局）

② 海底地震儀裝設的震央解析力比較。海底地震儀的設置讓東部外海的地震解析速度提升、且解算誤差明顯下降。（圖片來源：中央氣象局）

②|①

做了！」問及南亞海嘯與東日本海嘯是否加速了計畫的進行，蕭乃祺倒是思考了一下，「媽祖計畫的建置一直很穩定地進行，二〇〇四年的南亞海嘯的確讓政府更加重視海嘯危害，但早在三一一海嘯發生以前，臺灣就持續不斷建置海纜系統了，三一一海嘯只是讓鋪設海纜這件事變得更有意義。」

從數據上得知，海纜系統的建設無論是過往他國的經驗，或是第一期的設置結果，都證實已經有效提升外海地震之監測精準度。根據地震發生位置的統計結果，臺灣有七成規模六點零以上的地震都發生在東部外海，在過去沒有海底地震觀測站的時候，這些海底地震都僅能用遙遠的陸上監測站觀測，不僅震央可能定不準、地震儀也需等候一段時間才能收到地震訊號，加上電腦自動運算耗費的時間，地震預警效益就會大打折扣。海纜式地震儀的建設，有機會在更接近震央的位置搶先接收地震訊號，透過光纖電纜幾乎不耗時地將資訊傳遞至陸上機房運算，除了能將地震震央計算誤差縮減至五公里以內，還能多爭取幾秒的預警時間。

整體而言，中央氣象局期望「媽祖計畫」除了提升東部外海地震預警能力，爭取十至數十秒的應變時間外，海嘯預警能力也能提升，「因為目前海嘯預警是根據地震參數去做評估的，」蕭

海纜布建作業情境（圖片來源：中央氣象局）

乃祺解釋。此外，這套系統仍然具有監測龜山島火山活動的功能，且還能針對微地震做監測，除了能更清楚臺灣鄰近地區的地體構造外，蕭乃祺提到：「微地震的研究有助於偵測大規模地震發生的前兆，這理論尤其在二〇一一年的東日本大地震後，更受學者們所關注。」最後就是藉由媽祖計畫促進我國海洋科學與水下科技的研究發展。

化危機為轉機：破壞後促使海纜設計升級

媽祖計畫從第一期的前導計畫至今已進入第三期工程，預計二〇二〇年將能完工。這輾轉十二年間，蕭乃祺從前兩期的執行負責人，到現在功成身退，轉由其他同仁負責。檢視這些年來媽祖計畫技術的轉變，最大的不同點在於「安裝觀測儀器的方式」。

第一期海纜參考的是歐美的節點設計，它就像是多插座的延長線，在海纜尾端有四個接點，可以自由接上四個觀測平臺，不過第二期開始，所有的海纜、包含第一期的海纜，全都換成了日本的一體成型（in-line）設計，也就是地震海嘯監測的儀器連同線路一同被包在海纜外皮內，這個轉變起因於二〇一四年的一場意外。

當時中央氣象局發現海底地震儀與其他儀器的訊號不再回傳至機房，經檢測，才發現海纜尾端包含節點、水下聽音計、溫鹽深儀、海嘯壓力計等全被破壞且消失無蹤，僅剩地震儀因埋在海底而逃過一劫。中央氣象局懷疑這可能是底拖漁船在海上作業時，機械不小心破壞海床所致，只是是哪一艘船破壞的、毀壞的儀器又在茫茫深海的何處，都難以掌握，中央氣象局不得已只能接受事實。

儀器受損事件是中央氣象局始料未及的，畢竟在裝設海纜以前，該做的水下調查以及風險評估都有做足。中央氣象局曾評估，知道底拖漁業最容易影響的深度範圍平均大約是兩百公尺，節點與前面連結的終端器當時裝設在水下二八七公尺深左右，在那之前的海纜全都有埋到海床下，僅此處以下部分是建置在海床上，為了將來能較容易地依照需求在節點處裝設新儀器，蕭乃祺也補充說明：「這也是為何在頭城與龜山島中間並沒有設置海底監測站，因為水深實在太淺了！容易遭到漁船作業破壞。」

經由這次事件，中央氣象局針對第二期的工程設計就更加小心，除了海纜全改成一體成型設計，也規定水下六百公尺以內的海纜全部都要埋到海床底下一・五公尺深處。安全措施相較過去

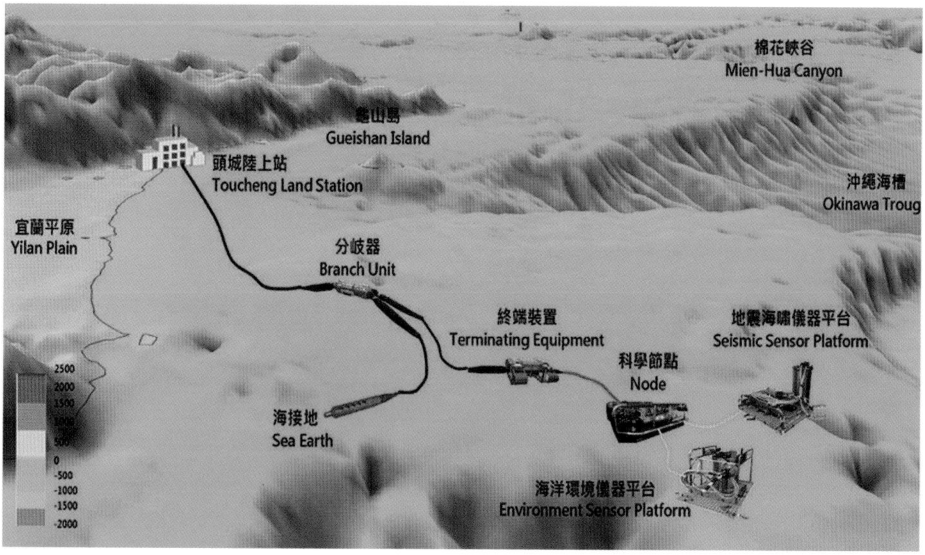

媽祖計畫第一期規劃的海纜系統示意圖（圖片來源：中央氣象局）

提高了非常多，可惜之處可能在於，這種設計無法像過去節點型海纜可以自由裝設其他儀器，目前的海纜監測與研究將專注於地震與海嘯活動。

二〇二〇年，臺灣東部海域的海纜鋪設工程就能完工，屆時整條纜線會從宜蘭頭城出發，環繞東部外海的地震帶，最後繞至臺灣南部，於屏東枋山上岸，形成一個大型迴路。蕭乃祺表示，海纜鋪設的位置比地震帶分布區更向東靠，主要也是考量海纜的安全性。因為臺灣東部近海處是商業海纜很容易受損的區塊，但跟宜蘭外海不同，不是由底拖漁業造成的，畢竟東部海岸至海床深度落差很大。這裡的海纜受損主要是因為陡坡、加上河川沈積物從出海口灌入東部海域造成的海底山崩。事實上，二〇〇六年十二月，屏東地震即造成海底山崩導致海纜中斷。為此，東部的海纜必須從理想位置再往東移，避免損壞，缺點就是纜線變長後，經費也得提高。

避開易損害地區的另一項現實考量在於經費。蕭乃祺坦言目前海纜尚無法進行定期維護，因為成本實在太高、維護不起。二〇二〇年鋪設完工後，海纜受損所造成的影響就不會像之前那麼大，因為就算海纜其中一段遭任何原因受損，受損處兩側的所有儀器仍可分別將監測資訊傳至兩側的陸上機房，中央氣象局會有充足的時間將受損的部分修補起

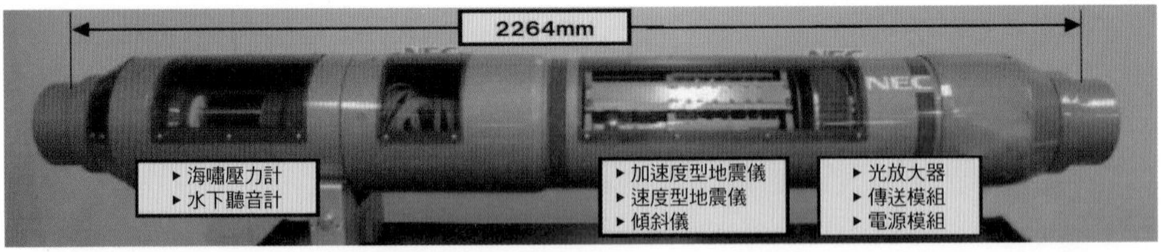

氣象局海纜觀測系統即時觀測站外觀圖。觀測站外觀為橫放的長條形耐水壓外殼圓柱桶，長度約2.26公尺，透過海底纜線供電與傳輸資料。配置的觀測儀器包括加速度型地震儀、速度型地震儀、海嘯壓力計等。(圖片來源：中央氣象局)

來。也就是說，之後海纜的資料傳輸穩定性就會提高非常多。

目前中央氣象局正考量，若二〇二〇年順利完成宜蘭頭城至屏東枋山的纜線設置，下一階段的計畫可能會是繼續從屏東枋山出發，再往南鋪設第二條纜線，目標就會是監測西南外海的馬尼拉海溝地震活動。這項計畫仍在規劃階段。

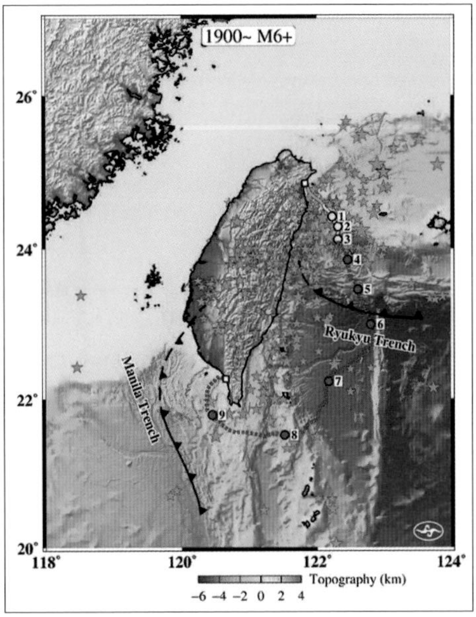

東部海纜鋪設位置示意圖。紅色虛線為目前正在進行工程路線。預計完工後，整條纜線將設有九個地震與海嘯監測儀。（圖片來源：中央氣象局）

如果預警不響？科學觀測有極限

媽祖計畫為中央氣象局於九二一地震後全新的科研計畫，儘管過程遭遇許多前所未見的挑戰，但努力不會白費，推估二〇二〇年媽祖計畫全面建置完成後，自動計算系統可針對陸上地震的解算時間，從十五秒縮短成十秒；而海底地震的解算時間，應能從原來的二十五至三十秒，縮短到二十秒內完成。當然這指的只是地震解算時間減短，而非預警時間的提升，畢竟地震預警的有效性仍得考慮地震發生的位置，但對於較遠的地震，確實會有更好的監測與預警功能。

九二一地震至今二十個年頭，中央氣象局無論在地震解析能力、預警能力以及組織效度方面都不斷進步提升。儘管外界常有批評，蕭乃祺表示，科學觀測本來就會有一個極限在，氣象局身為中央最高地震測報機構，一定會在科學技術與預警能力上持續努力。

現在中央氣象局的工作人員，有許多在九二一地震期間就已經在局裡工作，以蕭乃祺為例，當時他就已經在氣象局服務，地震發生的第一時間就趕到局裡，幾天幾夜嚴守崗位，印象非常深刻的是當時主震後的餘震不斷，蕭乃祺與同仁必須分秒不懈地解算龐大的地震資料；而房間以外，定期會有記者會說明地震的最新消息，精神的確非常緊繃。

「九二一當時給我兩個感受」，蕭乃祺表示，第一個是在書上讀到的冰冷知識，真的親身體驗到了！「大學時我讀的是中央大學地球物理系，那時剛好新竹—臺中地震五十週年研討會辦在系上，我雖有參加，但是這樣嚴重的地震事件對當時的我來說已經事隔久遠，沒有感覺，是九二一地震讓我深深感受到斷層活動如此真實！」

「九二一也讓我體會到地震監測非常重要，尤其後來當到課長，一直會擔心地震測報系統沒有如

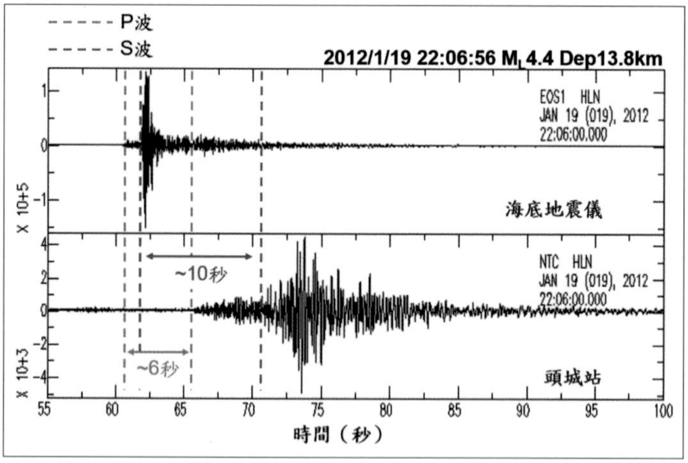

海底與陸上地震監測儀偵測臺灣東部外海地震的接收時間比較圖。可見海底地震儀有機會比陸上監測站提前六至十秒接收到海底地震的訊號。
（圖片來源：中央氣象局）

期發揮功用怎麼辦，很容易睡不好。自己深知，這些地震研究與預警技術開發攸關全民安全，必須要做！」

直到現在，只要有重要的颱風與地震災害，氣象局場內外焦頭爛額的狀況必會發生，被社會大眾抱怨也必須承受下來。每當有新的災害，地震預警與災防技術就有新的學習曲線，不管外界聲浪如何，盡力為民眾守住生命與家園，是災防前線人員的承擔；而此同時，民眾對於災害本質的正確認知，也必須透過一次次的磨難建立起來。

（本文作者：黃家俊）

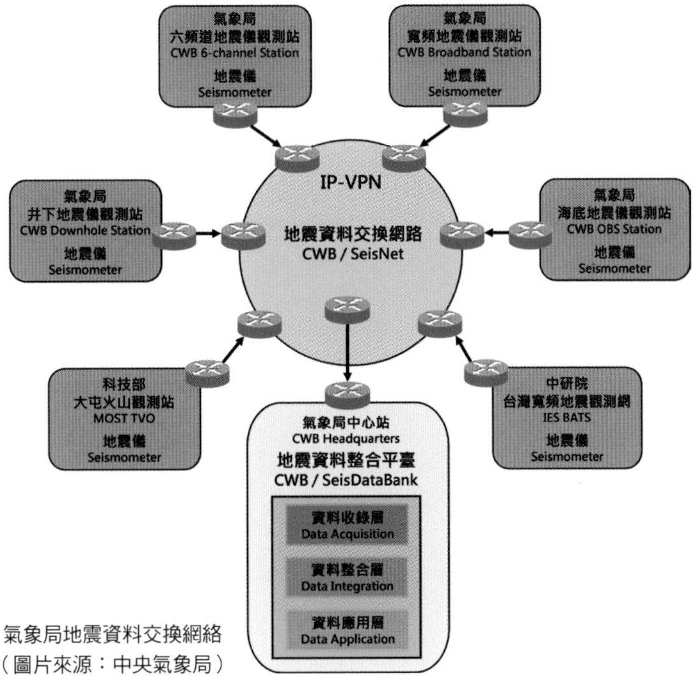

氣象局地震資料交換網絡
（圖片來源：中央氣象局）

注釋

1 鍾仁光編，《集集大地震報告》（臺北：成功大學研究總中心、中央氣象局地震測報中心，二〇〇一年十二月）。

2 庫柏（J.D. Cooper）將此概念發表於San Francisco Daily Evening Bulletin, Nov. 3.的〈Letter to editor〉文中，於Jochen Zschau, Andreas N. Kueppers所編撰的《*Early Warning Systems for Natural Disaster Reduction*》一書中被引述。

3 蕭乃祺，〈臺灣即時強地動觀測於地震預警之應用〉，《國立中央大學地球物理研究所博士論文》（二〇〇七年）。

4 Narkmura,Y. (2004). The earthquake early warning system UrEDAS:today and tomorrow. 轉引自蕭乃祺，〈臺灣即時強地動觀測於地震預警之應用〉，《國立中央大學地球物理研究所博士論文》（二〇〇七年）。

5 目前主要使用的地震儀分為三類：速度型短週期地震儀、速度型寬頻地震儀與加速度型地震儀。前兩種速度型地震儀所收錄到的地震紀錄，即為測站當地因地震所產生振動的振動速度值；此類型地震儀為一靈敏性極高的觀測儀器，可以記錄到極為微小的地盤振動，一般無法被人感覺到的無感地震亦可被速度型地震儀所監測，因此其所收錄到的地震紀錄巨細靡遺。由於儀器本身設計原理的限制，大地震所產生的劇烈振動常常會使儀器的紀錄過大而超出紀錄範圍，無法真實反應出各地的振動情形，所以此類型地震儀並不適用觀測規模較大的地震。速度型短週期地震儀能監測週期短、頻率高的地震波，但缺點是週期長、頻率短的地震波便無法完整記錄。而速度型寬頻地震儀在九二一地震後普設，能監測到不同週期長短的地震波，又比加速度型地震儀更能捕捉小規模地震的訊號。而加速度型地震儀則主要使用在強地動觀測網，因解析尺度大，能完整記錄規模大的地震資訊，但背景雜訊可能就將規模小的地震訊號蓋掉，但極適合觀測強震。（資料來源：臺大地質系，http://gis.geo.ncu.edu.tw/921/teach/速度型地震儀.htm；陳慈忻，〈地震觀測站該設在哪？〉，《科技大觀園》（二〇一三年四月），https://scitechvista.nat.gov.tw/c/sZ4J.htm。）

6 一九九〇年從原有十九個地震站，增建三十一個新站，並納入中央研究院地球科學研究所臺灣遙計式地震觀測網（TTSN）二十五站，總站數增至七十五站，每個測站增設三分量速度型短週期地震儀。

7 其實臺灣一九七三年即建立全臺性強震觀測網（Strong Motion Accelerographic , SMA），一九八二年中研院地球科學研究所正式成立後，在宜蘭羅東地區設置第一個強震儀陣列（Strong Motion Array in Taiwan, Phase1 , SMART1），隨後在一九八五至一九九〇年間陸續在羅東、花蓮、中央山脈等地設置強震儀陣列與大尺度強震儀陣列。

8 同注3。

9 強地震觀測網分為自由場（free-field）、結構物兩種觀測網，後者將觀測陣列設置於橋梁上或建築物中，量測建物遇到地震時的震動情形。而自由場則是不在任何建築物內、不受建物影響，觀測地盤振動。

10 根據資料顯示，氣象局設立了六八九個自由場強震站及六一座的結構物監測系統，截至二〇一七年已收錄強震紀錄超過二十萬筆。

11 「子網」的概念是將全臺的即時強震站再細分為數個較小的網路，如將北部畫成一區、花蓮畫成一區。當子網的儀器偵測到地震時先行分析處理資料，比起處理全臺的資料，較少測站的子網可在運行時間上大幅縮短，同時在準確度上保持可接受的範圍。（吳逸民，〈臺灣發展地震預警的過往雲煙〉，《震識》（二〇一七年七月四日），https://quakeledge.blogspot.com/2017/07/blog-post.html。）

12 郭雅欣，〈地震預警該上路了〉，《科學人雜誌》（二〇一一年），http://sa.ylib.com/MagArticle.aspx?Unit=featurearticles&id=1756。

13 三聯科技。

14 參考中央地質調查所網站：https://fault.moeacgs.gov.tw/TaiwanFaults_2009/PageContent.aspx?type=C&id=148。

15 陳于高等人，〈熱螢光（TL）定年法〉，《地質》第十六期第一卷（一九九七年），頁一七三至一八九。

16 馬國鳳，〈九二一地震啟示錄：科學家的課題〉，取自https://quakeledge.blogspot.com/2018/09/blog-post921-2.html。

17 Kuo-Fong Ma, Emily E. Brodsky, Jim Mori, Chen Ji, Teh-Ru A. Song, and Hiroo Kanamori. (2003). Evidence for fault lubrication during the 1999 Chi-Chi, Taiwan, earthquake (Mw7.6). *Geophysical Research Letters*, vol. 30, no. 5, 1244, doi:10.1029/2002GL015380

18 見《由TCDP岩芯及井下地震儀分析斷層地震動力特性研究成果報告（精簡版）》以及林彥宇參與ICDP工作會議之心得報告，文字經作者略為修改。取自https://www.grb.gov.tw/search/planDetail?id=1667880。

19 根據陳柏村、盧詩丁、江婉綺《地質敏感區劃定的規劃與研究——以車籠埔斷層帶及新竹斷層為例》的說明：「較大的斷層通常都不僅只具有一個單純的滑動面，而是一系列斷面的集合，各細微間之岩體受斷層作用而破碎，因此這個破碎的地帶稱為斷層帶（Fault Zone）、斷層變形帶或斷層擾動帶。此外，大規模的斷層帶中，常有數個主要破裂與位移位置，通常將其中最主要者稱為主斷層，而將次要、規模較小者稱為分支斷層。」TCDP的目標是車籠埔斷層「帶」在九二一時錯動的主斷層。

20 蔡義本、王乾盈、馬國鳳、洪日豪、宋聖榮，〈鑽穿九二一地震斷層：「臺灣車籠埔斷層深井鑽探計畫」〉，《自然科學簡訊》第十九卷第一期（二〇〇七年二月），頁一四。

21 Ma, K. F. et al.(2006) Slip zone and energetics of a large earthquake from the Taiwan Chelungpu-fault Drilling Project. *Nature* vol. 444, 473–476, doi:10.1038/nature05253

22 關於斷層鎖定與活動的進一步探討，可參考陳卉瑄〈斷層「動靜之間」的學問—關於「潛移斷層」〉、阿樹〈斷層上的短暫瞬間：動與不動之處〉，網址分別為https://quakeledge.blogspot.com/2017/06/blog-post.html、https://quakeledge.blogspot.com/2017/07/blog-post_11.html。

23 均向地震發現過程及其特性，參考李名揚，〈地下水壓造成的極微小地震〉，取自http://sa.ylib.com/MagArticle.aspx?Unit=easylearn&id=2057。

24 林彥宇，〈車籠埔斷層之微地震監測〉，取自https://tec2.earth.sinica.edu.tw/upload/publications/html/201806/20_01.php。

25 中央氣象局，《106地震年報》，頁十，取自https://www.cwb.gov.tw/V8/C/A/yearpaper.html；中央氣象局，《「地震及海嘯防災海纜觀測系統擴建」計畫書》（二〇一四年），頁二四至二五。

26 當時同為計畫執行負責人的還有林祖慰課長。

CHAPTER **06**

那些人，那些事

九二一重建故事

雲林草嶺國小（攝影：許震唐）

九二一地震至今二十年，本章嘗試從不同區域引申出的不同方法，來檢視重建經驗。回到九二一地震的震央、也是災情最為嚴重的埔里。九二一當時，南投縣內唯一一所大學——國立暨南國際大學——從地震發生後第一時間棄校離去到一學期後重回埔里與社區站在一起，他們學習以教學研究的能量成為地方創新方案的智庫，這經驗不僅限於天災後的重建，也可以成為每一個重視社區工作的高等教育機構參考。

九二一地震後，許多山區原住民部落受災嚴重，然而一旦面臨遷村的抉擇，就會產生極大的對立。本章沿著臺中大安溪一路往上游來到被地震重創的三叉坑，人們看到原住民的遷與不遷，都是為了保全部落的完整。而一個外地的、漢人的慈善團體如何培力在地族人做自己部落的重建，並找到傳統的「一起」價值開展出重建信心——「部落廚房」正是一個撐得很辛苦、卻堅持了二十年，且會繼續「一起」的例子。

雲林草嶺同為山區村落，大震後面臨的是不同問題。草嶺幾乎全村的人都靠觀光維生，但九二一地震後山崩重創村落，最快的返家道路中斷了二十年，就連小學都因學生跟著家長下山謀生而人數銳減，面臨廢校。直到村長聽說聯合國教科文組織正在推動強調社區參與的「地質公園網絡」，小學的老師們也朝著地質特色發展，整個草嶺才終於找回生機。地質公園於二〇一六年入《文化資產保存法》後，臺灣的地質公園正式擁有法制地位，這在全球推動地質公園的四十一個國家都是少見的先例。

九二一地震除了山區受災嚴重，人口密集的都會區也有多處遭到重創。臺中霧峰的太子吉第為全倒的集合式住宅，由於高達八成的住戶想要重建原社區，於是成立了向心力極強的自救會跟太子建設談判、申請假扣押，並由社區內不同專業的人分頭負責自己擅長的項目，最後在九二一基金會臨門一腳的「臨門方案」下，以都市更新方式成為九二一震災中第一個住戶與建商和解重建的社區。

九二一後有許多組織和團體投入重建工作，財團法人九二一震災重建基金會在當時集結了國內捐款共計約新臺幣一百四十億，基金會運作歷時九年，執行長謝志誠直接進入重建區與受災戶和民間組織對話、瞭解需求，透過專訪，試圖回答這樣的一個單位與角色，在災後如何妥善運用大眾捐款。

此外，許多宗教組織在重建工作中擔任要角。本篇以臺灣基督長老教會為例，看看他們如何從運用原有的鄉鎮與部落教會成立起十七個關懷站，執行長黃肇新又是怎麼結合社會福利和社區營造兩種取向支持關懷站協助社區重建。然而，最後長老教會並未留下組建出的體系。本篇記錄其開始與結束，以及提出的疑問，希望能做為民間機構投入救災的參考。

921 地震埔里災情慘重，圖為倒塌的埔里鎮公所。（攝影：柯金源）

6-1 大學在地方：南投埔里

南投縣埔里鎮是臺灣的地理中心，群山環繞下的盆地原是泰雅族、賽德克族與布農族的生活區域，但清朝年間漢人移入，又引平埔族大遷徙進入墾荒，現今的埔里鎮已是多元族群共居之地。因生活機能完整，鄰近亦可通往國姓鄉惠蓀林場、魚池鄉日月潭、仁愛鄉清境農場與合歡山等知名景點，因此成為南投縣東北部在經濟、文化、觀光、醫療上的區域中心。

然而，九二一時埔里鎮上的房屋倒塌了五千八百多棟，就連要救人的「榮民醫院埔里分院」也損傷嚴重，「埔里基督教醫院」（簡稱埔基）更是為了安全，工作人員或背或抬、或用被單包裹病患，以人力接駁方式將病患全部遷往停車場，海鷗救難小組的直升機第一天就起降九十三趟次將緊急病患轉往臺中，但仍有許多傷者等不及救援。這個擁有八萬八千人的小鎮，在九二一地震中有一百八十一人逝去，是南投縣死亡人數最多的鄉鎮。

志工進入埔里，暨大師生集體離開

國立暨南國際大學（簡稱暨大）在九二一地震前四年成立於鎮郊的山上，地震發生時，第二屆大一新生前一天才剛報到入住。七月甫上任的李家同校長眼見教學大樓梁柱毀壞、女生宿舍牆壁龜裂、多處水管線破裂，基於師生安危與學生受教權，在兩個星期內未經校務會議討論即已迅速談妥外校上課事宜，十月十三日借用臺灣大學的教室正式復學。

此舉在埔里鎮上引起一陣譁然，重大災難之際，外界志工不辭辛勞一批一批進入埔里救災，暨大師生卻像是局外人般集體離開，令鎮民失望與反感。尤其是暨大所在的桃米里，原本就因學校汽機車出入、汙水排放和廢棄物處理等問題導致關係有點緊張，九二一時桃米里的倒塌房屋高達六成，學校師生卻一走了之，居民更是無法諒解暨大的置身事外。最終，李家同校長在承受三個月的輿論聲浪後辭職下臺。

暨大北遷那一學期，有少數老師決定留在埔里，每週固定於上課日再搭清晨的客運北上授課，公共行政與政策學系的江大樹就是其一。九二一之前有兩位遷居埔里的資深媒體人創立社造團體「新故鄉文教基金會」（簡稱新故鄉），因地震後百廢待興，便邀請沒有出走的江大樹接下執行長重擔，一方面輔導社區重建，一方面對政府提出建言。自認門外漢的江大樹謙稱：「社區工作本來不是我的專業，我是研究地方政府的。」但沒有迴避知識分子責任的他因此全程見證了埔里的重生。

教授幫不了社區，讓專業的來

新故鄉在災後工作最高峰時，有二十幾位專職人員、一千多萬經費，與不同的團隊合作校園重建、生活重建、關懷受災弱勢婦女等方案，是眾多民間團體中頗受肯定的單位。因此，受災的桃米里里長也找上了新故鄉，希望能協助農業沒落、青壯年外移、人口老化的桃米社區找出未來的發展方向。

二〇〇〇年初，當暨大師生結束一學期的北部寄讀返回埔里，江大樹自告奮勇盤點校內有哪些專業可以協助桃米。然而暨大畢竟是個新學校，初期的老師多為借調且年紀尚輕，「真正能夠在地化的不多，找了七、八位，但跟民眾開會後發現，我們老師沒有一個是對社區有幫助的，因為社區要的是資源、是計畫，是實際上承諾的投入……我們沒有建築系等技術面的科系，只是會做研究、寫論文，對重建沒有幫助，包括我自己在內。」

江大樹承認自己早期的角色很弱，就連申請到的計畫經費都只能給研究生而無法直接幫助災民，「我們的貢獻就是『陪伴』，花多一點時間來鼓勵你，不用那麼短的時間就要看到重建的成果；或培力你，如果你想要什麼協助，我們找外界NPO或政府的資源。」也因此，江大樹長達好幾年的時間總是將出席會議的車馬費捐給社區，他認為自己只是義務提供自己有限的知識。

在以教學研究為取向的暨大還無法立即供應社區的需求時，新故鄉先申請了勞委會[1]的臨時就業方案提供桃米居民基本收入，再以「護溪」做為凝聚社區共同感的暖身。二〇〇〇年五月，新故鄉委託位於南投集集鎮的「特有生物研究保育中心」（簡稱特生中心）祕書彭國棟到桃米里做生態調查，花了三、四個月的時間，彭國棟發現面積僅有十八平方公里的桃米社區保存了很好的棲地，蛙類、鳥類、蜻蛉、蝴蝶品種豐富；臺灣現有二十九種蛙類，在桃米里就發現了二十三種，奠定了「桃米生態村」的基礎。

接下來幾年，新故鄉從社區營造切入、特生中心從生態解說著手，讓一個凋零的農村，從埔里最貧窮的社區蛻變成為最具代表性的重建社區，吸引許多人來交流。每一個能站出來當生態解說員的人，都是通過嚴格的認證制度篩選，十八年來總共只有二十四位。同時社區也採生態工法維護溼地、河道、步道，輔導民宿與餐飲融入在地與永續的概念。在這過程中，暨大的師生也逐漸走入桃米，和社區相互培力——師生是生態旅遊的試用與回饋者，社區是師生關懷實踐的場域。

桃米的成果在新故鄉二〇〇五年移植自日本阪神地震受災教會的「紙教堂」、成立「紙教堂新故鄉見學園區」後爆發，一年吸引四十五萬人次入園，為桃米社區帶來一億三千萬元產值、近兩百個就業機會，占去全村勞動力的四分之一。雖然觀光發展並非是社區營造的目的，但江大樹認為桃米的經驗對埔

桃米生態村現今樣貌（圖片來源：埔里鎮公所網站）

里其他社區是一個很重要的信心建立：「也許有些硬體環境不是那麼美好，產業發展不那麼順利，但只要有一些堅忍不拔、願意創新、共同合作的人，基本上還是可以建立一些吸引外人目光、或令自己驕傲的事物出現。」

回到地震後三至五年的重建階段，當時，重建工作者因政府的效率、生活的重擔或遭人誤解等各種原因，其實是極度感到疲乏、失望與挫折的。江大樹認為，當學者還能退回來教書做研究、緩衝一下，但NPO工作者的無力與焦慮會比任何人都來得強烈，「因為這就是他們的全部。」面對許多NPO工作者對政府的批判分貝扭到最大時，他總會勸大家：「公部門也需要被鼓勵，我說不要再批評政府，政府做不好是常態，罵政府只是讓你傷身體。要做得好，一定是要民間的力量，你要開始去瞭解政府、知道怎麼去引導政府。」

於是，暨大的存在就成了許多人的充電站，中部幾個受災鄉鎮的重建工作者都到暨大進修碩博士，從理論與經驗整理中逐漸緩和了挫折感、找到新動力。「當我們更清楚知道怎麼去看待整個社會的轉變，你就會知道應該怎麼去期待下個階段，就不會過度設定理想化的目標，不會把自己逼到太過，壓力大到你沒辦法承受，這應該是大學對NPO的幫忙。」

江大樹（左二）於2008年在埔里的工作照（圖片來源：梁鎧麟）

大學在地化

從九二一時被鎮民咒罵「棄校落跑」到積極回應地方需求，暨大有許多系所師生接棒努力。例如原是邀請居民走進校園所舉辦的櫻花季，意外在這十多年來成為臺灣知名賞櫻景點；二〇〇九年土木系進行地質、土石流潛勢溪流的調查；公行系建立社區的防災應變機制；成立國立綜合大學中首度開設的觀光餐旅學系；以及設立原民中心推動原住民文化保存、教育與生計發展等。

但著力最深的，還是社區營造範圍。二〇一一年暨大成立了「水沙連[2]行動辦公室」，邀請前中華民國社區營造學會秘書長楊志彬擔任執行長，鼓勵有心參與大埔里公共事務的師生與社區居民對話、醞釀行動，並開闢桃米之外的新戰線到原住民部落與其他社區，讓師生可以在不同的族群與文化裡長期蹲點投入。

這也得力於政府近幾年重視「大學在地化」，願意撥經費鼓勵大學教師，尤其是過去在補助上相對弱勢的社會科學領域學者走出研究室。二〇一三年，暨大在六十所大專院校中脫穎而出，獲得科技部（前國科會）為期五年的「人社計畫」[3]，期待以人文關懷及學術研究創新的角度，針對大埔里地區的社會議題與困境，提出具創新意義的行動方案。

時任教務長的江大樹是人社計畫主持人，他整合學校三、四十位不同專業且願意投入社區的老師與埔里各個社群連結，甚至形成公民論壇性質的「埔里研究會」，討論居民關心的議題如ＰＭ2.5空汙減量、友善路權、生態城鎮轉型等，有些議題還從討論開展出實作方案。江大樹強調，「埔里本來的動能就比暨大還強，暨大只是慢慢跟上。」

在暨大唸碩博士，現在已是暨大助理教授的梁鎧麟也感受到埔里的民間團體在主導社區發展上，比行政系統的里長更具強度。他認為這是因為埔里在九二一之前就有團體在做社區營造，加上九二一重建時期的反覆練兵所形成。而這些團體也看到暨大主動尋求與地方組織協力共學的機會，於是逐漸尊重暨大在地方上扮演一個平臺角色，展開跨域、跨社群的對話與合作。

建立「厚熊笑狗」長照品牌

大學在地方上除了是個中立的平臺，還有一個貢獻是學校師生常以在地的組織為研究主體，得出的論述可回饋到地方進行修正或進化。梁鎧麟的博士論文就是以埔里「菩提長青村」研究鄉村地區的創新在地安老模式，博士畢業後，開展出「厚熊笑狗」這樣一個長照品牌。

「菩提長青村」是九二一隔年由民間團體捐款興建的五十戶組合屋，收留災後無家可歸的老人，最高峰時曾達八十位長者，雖多數老人家已離世，但又有新的弱勢長者被轉介進來，現村內長者共有十六人。暱稱「村長」的陳芳姿與王子華夫婦以「老有所用」的思維，以及「夠用就好」的生活態度來運作，近二十年下來，共收留了三百位老人家，但透過民間捐款、少數的政府方案以及開闢自給財源三種管道，至今仍是完全免費的高齡社區。

根據內政部二〇一八年統計老年人口比例，南投縣是全臺第三老的縣市，埔里鎮的高齡人口也超過一成六，人社中心意識到埔里的長者照顧網絡是一個迫在眉睫的問題，因此梁鎧麟就成為擴散菩提長青村經驗到大埔里其他社區的不二人選。

梁鎧麟首先尋求在九二一之後就已經開始做長照服務的埔里基督教醫院與愚人之友基金會合作，過往以「機構式服務」為主的他們面臨政府推動「長照二・〇」[4]政策，也想配合拓展巷弄據點讓照顧社區化，卻很難找到願意嘗試的社區。梁鎧麟第一件事就是先讓埔基與愚人之友瞭解「社區為何不願意做長照？」起因在於政府的大規模抽樣是以都市高齡者為多數樣本，由此訂出的長照服務項目並不符合鄉村地區老人的需求。

「政府政策一直在做一個不可能的方向。」梁鎧麟口中的不可能，就是政府期待年輕人留在鄉下照顧老人家，以及將老人照顧訂出價格開放給非營利組織競標。「市場化最後的結果一定會講求成本效益，成本高的東西沒人做，所以未來若繼續往這方向走，偏鄉的老人一定沒人照顧。」梁鎧麟認為長照政策可以更積極地思考：「人老之後你要怎麼

菩提長青村過去的活動情形（圖片來源：梁鎧麟）

921隔年興建的組合屋：菩提長青村（圖片來源：梁鎧麟）

用出他的所謂活動力？這是未來社會福利體制，或是長照應該要走的方向。」

於是，借鏡菩提長青村「老有所用、夠用就好」的長照社會經濟模式[5]——「厚熊笑狗」誕生了。「厚熊笑狗」的發音為臺語「互相照顧」之意，它最原始的發想是「做政府長照服務沒有的長照服務」。梁鎧麟說：「政府的長照服務只有十八項，但是老

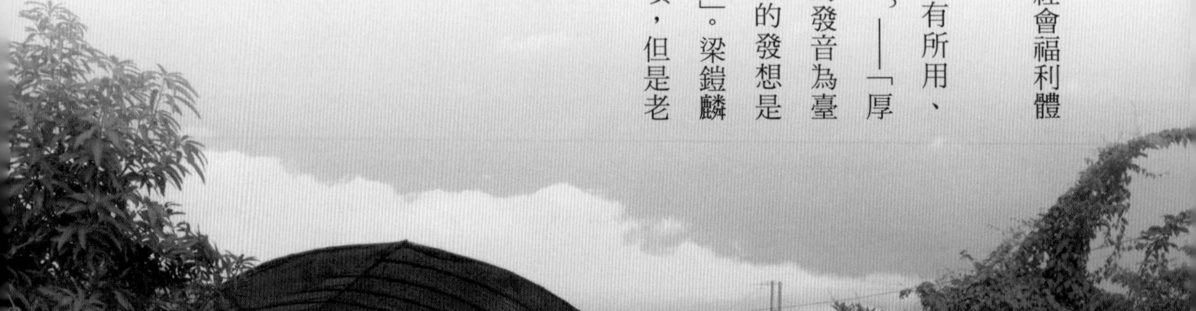

① 菩提長青村社區長輩與大學生共同運用二手回收物品製作社區藝術造景（圖片來源：梁鎧麟）
② 現在的菩提長青村（圖片來源：梁鎧麟）

人的需求絕對不是只有這十八項就會被滿足的。」

目前厚熊笑狗以咖啡館的形式成立兩個「社區照顧諮詢中心」據點，除了建立長輩互相照顧的知識、技能與氛圍，讓尚有行動力的長者「老有所用」，成為近鄰式的照應幫手；同時也以「這個有老人的家庭會遇到什麼問題」、「這個社區可以做到什麼樣的照顧網」為出發，舉辦「代間學堂」促進跨世代間的理解，以及將長照衛教與福利宣導延伸進社區的「在宅沙龍」。

在「厚熊笑狗」的長照社會經濟模式中，是以跨產業連結，與在地組織、青年一同設計開發以長照為主題的繪本、桌遊、友善高齡體驗旅遊、電動車就醫服務等，所得回饋給厚熊笑狗，努力做到自給自足，降低對政府補助的倚賴，讓這樣的模式可以擴散到整個大埔里。

江大樹認為這就是大學應該扮演的角色：用專業的方式去協助政府推動政策、改善政策，而不是等著接案

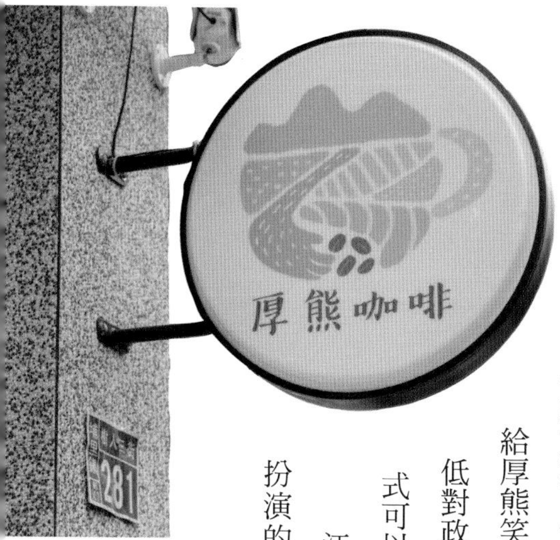

（圖片來源：梁鎧麟）

① 厚熊笑狗咖啡阿公阿嬤做童年玩具 ② 厚熊笑狗製作繪本與周邊商品籌措基金（圖片來源：厚熊笑狗）

①|②

子、幫政府背書。「所以，大學是一個創新的地方，應該是給社會希望，大家要有行動的信心，與願意行動的能動性。」

年輕人找到自己的位置，接續九二一之後的能量

在厚熊笑狗裡，方案的發動者、資源連結者、共同開發者幾乎都是不滿四十歲的青年世代，他們有的是埔里的返鄉青年，有的是像梁鎧麟這樣因就學而留鄉的青年，甚至是留鄉創業青年。已是暨大副校長的江大樹最欣慰的也是看到埔里有愈來愈多年輕人找到自己的位置，接續九二一之後一波一波的能量，以創意、專業和熱誠超越上一代。其中包括正就讀暨大博士班並身兼暨大講師的陳巨凱。陳巨凱九二一後回來接手家裡的餐廳與民宿時，連蔥與蒜苗都分不清，還為了隔天繳不出兩萬元貸款而坐在門口掉淚。江大樹每當要請研究生吃飯時都會約在陳巨凱的店，也常與太太來捧場，深怕陳巨凱撐不下去而倒店，「年輕人要留在偏鄉重建不是一件容易的事。」如今，剛屆齡四十的陳巨凱除了原有的餐廳，還掌管三家民宿和兩家公司。

出於對埔里的情感，身兼南投縣民宿協會總幹事的陳巨凱針對鎮上關心的議題主辦過多次活動，規模都超過五百人，例如埔里研究會曾討論的ＰＭ2.5與友善路權議題，陳巨凱號召志同道合的夥伴從二〇一四年起年年舉辦埔里無車日運動，將硬議題藉由活動提高觸及率，並且耐心等它發酵，成為更多居民的共識。

但「讓埔里更好」需要更前端的認同：「我是埔里人」。基於這樣的理想，當各縣市年初都在舉辦大型燈會招攬觀光客時，自稱一個是火柴、一個是油的陳巨凱與梁鎧麟，與其他幾位不滿四十歲的青年於喝酒閒聊中，決定在九二一屆滿二十年之際召喚埔里人的心，以埔里過去的重要產業「紙」[6]為文化基底，舉辦一場名為「森林逐燈祭」的活動。

臺灣地理中心碑（圖片來源：wikimedia_commons）

他們預計在元宵節當天沿著虎頭山兩三百年的老樹掛上三千多盞紙燈籠，一路盤旋到山頂的「臺灣地理中心碑」，那裡是一九二五年日據時代能高社的所在地，每個在埔里長大的孩子必定都有無數張在臺灣地理中心碑取景的成長照。陳巨凱說：「我們都是臺灣之心之子」，這份對家鄉的認同感，也成了這次燈會的價值主張。

確定要辦森林逐燈祭時，距離元宵節僅僅剩下五十天，中間還卡著什麼事都動不了的農曆假期。除了傻勁，整個團隊的特色就是「年輕、沒錢」。大家分頭找資源，再透過小年夜的募款餐會向大埔里觀光協會的叔叔阿姨簡報，獲得三千、五千、十萬的響應，最後甚至多了一小筆意料之外的三千元。那是埔里第三市場一位賣菜阿嬤在看到活動宣傳時聽人說：「那些年輕人辦逐燈祭很有意思，但他們好像沒什麼錢耶。」得知陳亘凱的工作室就在附近的巷子裡，便偷偷從門縫裡塞進三千塊支持。

剛上任的埔里鎮鎮長廖志城雖然沒有可動用的年度預算支持活動，但他承諾公務系統願意全力配合，從頭到尾只有兩個要求：「注意安全」、「把鎮公所的士氣帶起來」。對於鎮長的「有求必應」，梁鎧麟覺得埔里好像已經來到了「可以做一些好的改變」的時間，「不然以前很多事情都是暨大跟社區合作，鎮公所永遠都是旁觀者。」

其實，許多有心的公務員都渴望為家鄉出力，例如現任民政課長在籌備逐燈祭的五十天內發出了近二十封公文調動資源，為團隊節省很多支出，且效率極高，因此被陳亘凱封為「光速課長」。而這群青年團隊同時也是「地方創生推動委員會」的顧問，當他們一行人並肩走進鎮公所的時候，一些早就期待合作的公務員興奮地說：「你們終於來了！」這畫面與對白像是在拍英雄片。

五十日的奇蹟

年輕人擅用雲端與App，各式創意發想和進度管控都透過線上解決，因此森林逐燈祭總共只開過三次籌備會與一次場勘，且幾乎都控制在一小時內結束。然而，線上的效率還是免不了線下的爭執。陳亘凱曾與負責行銷的夥伴謝顯林吵架，擔心沒積極宣傳的他可能造成足以容納八百人的活動場面很難看，甚至酸言：「會不會萬人響應、一人參與？」

活動開始前兩個小時，報到場地冷冷清清，陳亘凱深刻記得當時忽然一陣風吹過，他心都涼了，

「動用一百多萬，若只來五、六百人，不被殺了才有鬼，我們每個人都是壯著熊心豹子膽在做這件事。」但到了活動前半小時，快速湧入超過一千六百位埔里鎮民聚集在報到處，這時謝顯林冷冷地飄到陳巨凱身邊：「凱哥，現在你要擔心的不是來七百人，而是來了兩千人你要怎麼辦？」

原來謝顯林早已透過IP分析與關鍵字針對社群網站上三十到五十歲的年齡層做精準行銷，團隊的想法是：「主打小的，沒有演唱會等級他們怎麼會來？你辦給老的，他拉不動我們這一代。」最後，成就了一場兩千五百名鎮民參與的活動。

陳巨凱坦言隔行如隔山，「嚴格說起來，我只是讓這些好的因子合作」，但他不僅連結，也負責緩衝折衷。例如社造前輩想將埔里打造成「蝴蝶小鎮」，然而年輕人在市區看不到、摸不到、體驗不到，不認同埔里是蝴蝶城鎮。圓融的陳巨凱在挑選森林逐燈祭的背景音樂時，就選了曾紅極一時的〈蝴蝶飛呀〉當主題歌，既滿足前輩們的蝴蝶訴求、也帶給沒聽過這首歌的小朋友歡樂氣氛，更喚起五、六年級生的懷舊情感。

逐燈祭人潮與活動（圖片來源：陳巨凱）

據說，當天在十餘位攝影師及一臺空拍機所拍出的一千多張相片裡，「看不到笑容」的活動相片

逐燈祭圓了埔里跨世代的夢（圖片來源：陳巨凱）

僅僅十張，有阿公阿嬤高興地說：「以前在這裡約會，好久好久沒上來了，像是回到年輕時談戀愛的時光。」反倒是工作團隊在〈蝴蝶飛呀〉的音樂放出來的時候，很多人都流下眼淚，尤其是跟著陳巨凱從學校童軍團時代就開始合作的活動執行祕書，在看見雷射光束從山頂的地理中心碑射向天空的那一瞬間，感動得蹲在地上大哭一場。

在執行過程中，陳巨凱相當注重「價值分配」，讓每個人拿到應得的錢、資源、尊重，才能讓事情永續。特別是在一個社區或小鎮裡面，很細節的事情卻很關鍵，「這東西非常現實，你沒處理好，明年就少兩盞燈！」所以他從不拖欠廠商款項，活動裡播的每一首歌都付公播費，也絕不坳青年設計師等工作人員的費用。「地方的長輩千萬不要覺得地方創生就是把年輕人找回來就會生，而是他們得賺錢維生，這一切才能成真。」

對於森林逐燈祭在計畫書中的每個點子都能一〇〇%執行，陳巨凱認為：「這是我們自己發自內心想做的在地活動，跟政府要你去做的出發點是不一樣的。」梁鎧麟說，這是一場鎮公所授權、暨大協力、社群支援、青年團隊全力發揮的「五十日奇蹟」。反倒是江大樹對於這一群青年能打出漂亮的一役，像是如他所預料：「水到渠成。」

這像是一場二十年的細流與激盪。九二一時，這些青年都還在求學的年紀，看著長輩從全鎮的瓦礫堆中重建起「有形」的埔里；當他們初入社會，暨大與社造前輩帶著他們一起凝聚「無形」的社區共同體；接下來要如何讓埔里的內涵與未來「有型」，就是青年們透過一次次的行動，將腦中的思考實作出來的show time了！

後記：活動結束後不久，陳巨凱到鎮上小吃店叫了一碗滷肉飯，老闆認出他是辦逐燈祭的人後，阿莎力地說「我請你！」光是為鎮上付出能獲得滷肉飯當獎賞這一點，就已經讓人感到挺宜居的。

6-2 大家一起的部落廚房：沿著大安溪播種

九二一地震滿二十年，不知道還有多少重建團隊像大安溪工作站一樣年年舉辦守夜活動，從九月二十日深夜烤火到凌晨一點四十七分，紀念那些逝去的族人，也提醒好好活著的人彼此相愛，為部落更努力。

沒想過重建期會超過三年

臺中縣和平鄉[7]包含大甲溪與大安溪流域，九二一地震時道路坍方、橋梁斷裂，共有十七人失蹤、二十四人死亡；全半倒戶數共一千三百七十五戶，占和平鄉總戶數三三%。當時社工界組了一個聯盟，其中專門資助東南亞貧童的「至善協會[8]」因責任區分配進到大安溪流域的雙崎部落，收到的三百萬

921 地震後雙崎受災戶臨時帳棚住所
（攝影：柯金源）

捐款先買了一輛醫療巡迴車，在大安溪沿線免費接送老人家與孩童就醫上學；再向雙崎部落居民租下一間受損房屋，整修補強後在二〇〇〇年七月成立「和平雙崎社會福利服務工作站」（簡稱大安溪工作站），並承諾三年後無條件歸還。工作站督導黃盈豪說：「那時所有人都沒想過重建期會超過三年！」

工作站配置兩位社工，一男一女，相較於還在念研究所必須臺北臺中兩邊跑的黃盈豪，駐紮當地的男社工有「到哪裡都能睡」的本領，女社工則能開四輪傳動。隔年，工作站接下臺中縣政府委託「大安溪生活重建中心」，服務範圍是臺中縣大安溪的六個部落。

工作站決定運用所剩不多的捐款，將某些服務項目沿著溪流往北推展到苗栗縣境內七個同屬泰雅族的部落。黃盈豪說：「我們住那麼近、同一個流域，大家碰到的困難都類似啊，服務應該是用流域和族群分，不是用行政區來劃分。」

社工們如此努力跳脫框架，工作站與部落的關係仍然疏離，常常只是被當作外來的、漢人的有錢單位，甚至在以雙崎部落為主角的紀錄片《部落之音》中，整個工作站彷彿是一團無色無味的空氣，根本沒人提起。直到達觀部落的婦女林素鳳與三叉坑部落的青年林建治陸續加入後，情況才有了改變。

原來制度不是不能動

林建治原本在臺北工作，趁著出差之便返回三叉坑探望父母，結果當晚就遇上九二一。

三叉坑居民都是同一個宗族，連棟的房子中間開個洞，「煮菜的時候你可以從這個洞一路借到那

921地震後三叉坑受災慘重（攝影：柯金源）

三叉坑位置圖（圖片來源：google map）

個洞，還不會弄錯喔！比大拇指是借醬油、比食指是借蔥……」但這樣的設計一經地震拉扯，房屋便像骨牌一樣倒成一片，四十三戶全倒、六戶半倒，傷亡比其他部落都慘重。林建治和父親從倒塌的瓦礫堆中被拉出來，母親卻斷氣了。

三叉坑受災後暫時搭棚生活（攝影：柯金源）

地震隔年，九二一基金會[9]釋出「築巢專案」，全倒與半倒戶可享有最高五十萬的補助，但需要有中低或低收入戶的證明才能申請。社工向和平鄉公所調資料，意外發現整條大安溪沿線只有個位數的低收入戶，三叉坑部落更是零戶。身為社工督導的黃盈豪坦承：「我們就死腦筋，只會根據鄉公所列冊的福利身分（符合申請社會福利資格的個人或戶）當作標準。」因此宣導的時候，引發被排除資格的林建治對著社工痛罵：「我們整個部落都是低收入戶，你們根本不瞭解部落！」

被罵哭的社工一一家訪瞭解情況後，便試著用社工的裁量權向九二一基金會說明實際情形，經過半年以上的來回確認，社工發現：「原來制度不是不能變。」最後大安溪沿線因著林建治的這一罵而有超過二十戶以上的家庭獲得築巢專案的補助。

三叉坑遷村的對立

三叉坑部落在九二一之前其實就曾出現遷村的聲音，林建治說：「鄉公所認為我們很落後、簡陋，想要有個新社區。」剛好碰上地震，經過勘災後，和平鄉公所宣布禁止原地重建，所有居民先安置到組合屋等待遷村。

遷村預定地距離原部落只有短短五十公尺，建設總經費大約八千五百萬。鄉公所建設課與規劃單位想將過去幾乎沒有公共設施的三叉坑重建為一個新山村：擁有新的教會與活動中心、整齊的道路、新的排水與簡易自來水設施等等。

面對龐大而美麗的藍圖，即使少數在鄉公所工作的族人強調只要繳出頭期款，未來二十年定期償貸即可，林建治卻不以為然，「他想得很單純，就是二十年我們認真工作就好；他在公所穩定啊，每個月都有穩定的預算可以去支持，可是我們打零工的哪有？」部落裡的工作機會不穩定，林建治擔心大家無法每個月按時償還貸款，先是得放棄部落生活到外地謀生，若再繳不出來就必須放棄部落的房子，「一個族群可能被瓦解。」

另一方面，他擔心申請建照曠日廢時，「那個（地震剛發生）時候補助資源還比較豐富，我瞭解部落，你多拖一天，錢就沒了，因為大家有錢就會買車、花掉。」

泰雅族的傳統是長幼分明，三十出頭的林建治原本很難有說話的位置，加上他長時間在都市工作，所以剛回部落的時候也不在所謂Gaga（泰雅族傳統規範）的倫理裡面。但是林建治為了族人重建安置，獨排眾議大聲疾呼，希望大家別被政府的「斷層帶」、「禁建」等說詞干擾，他有信心一年內可以原地重建完成。

921時遭逢家庭劇變，如今成為大安溪重要的社造工作者——林建治。（攝影：李玟萱）

跟林建治同樣堅持留在舊部落的還有零星幾戶，但幾個颱風接連來臨，那幾戶擔心土石流，也跑

2004年納莉風災讓三叉坑再度受創（圖片來源：德瑪汶協會）

到組合屋依親了。「我跟爸爸是沒有地方去（沒有房子），就在我們的工寮那邊，好可怕喔，以為是世界末日。」

頭兩年，部落的人一看到林建治和林爸爸就閃，父子倆也從來不到組合屋。唯一例外是當時林建治無意間在電視上看到謝英俊建築師帶領邵族以日月潭在地建材「竹子」自力造屋，他就立刻開車殺到日月潭找建築師團隊。憑著一股「既然你可以幫他們，也有可能幫我的部落」的渴望，成功說服建築師團隊進到組合屋辦說明會。結果族人聽了簡報後紛紛打槍：「啊～這種房子會倒啦！」「颱風一來就吹跑了！」眼見現場毫無共識，建築師團隊告訴林建治：「最好你們都準備好了再叫我們幫忙。」

雖然自力造屋的構想沒有獲得認同，但當天坐在臺下的黃盈豪發現林建治是一個很有想法的部落青年，便找他聊聊對部落重建的想法。當時勞委會推出「以工代賑」的方案，災民唯一的工作就是掃地，林建治說：「掃到樹葉都沒有了還在掃。」於是他向工作站提出在部落荒廢的地上種蔬菜的構想，希望做點開展的事。

林建治不會打電腦只好口述想法，沒想到黃盈豪也只會用兩根手指慢慢敲鍵盤，兩個人就這樣合作申請到「蔬菜班」的計畫經費，利用工資吸引了一些青壯代，一邊工作一邊聊著在部落成長的記憶。二〇〇一年，工作站向文建會提出「社區營造點計畫」，正式邀請林建治加入工作站擔任社造員。

工作站早期流動圖書館照片（圖片來源：德瑪汶協會）

害怕孩子對部落的概念是組合屋

有了社造員的身分做為施力點，林建治帶三叉坑的小朋友回到舊部落畫出大人口中的家園樣貌，也邀請老人家回舊部落搭竹橋，為的就是透過活動帶大家回到過去的脈絡談重建，並讓老人家在發揮技藝的同時，聊聊傳統、談談文化，試圖修復一點因遷村而引起的對立。

但泰雅族的老人家很有個性，一邊聽林建治的指揮，一邊不忘責備他反對遷村：「你沒有在這邊生活，你憑什麼……更何況你小孩子耶！」林建治笑著回顧：「欸你不要以為我只會罵人，我也是常常被人家罵耶，但仇恨這件事要和解，要埋石[10]立約。」而這個從對立到凝聚共識的過程也獲得文建會社區營造「總統獎」的最高肯定。

在關係修復的過程中，林建治試著用更高的格局看待三叉坑部落的遷村，「你平的話，相對對立；你更高一點，就看不到對立，會看得更遠。」當時眼見老人家「很天真地以為政府就是會蓋好一個新部落給我」，族人也一直消極地住在組合屋等待，林建治實在很害怕在組合屋出生的寶寶愈來愈多後，這些孩子對部落的概念會是組合屋。「所以我想說，『先回部落』嘛！」

即使如今回頭看，林建治依然認為原地重建才是好的，不用浪費那麼多時間，但是他還是決定跳出來帶著大家一步一步討論遷村的細節、申請九二一基金會的專案補助。對於自己的妥協，林建治說：「部落的『一起』是不能被凌駕的，如果說（舊部落）只有我們五戶，真的也不會快樂啦！」地震後六年，三叉坑終於完成遷村。

三叉坑在臨時搭建的傳統竹屋內為重建居民抽籤。（圖片來源：德瑪汶協會）

社工專業到部落裡「複製貼上」是行不通的

在林建治擔任社造員之前，泰雅族婦女林素鳳比他更早進入工作站，黃盈豪說：「素鳳其實是我們的關鍵人物，但泰雅族總是要推男人上檯面。」林素鳳曾經在餐廳擔任會計，為了照顧患有重症的小兒子，五年沒有工作，最後只好賣掉市區的房子搬回山上。社工們聽聞她的處境，剛好也缺一位會計，便詢問她的意願，林素鳳又感激又為難：「回來能有個工作機會，哪怕是一萬多我也要做啊！可是我小兒子還很小……」「沒關係，大家可以幫忙顧。」社工們說到做到，不僅教她電腦，甚至幫忙揹著孩子去做家訪。

除了負責會計，林素鳳還擔任「部落教室」[11]專員，族人只要討論出想學什麼，林素鳳就去找老師開課。「我那時候最自豪的是帶部落的爸爸媽媽去考中餐證照這件事。」那學期大家特別認真，期末到市區考試時，林素鳳自顧不暇，考完試才知道部落的爸爸媽媽竟然「互相幫忙」——有人茄子燒焦了，大家趁考官不注意時各自夾一根茄子湊成盤；有人緊張胃痛站不起身，大夥兒就分散考官注意力，鼓勵他堅持別放棄，結果這個中餐證照班的考取率高達一〇〇％。

黃盈豪說，一般的社工專業拿到部落裡「複製貼上」根本行不通，所以大家都在思考「如果要以部落為核心去做一些事情，那應該會是什麼？」林建治和林素鳳加入後並沒有直接給出答案，但不怕出錯地嘗試各種非典型的方法，似乎讓工作站騰空的雙腳漸漸有了落地的趨勢。

「拍紀錄片」是其中一個向部落學習的方式，透過訪談、翻譯、被老人家取笑「講話（母語）怎麼是顛倒的？」大夥兒慢慢感受到泰雅族文化中「一起」、「共同」的傳統價值。因此當雙崎部落的三年租約到期，工作站決定移往大安溪更上游的達觀部落，將以往泰雅族「共食團」（U´tux Niqan）一起吃飯一起工作的精神，透過自力造屋的「部落廚房」來實踐。

部落廚房二〇〇四年落成，林素鳳滿意地笑道：「沒想到（中餐班）最後變成我們廚房的幫助耶。」原來部落廚房設立需要烹調技術士證照，一張證照最多可以請兩個人手，「結果我們全部都有！」大夥白天忙著醫療接送、做便當為二十位獨居老人送餐；下午則發展編織、烘焙、務農等「集體」的事。

① 廚房開幕，由部落青年和社工一起建立。
② 部落廚房的靈魂人物林素鳳
③ 部落廚房的主要組成是一群泰雅族婦女
（圖片來源：德瑪汶協會）

②|①
③

培力才是為部落留下資產

同一年，臺中縣政府認為重建期結束，終止委託三年的「生活重建中心」，工作站頓失兩位人事費用，但因著過去的經驗，為了不想迷失在量化的評鑑中，工作站也不再主動爭取縣政府的經費。黃盈豪說：「他們（評委）去算『成本效益』──我補助你一個人事費，你訪視了幾個弱勢家庭？服務了幾個個案？」但部落的人口數原本就少於平地鄉鎮，計算個案成本時也容易因山區交通的時間和距離而拉高數字，「所以我們這樣跟人家比就很慘啊！」

為了不斷炊，工作站嘗試舉辦「認養活動」，但又不願將老人和小孩推上檯面，最後想出將部落裡殘存沒賣給漢人的土地轉型為友善耕種的「市民農園」，開放認養人支持一方健康的環境，假日也可以來度假採收蔬果。方案一推出恰巧碰上一連串的颱風，媒體再度關注原鄉重建進度，加上智邦基金會大力宣傳，認養人最高紀錄曾衝上兩百五十人，十幾年後的今天也還有一半留下。

而勞委會將賑災初期撒錢式的「以工代賑」改良為延續型的「多元就業方案」後，也為工作站帶來可觀的人事費挹注。除了讓核心幹部有時間培養一些年輕人成為部落工作者，還聘用了十幾位家庭有較大經濟缺口的婦女擔任廚房媽媽。雖然這些媽媽們有時因家裡的特殊狀況導致上班狀態不穩定，但當時黃盈豪有個口號：「慢慢來比較快」，在部落照顧與發展產業之前，先培養彼此的瞭解與信任，才是團隊的首要工作。林建治說：「我們還會輪流喔，去做一下別人的事情看看，我們才會知道不簡單。」結果就是每次輪到林建治與黃盈豪負責煮飯時，那天的食物就乏人問津、剩得特別多。

青青菜菜農園體驗活動（圖片來源：德瑪汶協會）

僅管縣政府認定的重建期結束，但部落卻彷彿才剛暖身完畢，無論是工作人員或受到照顧的族人都對部落廚房的未來充滿期待。黃盈豪此時提出更大膽的建議，他希望至善協會以三年的時間，一對一培力部落工作者，然後放手讓工作站脫離至善協會，成為獨立的在地組織。黃盈豪認為，這樣的培力才是外界重建團隊能為部落留下的最大資產。

至善協會接受了提案，二〇〇八年，大安溪工作站立案成為「原住民深耕德瑪汶協會」。「德瑪汶」是泰雅語「深耕」的意思。部落要用自己的力量開發泰雅特色產業，所得回饋給部落，照顧部落裡的弱勢族群，同時也進行學童的課輔，培養部落的青年，傳承泰雅的文化！

「德瑪汶」是部落透過重建獲得的資產，當天災再次發生時，工作站又將資產分享給其他的團隊。早先是和平鄉大甲溪流域的松鶴部落因七二水災被迫暫遷到山下的一貫道道場一個月，因著這些年在部落蹲點重建的經驗，工作站受託前往關懷，希望安置時能夠更細緻地處理松鶴居民的需求，包括在徵得道場同意後，請牧師為居民在週日早上舉辦主日崇拜；還有在吃了多日的素齋後，工作站訂炸雞讓族人在道場外享用，大家都笑說，這是最棒的緊急救援。

二〇〇九年八八風災時，工作站也負責協助高雄與屏東共五個部落的重建，黃盈豪擔任南部工作站的督導，林建治多次前往分享經驗，林素鳳更是把十年來行政與會計的心法打包南下，希望能盡快協助重建工作者上軌道。林素鳳並強調財務透明清楚的重要性，她回憶剛進工作站時，媽媽就用泰雅母語特別交代：「妳是掌管部落事務的人，妳如果吃錢，妳就……很難用漢語去解釋，有點像那個蚯蚓鑽到妳的（全身），會讓妳痛不欲生。」

農園採小米活動，小米豐收。（圖片來源：德瑪汶協會）

一個都不能少

從二〇〇四年開始，持續十年的時間，勞委會的方案一直都是工作站培育新人與支持族人在家鄉工作的重要資助，工作站的表現也獲得勞委會的肯定，還送林建治和林素鳳出國交流。但在二〇一四年，因某位新進的評審委員突然冒出一句「啊，你們那個送餐是假的」，導致林建治氣不過而當場爆發衝突，雖有勞委會打圓場，但工作站隔年還是失去補助，廚房的班員們瞬間面臨裁員的命運。

林建治說：「我好難過，頭髮的一夜白就是這麼來的。」又指指黃盈豪的頭頂：「他的一夜光（頭）也是這樣。」兩人突然爆發一陣像小男生般的大笑。

林素鳳回憶當時約談所有的廚房班員，媽媽們都哭了：「這裡薪水也不多，但在這裡是有感情的，而且我可以出去服務（部落的人）……」大家寧願減薪也想繼續留下來。有位媽媽說：「沒關係啊，你們沒辦法那就沒辦法，如果願意再讓我做幾工（一個工作天算一工），其他時間我還可以上山去打零工。」

這句話突然點醒所有人，既然每個人都很重要，大家也願意共體時艱，工作站每天就輪流用最底限的人力做著所有工作，其餘人回到自己的土地去耕種，工作站再向他們收購送餐所需的蔬果，算是補貼一點減工後的工資。

「減工」後，工作站財務缺口仍有兩百萬，黃盈豪發現，自從每個人從二十二工減為十四工之後，核心幹部和班員們的對應關係出現了微妙的變化：過去，幹部和班員們很容易陷入「雇主」與「受雇者」的心態。減工之後，工作站成為了「支持」的角色，大家反而開始去找回自己的能力。

有人釀造、有人做食品加工，身為協會理事長的林建治則開始養雞，每個人的戰力指數都被逼升一個等級。林建治還每個月固定開車到臺北大稻埕的市集擺攤賣大家的部落產品，為的就是實踐他在面臨裁員危機時喊出的「一個都不能少」！在努力開發民間方案、發展產業來維持工作站的運作後，雖然工作站還是苦哈哈，但這幾年政府的資源已經只占協會收入來源的四％。

廚房讓大家彼此照顧

其實還是有公部門主動找工作站合作，林素鳳坦承幾百萬的經費令人心動，但工作站擔心資源一進部落就會挑起競爭與貪婪，且大家現階段很珍惜獨立與自主的運作。林建治說：「多少組織都是政

菇寮（圖片來源：李玟萱）

府丟了一個大餅就去搶，很臨時性的，不一定是部落需要的東西。」林建治認為健康的方式應該是，「在部落生活久了，知道部落的需求，我們去回應那個需求，然後提計畫案找經費。」

只是這些年，年輕人斷層的問題一直沒有解決，工作站也反覆掙扎是否要再回頭去申請勞委會方案，好好花兩三年時間培養年輕人做部落照顧。就像早期工作站也支持過好幾位部落年輕人到暨南國際大學進修原住民社工學分班，但每每遇到鄉公所或學校等公家單位開缺，哪怕是約聘職，年輕人還是會紛紛跳槽離開。

黃盈豪能體諒：「一個部落的小孩要承擔的其實比我們想像的多，家族、財務，還有要承擔不同家族、不同勢力的部落關係，因此原住民單位裡年輕人的不穩定性就可以被理解。」但若有穩定的人事費補助，也許就能放慢一點速度，讓年輕人有更長的時間可以找到他能在部落裡發揮的空間。

除了等候小的，也要體貼年長的，有位廚房媽媽即將邁入七十高齡，沒班的時候還是會來廚房走動看看大家，早已把工作站當自己家的她說：「實在不知道要（去）哪裡。」為了讓這位高齡媽媽能夠持續參與運作，工作站討論出低勞動需求的菇類產業，平時只要負責灑水和採收。至於為什麼工作站當時會僱用老人家？林建治的回答讓這問題顯得愚蠢：「她也是從年輕開始，慢慢才變老啊！二十年了耶！」

二十年的過程，必然會面臨長大轉骨的疼痛，是什麼樣的機制可以讓一群人並肩走這麼長遠的路？黃盈豪回答：「團督（團體督導）。」在團督中，核心幹部會花時間跟每個人談個別的狀態、瞭解此刻的處境，盡可能給予必要的支持。半年一次的「共識營」也是工作站凝聚向心力的關鍵。「有時候覺得還蠻奇妙的，可以把一群明明就是拿鋤頭的，訓練成現在一討論連老媽媽都可以圍在一起拿海報在那邊寫。」雖然這些機制都要耗上心神，卻是能讓人感到被接住的方式。心落下了，根就扎得穩。

那又是什麼原因能讓三位元老留下來？黃盈豪、林素鳳與林建治竟說出同樣的答案：「因為這裡有一群人。」林建治感性地分析：「我覺得我們在做的事情是我們真的很相信：因為我們『一群人』在這邊，有『一群人』真的可以被照顧。」他頓了頓繼續說：「回過頭看，其實是廚房照顧我；因為有廚房，我們才彼此照顧。」

部落廚房照顧大家，大家更彼此照顧。
（圖片來源：德瑪汶協會）

6-3 在地質中毀滅又重生：雲林草嶺

草嶺是雲林縣海拔最高的村落，位於雲林縣東南角的古坑鄉境內，與南投和嘉義縣為鄰。雲林縣副縣長謝淑亞二十年前第一次投入地方選舉就是競選古坑鄉鄉長，教育背景出身的她當年曾思考：「古坑如果是一本書，它的篇章在哪裡？」但謝淑亞怎麼也沒想到，當她以近半的得票率高票當選後，第一章就是九二一。

大飛山造成四十二棟一〇一大樓的體積從草嶺消失

那一頁從淩晨一點四十七分經歷一場地動天搖開始，謝淑亞將小孩送回平房的老家後，立刻奔赴古坑鄉公所，夜色中站在全倒的建築物前，不可置信地看著眼前的場景。當全鄉輪廓逐漸從黑暗的大地中顯影，古坑鄉邊陲的草嶺已崩毀了一大塊。那一塊是草嶺的崛畚山，因順向坡滑動，一部分土石墜入清水溪，另一部分住著簡姓家族三十六人的六百多公頃山頭，向南飛越清水溪，撞到對面嘉義縣梅山鄉的山壁再落下，二十九人遭到活埋，四代人口消失了兩代。

根據當時正在唱卡拉ＯＫ的梅山鄉居民目擊，走山的速度快到摩擦出火花並傳出燒焦味，直到早上九點多，現場依然像是火山爆發後的塵沙漫天。事後經研究團隊計算，崩落的土石體積達一點二億立方公尺，相當於四十二棟一〇一大樓。

國軍第一時間站出來協助，救援工作千頭萬緒，除了現場坐鎮，謝淑亞和同仁曾冒險回到鄉公所的斷垣殘壁中想搶救一些公務資料，「結果餘震一來，腿都軟了。」

① 921草嶺大崩山後（攝影：柯金源） ①
② 921地震草嶺災區告示牌（攝影：柯金源） ②

被震得天翻地覆的草嶺居民在幾個月的回神後，選擇去適應老天給他們的新草嶺。就像簡家唯一存活的一戶男主人，因崛畲山震落的土石堵塞清水溪形成堰塞湖「新草嶺潭」，他和蘇俊豪等村民就做起導覽解說，迎接大批慕名而來的遊客。當時他的內心是否是另一個堰塞湖不得而知，但至少能留在與死去的家人物理距離最近的地方，也能藉此照顧還活著的妻小。

新草嶺潭將近五公里長，驚人的蓄水量與石門水庫相當，許多在地人因此跑去日月潭學開船載客，謝淑亞形容他們是「山上人學海口人的功夫」。蘇俊豪描述當時新草嶺潭有一百多臺膠筏，「生意好到天一亮把引擎打開，之後就到天黑才熄掉，沒有停過。」單單只負責在陸地上載客導覽的他就已收入豐厚，直到九二一後兩年，草嶺重建委員會希望中生代出來接手重建工作，蘇俊豪忙不過來，才放下生意扛起總幹事的職責。

921後新草嶺潭成為災區旅遊新景點（攝影：蘇俊豪（左）、柯金源（右））

用土法煉鋼的方式開啟重建

神農大飯店災後倒塌，負責人劉文房接到蘇俊豪的電話希望他擔任草嶺重建委員會主委，當時他深感錯愕：「我飯店倒了，是要怎麼做（主委）？我自己也很亂。」但家鄉亟待復原，無法推拒，於是兩人用土法煉鋼的方式開始進行——三天兩頭帶著草嶺的各項問題勤跑行政院九二一重建會[12]表達訴求、尋找解決方案，有時遇到風災道路中斷，甚至得搭直升機上下山。無論多早或夜已多深，行政院九二一重建會永遠都有人在工作，也積極協助他們完成草嶺重建計畫書，給予所需的經費。

為了更有效且名正言順地盯著這些錢到了縣政府後確實專款專用，二〇〇二年夏天，蘇俊豪拿一張A4紙寫下競選村長的十大政見，影印兩百張跑遍草嶺一一發送。小小的村莊有多達五位候選人出來角逐，在親戚裙帶關係緊密的聚落裡，幾乎就是近身肉搏戰，蘇俊豪當選後，其他人還不服氣地組成「落選者聯盟」嚴格監督他。

蘇俊豪一上任就執行緊迫盯人戰術，公務人員比較忙，為了加速發包流程，他會一個一個案子追蹤進度，「那時縣政府五〇%到六〇%的人都認識我，因為我每天都在那邊晃！」

蘇俊豪首先為簡家遺族奔走陳情，因簡家的房屋土地被劃為國家級地震紀念地並保留崩塌地遺跡，卻沒有政府單位出面辦理徵收。歷經多年努力，連監察院都出面糾正林務局與行政院九二一重建會怠失後，簡家才終於成為第一個因震災位移而成立的土地徵收案，以公定價格加四成徵收。

除了行政院九二一重建會，勞委會也是重建期的重要角色，從十六歲到八、九十歲，許多人都領過勞委會推出的以工代賑等就業方案的酬勞。以當時草嶺而言，以工代賑的人數相當多，蘇俊豪設了三級幹部來管理，他自己則是持續勤跑公部門爭取資源。由於無暇隨時在第一線關心所有上工的人，有時遇到爭執，幹部無法處理，蘇俊豪就會以「停工！協調好再開工！」這個方法暫緩，這一招也總是能讓以天數計薪的大家在第二天平息爭議。

把路修好，找回在地產業特色

解決基本的生計，草嶺地震後最迫切的問題在於交通，這也是劉文房最掛心的事。劉文房曾因榨出優質苦茶油得到神農獎肯定，之後興建的飯店便以「神農」為名，地震時其中一棟倒塌，幸無人傷亡，其餘安全的空房立刻開放給災民與志工入住並供應伙食，自己也全力投入救災。談起出入草嶺的重要道路「一四九甲縣道」，劉文房無奈地說，其中一段從九二一地震坍方後就中斷至今；而跨越清水溪的一段，則是從來沒開通過。

劉文房當選主委後到處陳情，但過程並不順利，他除了氣相關單位沒有積極作為，也氣少數地主「近視眼」（眼光不夠長遠），不肯犧牲一點自家土地修路。草嶺人若不是直接靠觀光維生，也是靠種植茶葉、竹筍、苦茶油賣給觀光客增加收入，不解決交通問題，在地居民出入繞遠路，觀光更受限制。

為了延續草嶺的重建，劉文房還競選古坑鄉「鄉民代表」，與選上村長的蘇俊豪分進合擊。但一直忙村莊的事，旅館生意怎麼兼顧？如今坐在飯店前堆滿苦茶籽的鐵皮間泡著茶的他回憶：「生意該我的就我的，賺不到就吃稀飯。」不過，近二十年的努力似乎有了一點回應，據傳雲林縣政府在九二一滿二十年的二〇一九年年底將會開工修復一四九甲縣道；而村民建議跨越清水溪的「景觀橋」兩年環評期也即將屆滿，若能通過興建，遊覽車將可從阿里山直通草嶺，「做起來我們草嶺就很風光了。」

在還沒恢復風光之前，原本有七百多人的草嶺人口已經外移了一兩百人，堅持只說閩南語的劉文房形容這種現象是「失丁啦！」當初身為中生代的他願意扛下重建棒子，現在想交給年輕人卻四下無人，也因此當林貝珊願意回鄉陪伴父母並參與村莊事務時，他直誇她有心，還喊她「未來的村長」，嚇得林貝珊急忙否認：「你不要黑白講。」

其實這些年也不是沒有年輕人回鄉，林貝珊直言：「肚子沒有飽，沒辦法顧佛祖啦！」大家忙著跑車載客賺錢，暫時無暇出來參與社區事務；她則是因為應徵上古坑鄉公所約聘的旅遊中心人員，才有機會跟著前輩學習。白天上班，休假時林貝珊則是和先生一起務農，還找了十幾個咖啡農組成產銷班推行草嶺的無毒咖啡，「申請有機是不可能，像我自己的咖啡園完全沒噴過農藥，但是一驗就有，因為鄰田汙染，驗了好多次有點挫敗，我沒辦法防治。」

神農大飯店劉文房（左）與返鄉工作的林貝珊（中）（攝影：許震唐）

草嶺苦茶園（攝影：楊惟至）

不過，今年草嶺的產銷班接受農會輔導，要與古坑鄉的華山、荷苞山結合，組成全臺灣繼南投之後的第二個咖啡產區。遊戲規則是產區內七五％的咖啡園要有產銷履歷。「產銷履歷不是不噴（農藥），而是合法用藥，規定的那幾種你可以用，而且一定要沒有殘留。」林貝珊成立的草嶺咖啡產銷班因海拔較高，蟲害不若山下多，因此肩負起拼出產銷履歷、成立咖啡產區的重責大任。

古坑鄉的咖啡是於謝淑亞擔任古坑鄉長時期轟動全國，因為二〇〇〇年時，她在有如邊疆地區的荷苞山上遇見一位「每天自己喝的比賣出去還多」的咖啡館老闆，才第一次知道臺灣曾種植咖啡，日治時代還有個咖啡農場就在雲林。謝淑亞立刻請學者做田野調查，並有幸找到曾於農場工作、二〇一九年剛以一百零三歲高壽過世的黃登子先生，為他留下珍貴的影音紀錄。

透過許多小活動的能量累積，古坑鄉公所舉辦的第一屆咖啡節以三百萬經費創造了兩億元的商機；第二屆活動拉長到五十天，經濟效應呈倍數成長。當年謝淑亞曾拿下全國鄉鎮市長評比第一名，還吸引英國BBC電視臺出機拍攝，是九二一之後一波強而有力的觀光產業振興。

除了串起咖啡農，林貝珊在旅遊中心規劃的行程也會帶旅客體驗草嶺的生活，讓田裡的叔叔阿姨賺點錢。「其實社區（營造）這種東西，我覺得是看在地的需求，需要有人去帶動他們。」

她指的「人」，一是

① 謝淑亞於921時擔任古坑鄉長，推動古坑咖啡產業。（攝影：許震唐）
②③ 特用作物產銷班與正在剝苦茶籽的婦人（攝影：王梵）

①
③|②

要去外界找到願意投入社區的專業人士；另一則是社區內有人得跳出來，「這個人要不怕『十嘴九屁股』[13]、不怕任何批評，一頭栽下去做。一開始少少的不會有太多人，愈做愈大大家就進來了。」

與社區營造精神一致的地質公園

災後重建的過程中，蘇俊豪不斷與村民共同尋找未來發展，此時，農委會林務局邀請地質、生物、植物的專家們進入草嶺做研究計畫，蘇俊豪第一次從學者口中聽到了聯合國教科文組織在二〇〇四年提出的「世界地質公園網絡」這個陌生卻有趣的概念。

草嶺擁有豐富的地質遺跡，在這裡可以看見河流切蝕，以及幾百萬年前因造山運動而浮現的海底貝殼化石等奇譎美幻的現象，很適合「地質公園」這條路。於是，蘇俊豪與劉文房到澎湖考察後決定撩落去，先從「縣級」地質公園開始，同時與世界地質公園網絡交流，劉文房豪情壯志地說：「我們看以後可不可以進世界遺產。」

臺師大地理系教授王文誠是近幾年協助草嶺推動地質公園的學者，他說明全球以往的保育機制從來沒有把「社區參與」列入核心價值[14]，例如國家公園傾向把社區劃在國家公園外，但地質公園卻是把「社區」當作主體，所以理解「地質公園」最簡單的方法，就是「社區營造＋自然保育」。這和臺灣一九九五年開始找尋土地認同、認識家鄉環境、由下而上的社區總體營造精神也是相當一致的。

蘇俊豪認知到除了保護地質遺跡，社區的基礎設施和旅遊環境也很重要，於是他在村長任內完成許多條自然步道，並爭取經費營造草嶺商圈，蘇俊豪說：「既然要轉型成地質公園，就要把草嶺這個地方變得更棒，來迎接未來的盛事。」但事情並不順利，光是「看板一致化」這件事他就踢到鐵板。一些不願配合的店家態度強硬警告他：「你拆了試試看！」造街鋪石板時，為避免壓壞石板，蘇俊豪禁止車子進出長達兩個月，更是遭商圈裡的村民罵翻。但蘇俊豪到現在仍不後悔，「你看九二一之後只要有造街的，（石板）幾乎都翻掉重做，不可能像草嶺現在還這麼完整。」

二〇〇九年莫拉克風災後的村長選舉，蘇俊豪再度燃起「重建魂」出來角逐，但這一次，村民以低票數高調反擊。蘇俊豪對於九二一重建全力投入的自己竟然選輸，只能苦笑，也承認這是某種長期累積的反作用力。

沒有機會貢獻重建經驗，蘇俊豪知道有人會接續，但行政院九二一重建會沒能保留下來成為一個處理天災的常設機構，他卻覺得很惋惜：「至少將九二一重建會的人無論退休或在位，都留下個聯絡方式也好，訓練那麼久了，應該借重他們的長才。」這和謝淑亞經歷九二一震撼教育後的觀念不謀而合，她引用《孫子兵法》經典名句：「無恃敵之不來，恃吾有以待之。」不要心存僥倖認為天災不會來，平時就應該建立好一個清楚的網絡，避免再像九二一時一團混亂。

921後曾任草嶺村村長的蘇俊豪（攝影：許震唐）

地質景觀豐富的草嶺（攝影：許震唐）

二〇〇四年，草嶺在蘇俊豪任內成為全臺第一個「社區提案、政府揭牌」的地質公園，但當時「村莊開心」及「預備」的意義似乎大於一切，劉文房說，連學者教授群都笑他們只有名稱沒有拿到半點實質補助。然而笑歸笑，該做的事並沒有因此停下腳步。

從特定風景區解編，進入地質公園

草嶺曾是「特定風景區」，這對村民的生活帶來諸多限制[15]因而反彈組自救會，最終在二〇〇一年正式廢除。剛趕走一個風景區，又來一個地質公園，王文誠坦言一開始居民難免有疑慮，在這過程中，「培力」就非常重要：要讓居民認識環境的價值、想要主動保護它，為自己安身立命的地方感到榮耀。至於保育程度不同的核心區、緩衝區，與永續發展區，也是由村民和縣政府多次討論後形成共識；最嚴格的限制只落在核心區，也就是「飛山」那一區，王文誠說：「因為它還會繼續再飛。」

經過漫長的培力，如今是否整個草嶺村民都想設立地質公園？劉文房急切又誠懇地說：「要！要！全部都要！地質公園有好處，它沒有限制老百姓的經營耕作權。」蘇俊豪則是樂觀認為，即使有限制，甚至日後限制範圍加大，他對下個世代也深具信心：「或許他們想法又不同了，覺得保護起來才是我們真正的基礎。」

整個村莊都是校區：走讀草嶺

草嶺的下個世代，原本都集中在草嶺國小，但九二一對草嶺的影響就像一條龍般，從交通、觀光、到人口「失丁」，再往下就是草嶺國小的學生數。羅右翔老師一九九五年剛進草嶺國小時，全校有七十幾位學生，十三年後鄭朝正老師到職時，學生人數只剩一半，幾達教育部「小校裁併」的紅線。

教育部和雲林縣政府曾派員來草嶺討論廢校，甚至答應補助交通車及所有學雜費，小孩只要出「人」，就可以免費送至最近的雲林縣國小就讀，但家長不同意，「不然你把我們草嶺劃給嘉義縣好了。」在地理上，嘉義確實有兩所國小離村莊更近。一陣攻防，一位家長提出山路夏天大雨、冬天大霧，萬一校車路上被落石砸到，誰能負責？因此這個提議也就不了了之。

二〇〇六年網路曾瘋傳一篇探討小校裁併的信，這封信就是由草嶺國小的代理校長李政勳有感而發所寫下的。雖然獲得全國關注完全是意料外，但因

草嶺國小羅右翔（右）與鄭朝正老師（左）（攝影：許震唐）

此促使雲林縣政府隔年開創「小型學校轉型優質計畫」，讓學校根據在地的資源發展成特色學校，才讓草嶺國小與同在一四九甲縣道上的樟湖、華南三校得以絕處逢生。

為了走出特色，黝黑精壯的羅右翔主攻生態；童軍出身的鄭朝正則走向岩石礦物，這兩位研究所學長學弟以草嶺特殊的自然資源，聯手設計出「走讀草嶺」課程，除了將家鄉環境融入各科，也帶學生至戶外用五感體驗課本上的知識。有一次鄭朝正在枯水期時帶小朋友到溪流撿石頭，小朋友好奇為什麼石頭上會有白白的小鳥大便？其實那全是沖刷後的貝殼化石。「大家可以聽可以看可以摸，而且小朋友喜歡玩水，會覺得學起來比較快樂。」

用心規劃的課程，其實一開始家長並不領情，大約有兩年的時間，每次開會都有家長抗議「沒在讀書教書，都在出去玩」。學校老師的解決之道就是辦成果發表，羅右翔曾將學生拍攝生態的作品拿去參賽，結果就像電影《魯冰花》一樣得了大獎；又或者當家長在種茶的時候，就把學生帶去茶園由家長來教專業知識。漸漸的，家長、老師、學生之間有了更好的互動，家長反而成為學校的後援部隊。

地質與生態除了融入自然課程，也能融入藝術與人文。有一段時間，家長來到學校時會找不到孩子的教室，因為老師發給全班一塊杉木片，讓學生共同討論創作「〇年〇班」的班級牌；有一班學生在板子上黏了三隻甲蟲，大人一頭霧水，其他小朋友卻一看就懂：「三年甲班」啊！

多次遷校的草嶺最高學府

草嶺沒有國中，草嶺國小已是當地的最高學府，但唯一的一所學校命運多舛，九二一後曾在颱風的摧毀下三次遷校，在民宅、飯店裡上了六年的課。羅右翔說，九二一影響最大的其實不是學生，而是師資。地震隔年，全校只剩羅右翔一位正式老師，連校長都調走了，每年的代理教師都把草嶺國小當最後一個志願，甚至還有代理教師寧願空窗一年也不願到草嶺國小報到。

鄭朝正是雲林人，師大畢業後原本在南投水里國小任教，有機會轉調回家鄉時，大學同學都笑他像生物一樣從水裡進化到陸地草嶺。但他很快就發現這裡的學生為什麼一年換一位導師了，原來是每遇大雨時，路況就令人提心吊膽。羅右翔的車曾被困在泥流中無法前進，鄭朝正則是待到第三年正在擔任總務主任時，為了閃大落石只能撞小石，車子

身在雲端的草嶺地質生態小學（攝影：許震唐）

毀了，他在家人的擔憂下也心生去意。聖誕夜生日的他，那年跟著社區報完佳音後，老師和家長們買了蛋糕為他慶生，「前面兩個（許願）要講出來嘛，第一個願小朋友身體健康，第二個還沒講，家長就在後面說『啊，第二個就直接學校蓋好再走啦！』」結果新車都買六年了，人還在草嶺國小，不過有經驗的他這回挑的是鋼板厚實的歐洲車。

以綠建築工法興建的新校舍在二〇一四年落成，正式更名為「草嶺地質生態小學」。坐在紅磚黑瓦的走廊下，四面環山的天空不時傳來大冠鷲的叫聲，鄭朝正說：「感覺有一個自己的家了。」

心一踏實，就想給出更多，不僅週末常為小朋友舉辦好玩的活動，寒暑假也有大學生來辦營隊，就連學校和社區的互動也變得更密切了。以往是學校為社區辦解說員培訓、認識地質與生態的「教學關係」，現在是和社區一起深化地質公園內涵的「合作關係」；學校連開發出的體驗課程例如攀樹、溯溪，也整套移植給社區發展成小旅行。

點點滴滴的付出，家長都看在眼裡，偏遠學校有老師

草嶺國小的溯溪與攀樹課（圖片來源：草嶺國小）

願意來已不容易，林貝珊為這些在放學後還願意做社區工作的老師們抱不平：教育部花錢蓋學校，卻不多加一點錢蓋老師宿舍，每一年都提申請，每一年都打回票。而且在宿舍沒著落、老師們天天開車兩小時上下班的情況下，連每月七、八千塊的「偏遠加給」也遭到取消。原因是搬到新學校後，大門距離公車站牌四點五公里，不管公車是否真的班班開上來，依照法令就是不符合五公里的偏遠標準，客運公司礙於路權規定也不能隨便移動站牌。因此縣政府除了取消偏遠加給，還「追繳」自新學校成立那年開始計算的金額，鄭朝正與羅右翔各繳回了十幾萬元。

從幼兒園留住國小未來的學生

午休時間，瞥見剛忙完營養午餐的廚工正在看手機，原以為是追劇，結果是觀看廚藝教學影片。問起用餐學生人數，她抱怨：「人愈來愈少！現在幼兒園十一人、國小十四人。」

草嶺國小還附設幼兒園？原來是鄉公所經費不足要撤掉幼兒園，就找上草嶺國小幫忙，老師們也都覺得應該從幼兒園就留住村莊的孩子，但學校沒有多餘的空間，最後只好犧牲一半的校長室硬擠出一間教室。對草嶺的小小孩來說，「升小學」只是走兩步路換個教室而已。鄭朝正自己的女兒就是從幼兒園小班一路唸上來，當地人笑說資歷這麼完整，以後可以出來選村長了。

被砍半的校長室外面是一片超大的空曠平臺，平臺上矗立一座鐘，校長成了名符其實的「校長兼撞鐘」。每學期開學時，學生都要來這裡敲鐘並對著山谷大聲許願，學期末驗收達標的就可鳴笛慶祝。

身為主任的鄭朝正常在學期初誇下海口：「這一班的小朋友如果考不到前三名，主任馬上辭職！」但草嶺生態地質小學每班學生平均也才三名。有一回，羅右翔的孩子敲鐘大喊：「這、學、期、我、要、考、第、一、名！」後面立刻有人抗議：「你們班就你一個而已，不算！」

這麼少的孩子，老師們做的事卻比一般學校都多，問他們每年為這十幾個學生設計特色課程、想許多點子的最大原因是什麼？獲得第六屆國家環境教育獎的鄭朝正回答：「希望他對家鄉有感情，以後出去唸書了他會說：我要『回』草嶺，而不是我要『去』阿公阿嬤家，那個認同感是不一樣的！」

孩子們要回的草嶺，有著瑰麗奇幻的峽谷、古老神祕的貝殼化石與千層蛋糕般的沈積岩；雖然壯闊的飛山一度毀滅了草嶺，新

草嶺古老神祕的貝殼化石（攝影：許震唐）

草嶺潭也在五年後因敏督利風災潰堤，但在社區居民、學校與學者共同討論下，又找出了「草嶺新十景」做為草嶺的亮點。能讓這環山的小村莊在天災後重新透出光芒的，依舊是這些人類無法創造只能讚嘆的地景。

二〇一九年夏天，「草嶺地質公園評估報告」終於從雲林縣政府送進林務局，若審核通過，草嶺將是全臺繼馬祖之後第二個擁有法制地位[16]的地質公園。居民除了透過守護地景資源歡迎外界、為社區帶來新的機會；相信也會在進入世界地質公園網絡後發現：這世界上有很多國家、很多人都和自己一樣，在盡心照顧地球和發展自己的家鄉。

6-4 蓋自己的家：霧峰太子吉第

二〇〇一年十一月十八日，九二一地震中被判為全倒的臺中縣霧峰鄉[17]「太子吉第」大樓舉行重建工程動土大典，這也是九二一後第一棟「住戶與原建商達成和解、以都市更新方式原地重建的集合式住宅」案例。當天來了近五十位住戶擔任志工準備茶點，迎接自地震以來少數歡喜的一天，連其他前來道賀的社區看到這團結的陣仗都覺得驚人。前一天晚上，還有住戶站在原先的大門口位置喜極而泣：「總算要動工了。」

被判定為「全倒」的太子吉第距離交通繁忙的大馬路僅有一百公尺，周圍建物密集，或可以想像樓高五十公尺的它在全倒的那一刻對大樓內的住戶與周遭居民造成的震撼。但原來「全倒」並非一定是連根拔起，而是經專業鑑定後「修繕費用將高於建物價值的一半」，政府即認定為全倒（低於一半則為半倒）。太子吉第當下並未倒塌，一百九十七戶住戶全數平安撤離。

震後幾天，管委會歷任委員們組成「自救會」，擔任自救會總幹事的游宗曉說，當時整個災區的集合式住宅充斥著告建商的聲音，「自救會」或許比較容易凝聚力量、引起社會關注，形成對建商的壓力。但沒想到，從第

（圖片來源：游宗曉）

一次與建商太子建設協商到形成共識歷經了十個半月，又過了一年三個月後才順利動工，而從動工到落成大典再歷時兩年半，「原地重建」竟是一場近五年的耐力戰。

我們將來帶你回去

在台電工作的游宗曉二十八歲時買下太子吉第，三個月後遇到九二一，夜半帶著妻小原想逃到幾步路之外的老家避難，但太子吉第方圓五十公尺內的居民連同游爸爸全遭警察撤離，以防大樓隨時可能因餘震坍塌。安頓好老家中游媽媽的遺照後，一家人在車上睡了兩晚，直到建商在霧峰農工操場上搭起帳篷、設置衛浴設備，並安裝三支免費電話，游家才和社區其他住戶有了暫時棲身之所。

睡在車上的其中一天清晨，突然聽到空地上其他住戶大喊「誰家的小孩？」游宗曉驚醒，連忙把跑錯車的兒子帶回來。唸大班的兒子問：「爸爸，為什麼我們有房子不能進去住？」游宗曉答應兒子：「我們將來帶你回去。」

據說這段對話後來上了報紙頭版，因為時任總統的李登輝來到霧峰訪視災情，游宗曉在陳情時轉述兒子的話，忍不住激動潰堤，記者便拍下這令許多受災戶都感同身受的一幕。或許是出於憐憫，李登輝連問三句：「你住哪區？哪條路？你叫什麼名字？」

九二一震災，全臺集合式住宅全倒一百七十四棟、半倒一百四十八棟。霧峰鄉隔壁的大里市「臺中奇蹟」社區住戶認為團結才有力量，短短三、四天內串連了臺中縣大里、太平、霧峰等地近四十座集合式住宅，組成「九二一地震受災戶聯盟（災盟）」，集體向政府爭取權益。但太子吉第自救會經過討論後決議不加入災盟，「我們應該好好做自己的事。」

游宗曉說：「每個單元有它自己的屬性，我們要解決的問題不一樣。」例如別的社區也許只要走掉一戶就會因土地持分比例降低而跨不過重建的門檻，太子吉第則是就算走掉五十戶仍保有一半以上土地的持分。但太子吉第是剛交屋沒幾年的新社區，許多住戶才繳了一部分貸款，舊貸款與新貸款的資金缺口會是太子吉第住戶們最大的問題。

自救會：選擇原地重建

自救會階段最主要的工作就是要求建商太子建設對全倒的社區負起責任。大社區裡什麼人才都有，建築師、結構技師、監工等，在餘震不斷時這些專業人員分組進入七棟大樓以及店面，針對結構性的問題拍照蒐證，再依據地震前的建築法規一一比對不合格之處，以此與建商展開談判。

但社區唯一缺的就是法律人才，因此自救會花了一大筆錢聘請法律顧問控告建商董事長，到建商位於臺南與臺中的公司抗議，並從新聞得知受災戶可以對建商進行「假扣押」[18]後，以近四百萬的管理費基金假扣押太子建設在臺中市即將蓋好的幾處建案，共值近四千萬資產。游宗曉說：「那麼大的公司，這些錢算什麼？但是他就覺得名聲不好，才會出來談。這是我們的優勢啦，畢竟太子建設是大公司。」

肯定太子建設老董事長是上一代講究誠信注重面子的生意人，曾下達過「盡快解決」的指令，只是與建商談判代表溝通的過程並不順利。起初建商不認為自家工程有疏失，只願發放補助金，並協助以補強結構的方式修繕，但住戶看到多處梁柱鋼筋裸露、牆面爆裂，「如果這個房屋修繕起來再給別人住，不管租也好、賣也好，我們也不安心。」

幸賴霧峰鄉公所不到一個月就判定太子吉第為全倒社區，至此，建商才願意拆除大樓、與住戶展開賠償方式的協商。

扣除掉一開始就選擇放棄重建的十五戶，有高達八成比例的住戶選擇重建社區，於是建商提出了數種選項，包括住戶補差額可挑選太子建設的其他建案，或是移轉到郊區蓋透天厝，條件都是將原有土地賣回給建商。

藉著這些方案，自救會邀請帳棚區結束後就四散的住戶們一次次回來討論與表決，彼此的關係逐漸熟絡。經過十餘次的協調後，在舊貸款尚未解決、現址折售狀態不明、且住戶們喜歡原處的生活機能下，二〇〇〇年三月一日，「原地重建」成了太子吉第居民與建商唯一的努力方向。

重建委員會：守住參與重建的意願

行政院二〇〇〇年二月在南投縣中興新村成立「九二一災後重建推動委員會」（九二一重建會），

太子吉第自救會也順勢與政府同步，將名稱改為「太子吉第社區重建委員會」，其實都是同一批幹部，但認為有「重建」二字能帶給住戶「正式進入下一階段」的信心，守住大家參與重建的意願。

幹部清楚區分兩個名稱的定位：「抗議、丟雞蛋那些事情是以自救會名義去做的，重建委員會就是在做真正的重建事務。」同時也聰明善用兩個名稱在過渡時期的模糊地帶，「能談，我們就跟太子建設用『重建委員會』來談；不能談，進行法律訴訟的過程中，就用『自救會』去告。」

重建委員會成立時距離地震已經半年的時間，雖有「原地重建」的目標，但建商與住戶各要負擔多少並無共識，協商再度陷入瓶頸；住戶們對於舊貸款能否打消也憂心忡忡。

雖然行政院出面召集各家債權銀行，希望銀行以呆帳的方式承受（打消）舊貸款中屬於「房屋」的部分（土地部分仍須清償），但接受承受與否的主導權仍在銀行，且民間銀行的意願又比公股銀行更低。因此重建會中在銀行工作、且負責放貸與追帳業務的常務理事林培鑫就騎著機車一一前往住戶們辦理貸款的銀行，用銀行界熟悉的語言溝通，最後促成銀行團同意，只是每家銀行願意承受的比例不盡相同。

總幹事游宗曉是台電工會的幹部，有過組織經驗的他分享：「讓大家明白你在幹嘛，然後清楚可以有怎樣的期待，才能讓住戶比較安心、不會離開（重建）。」因此重建委員會開始製作社區報、架設網站，讓居民知道目前進度與難處，也凝聚住戶的向心力。

此時另一個難題是「建築執照」的申請需要全體住戶同意，但已有十五戶放棄重建，若要引《土地法》及《公寓大廈管理條例》當作重建法源恐有爭議，處理上也可能曠日費時。為了突破僵局，太子建設提議或許可改走地震前一年才制定的《都市更新條例》管道。《都市更新條例》對住戶來說是前所未聞的事，二〇〇〇年三月，「都市更新研究發展基金會」丁致成執行長受邀到霧峰向幹部們簡介《都市更新條例》對社區重建的幫助，其中最直接的助益就是住戶可申請設立「都市更新會」，只需要達到法定的住戶比例，不需要全體住戶同意，即能以《都市更新條例》做為法源，實施都市更新事業（重建）。[19]

太子吉第重建委員會理事長范揚富仔細研讀條例後，迅速在十天內召開「區分所有權人」會議，住戶們各式各樣的擔心都獲得丁致成一一答覆，當天立刻拍板同意以此方法進行重建，並於二〇〇〇年三月三十一日向臺中縣政府申請籌備「太子吉第都市更新會」（簡稱更新會），日後即以更新會推動所有重建事務。

跑「都市更新會」的立案流程中，與建商的賠償談判持續進行著。最大的拉鋸在於太子建設願意付一筆和解金承攬營造，不足的由住戶負擔，但幹部認為工程總金額不確定因素太高，「應該是我們出多少，其他由你們負責。」

建商不明白重建委員會為何如此堅持？游宗曉說：「很簡單，住戶沒錢，他就沒辦法回來住。」政府推出的「震災重建專案貸款」最多可申請三百五十萬，對住戶來說，原有貸款與未來需要貸款的金額必須壓在這個範圍內，才有機會買下同一個家。幹部告訴建商：「我們只要這個東西，其他都不要。」

二〇〇〇年八月二十四日，地震後近一年，雙方歷經八小時協調會議後終於達成共識，建商願意以每坪三萬六千元的優惠固定造價承攬太子吉第重建工程，超出的部分由建商吸收。開工後另提供每月六萬元做為都市更新會四位會務人員的人事費，總幹事游宗曉不支薪。兩個月後，臺中縣政府核准了太子吉第都市更新會立案。「重建」對於太子吉第的住戶來說，終於跨出了一大步。

都市更新會：「臨門方案」解決所有住戶的資金難題

選擇「都市更新」這個重建方式需要召開事業計畫公聽會、權利變換計畫說明會，再遞送計畫書、公告。隨著時間愈拉愈長，當二〇〇一年十一月終於動工後，有些住戶因工作地點轉換或新貸款苦無定案，最後共有三十三戶決定領取土地賠償金退出重建。

這是更新會面臨的新難題：房子沒蓋出來之前，某些銀行不放心貸款給住戶；貸款沒著落，住戶退出重建，而這些空出來的戶，誰來買單它們的起造費用？此時，財團法人九二一震災重建基金會（九二一基金會）推出的「臨門方案」修訂案解救了所有類似的案例。

二〇〇二年一月，九二一基金會推出「臨門方案」修訂案，只要符合條件的集合式住宅[20]，九二一基金會一〇〇%融資社區總工程款放在指定銀行中，以免中途有人退出影響進度，待完工後，再由重建戶向銀行辦理貸款償還給九二一基金會，至於空戶的起造費，等賣出後再還給九二一基金會。

這徹底解決了重建戶最棘手的資金問題，且九二一基金會考慮周到，指配專業的「建築經理公司」擔任社區在建築與財務上的顧問。這等於送了一大盒定心丸給更新會，無論是經費或技術都有後盾。

游宗曉肯定道：「那才是靈活運用（捐款）基金的方式，而不是一筆（政府）預算不敢給你。」

游宗曉這樣的感觸其來有自。震災一年後的某個假日，九二一重建會副執行長曾特地找太子吉第重建會的幹部們見面瞭解需要。游宗曉回憶：「他說，跟我們聊才知道問題在哪裡，不然他們都不知道戰場在哪裡。」聽聞後，幹部們感到真正的害怕，因為政府握有絕對的權力、絕對的資金，如果不知道戰場在哪裡，該如何分配與運用資源？

隨著重建的推展，九二一重建會的公務員愈來愈能在法令上盡可能給予協助。例如民間銀行看見施工進度後終於願意針對房屋進行二次承受，但需要相關法律的支持。游宗曉打電話向九二一重建會的住宅社區處處長黃文光求援，擬文傳真後不到一小時旋即收到中央銀行回文。游宗曉驚嘆這效率：「我沒碰過這種事。」這也讓他領悟到：「只要把問題找出來，大家都願意的話，一切事情都好辦。」

住戶之一的劉禎禧補充：「當初大家都是秉持『互相信任』的原則，才有辦法那麼順，講話要算話就對了。」

劉禎禧是太子吉第的第二任監工，也是被住戶推舉擔任主委後就再也不讓他下來的萬年主委。九二一後輾轉搬到太太的娘家，起先對社區重建的討論並不積極。兩年多後接到太子吉第邀請他擔任監工時，因為月薪只有其他工地的一半，兒子還在念幼稚園的劉禎禧當時並不打算接下這分工作。

停工風暴

太子吉第雖是原地、原貌重建，但住戶們要的是一個更安全的家，因此才剛開始蓋第一根柱子，住戶中的專業建築師就與太子建設的工務所為了繫筋的彎勾角度吵了兩、三個小時，最後在九二一基金會派給的建築經理公司給出務實建議下達成共識。

之後，又因幾處缺失，導致第一任監工與更新會理事長決議「無限期停工」，游宗曉為此怒辭總幹事一職，這次就連建築經理公司都贊成停工，想對建商施加壓力。但太子建設只是承攬的營造商並非起造人，沒有資金壓力，消耗的頂多是每天工人的費用。游宗曉認為用「不同意」該階段的施作品質，要求工人解決問題後再繼續原有進度，事實上也能達到「技術性」停工。否則，對在外租屋等待重建的住戶而言，停工幾週就是多付幾週的租金，加上現場的鋼筋會生鏽、沒人的工地安全也有顧慮。這些無形壓力都落在組織（更新會）裡面。

整個事件在九二一基金會執行長謝志誠發飆後召開常務理事會為「停工」解套，總幹事游宗曉回鍋，並有住戶在另一個工地巧遇劉禎禧，邀請他回來擔任監工。游宗曉補充：「他死活不想回來，大家問為什麼，他說家裡『沒整理』，大家就衝過去他家幫他搬。」

問劉禎禧最後決定回來的原因，他說：「就是那一陣子被石頭打到，不然就是被他們下符咒，想說：不然少賺少花。」實際上，劉禎禧是不忍心放棄這間才買沒多久就全倒的房子，但他也沒想過重建過程竟有這麼多問題與困難，若早知道，他就不會參加重建。「拖很久啊！以前是法律問題，原地重建、原貌重建是沒有這個例子的，所有的條款都要自己去找出來再送到政府那邊看能不能核准這樣做，溝通過程很久。」

但劉禎禧也坦言社區住戶能有高達八成願意重建的比例，讓他很感動。他指出一個關鍵：因為太子吉第是自住的較多，若是投資客占多數，可能就是另一種結果。

蓋自己的家

因為是自住，所以「細緻度就不一樣」。劉禎禧不與建商的工地主任硬碰硬，每每遇到問題，他都詢問工地主任「怎麼做最好？」工地主任總會回覆最佳方案以顯示專業。

建商發現計劃好的鋼筋數量在七樓就已用完，計劃中的水泥也在九樓時告罄，但依據「多的由建商出」的協商結果，建商只能認賠。接下來為避免偷工減料，劉禎禧在鋼筋測試、水泥測試時都特別緊盯，九二一基金會的建築經理公司也會來複查，沒問題才放行撥款。

游宗曉不能確定若非「蓋自己的家」，會不會有這樣的謹慎與耐力，但因為是自己的家，「所以說，你把它當吃飯一樣的話，你就不會覺得在做什麼事，就是趕快把家弄起來，回到家裡來住。」

二〇〇四年四月十七日，太子吉第的住戶們都可以回到家裡來住了；甚至當初選擇政府「七折購買國宅」[21]補助方案而放棄重建的住戶，也因為知道建造過程的扎實而又回來購買空屋。

游宗曉經歷近四年半的重建過程，他知道必須要靠整體合作才可能度過這場天災浩劫，但他也認為，九二一基金會對社區的幫忙最多。除了構思出「臨門方案」以一〇〇%融資為住戶解決資金問題，另一個同樣重要的是，在重建過程中有建築經理公司來告訴社區應該怎麼做。「這是最直接、最有效的幫助；我們可以『做事情』，但你要告訴我們怎麼做。」

劉禎禧也附和：「九二一重建沒有誰是師傅，有經歷過、有參與的人，以後都是當師傅的。但也不能再搞第二次了，真的很痛苦。」

兩位師傅在看到二〇一六年臺南維冠大樓倒塌時，劉禎禧回想起「那（九二一後）一個禮拜怎麼過的，我自己都不曉得」。游宗曉則認為，政府除了依照《都市更新條例》告訴住戶短、中、長期的重建目標之外，還要扮演已解散的九二一基金會的角色與功能，直接向銀行保證資金沒問題，那麼銀行團、營造廠一定會相信政府而願意承貸與建造。只要住戶願意回來重建，再加上專業團隊的協助，社區就一定能完成重建。但兩人很有默契地表示：如果沒有自己捲起袖子來做，還是差很多。

太子吉第能夠成為九二一震災後第一處與建商和解重建的社區，除了大部分為自住戶，回家的意願強烈，擁有各樣人才也是兩位師傅認為「組織戰」能成功的因素之一，「因為大家都可以提供意見」。雖然這些意見有的是懷疑更新會貪汙而查帳，甚至有公務員住戶要到監察院告更新會不關心住戶，但因為帳本清楚，就連建商也將更新會為住戶們付出的努力看在眼裡，在買回剩下的空屋時，董事長公開宣布送一戶當作管委會的辦公室。

在這過程中，劉禎禧覺得最大的受益就是結交了一群朋友，「真的。一個生命共同體，能把這個不可能的事完成，真的是一個很難得的情誼。」

如今，這群生命共同體住在自己蓋的家，結果就是九二一以前一遇地震，很多住戶都會跑到大廳空曠處，現在地震來了，知道房屋結構非常安全，出來反而怕被磁磚砸到。「因為你看過它的成長，你看到這間房子是怎麼蓋起來的，你就會放心。」游宗曉和劉禎禧得意地說。

太子吉第在重建過程中經歷各種考驗與難關，在從未有前例可循的狀況下，透過自身力量的堅持才得以一一突破，而建設公司、九二一基金會、銀行、政府單位、財務與法律專業團隊等各種社會資源的進入與整合，讓家的打造融入了深厚與恆久的溫度。

（圖片來源：游宗曉）

6-5 改變一群人的未來：龐大的九二一社區重建關懷體系

曾聽聞一種說法來形容擁有一百五十多年歷史的臺灣基督長老教會，那就是「全臺僅次於 7-11 超商的連鎖體系」，一千兩百多間教會遍布都市、鄉村、部落，甚至離島中的離島。

事實上，一九九九年就有一群牧師與傳道意識到長老教會的優勢與責任，於是籌組全國性的「臺灣社區關懷協會」來協助教會推動「社區化」，讓教會不只是星期天開門的聚會場所，更是積極關懷社區需要與凝聚社區意識的據點，第一任執行長是黃肇新，平時大家各有工作，於是聘請甫從東海社工系畢業的劉鳳如負責行政事務。

一通求救電話，從東勢啟動關懷站

協會才成立三個月就遇到九二一，人在臺中的劉鳳如和許多教會青年熱血動員，借廂型車將募集的物資一趟趟送入災區，最後落腳於東勢長老教會，東勢是九二一地震的重災區，共有三五八人死亡。黃肇新回憶：「他們（年輕人）本來是去看可以做些什麼，結果就完全走不開，因為許多外地的牧師、長老、信徒們輪流來關心，都告訴他們應該做什麼，他們就被困住了。」劉鳳如打電話向黃肇新求助，於是黃肇新從高雄家中北上，花了一、兩天的時間確認當時人力物力所能做的事，建置出一個比較有秩序的臨時關懷據點。

長老教會在這場百年大震中收到國內外教會近三億的捐款，除了緊急救援、教堂重建，也想到必定有許多類似東勢教會這樣的災區關懷據點需要有人統籌支持。為了保持行動彈性、避免龐大的捐款卡在教會內部繁複的程序，所以用全案委託的方式將一部分捐款轉給「臺灣社區關懷協會」，在臺中市成立九二一社區重建關懷辦公室（簡稱九二一辦公室），並繼東勢站之後依地區需要及教會的意願，陸續借用教會空間成立十五個社區重建關懷站（簡稱關懷站），一年後最多曾達十九個，最後維持在十七個關懷站的規模。

千頭萬緒，英雄所見略同

黃肇新曾在高雄縣政府擔任七年的社工督導，他明白臺灣已有社會福利和社會救助體系，所以像九二一重建關懷體系這樣的民間組織應該是補充替代性質，在既有架構下讓服務內容更完善。他有美國社區發展碩士的背景，且當時正就讀臺大城鄉所博士班，相對不受限在以人為對象的服務上，也想關注社區內的其他議題，「但以我們的經費來源和用途來說，我們能做的事情確實是在人群關懷上。」

幾乎是同時，社工界的王增勇與曹愛蘭也依照災情與人口數為南投縣政府規劃出「社區家庭支援中心（簡稱家支中心）」體系，服務內容與黃肇新為教會構思的重建關懷站極為相似。「他們的思想是比較不傳統（以個案和家庭為取向）的社工，你看它取的名字是『社區家庭支援中心』，所以眼光是放在社區和家庭，比較有結構性的概念。」既然雙方一拍即合，黃肇新在一九九九年十二月與南投縣政府簽約，以公辦民營方式承辦南投縣五個鄉鎮的家支中心，其餘尚未有能量承接家支中心或尚未有政府資源到達的地方，就用長老教會自己的經費來服務。

當時除了長老教會，另外還有伊甸基金會、基督教救助協會等十二個非營利組織承辦南投縣其他鄉鎮的家支中心；有一些非營利組織沒有足夠的能量走入災區，卻又因賑災捐款的排擠效應而頓失財務支持，勵馨基金會就是其中之一。「他們撥了一些人到長老教會的團隊，用這個方式來（發薪水），長老教會也是一時間找不到有助人經驗的專業者，用這樣的方式讓我們的團隊早點形成。」

但即使有勵馨基金會加入，社工的人力缺口仍然太大。部分關懷站只要有人願意做，不管有沒有社工專業就先讓其上場，九二一辦公室再透過一次次的會議與「行政管理」、「社工知能」、「社會資源」與「組織發展」等類別的在職培訓來幫助工作人員知道自己該做哪些事，也讓行政一致化。邊走邊整隊一年後，原本該是逐漸上軌

① 位於生產合作社裡的竹山教會與竹山關懷站（圖片來源：璣谷．古尼）
② 巡訪關懷站（圖片來源：黃肇新）

②|①

道的關懷站卻有少數一、兩個決定退出南投縣家支中心的合作關係。「不好意思地說，其實那時候不接家支中心合作，是因為我們做得不好。」在工作倫理、工作紀律、工作規則都沒建立的情況下，有些關懷站的表現不盡如人意。

二〇〇二年，南投縣新上任的縣長基於「需求縮小」、「經費考量」及「回歸常軌」三大理由，決定終止所有生活重建中心（原家支中心）[22]的委辦，將所有福利業務轉回鄉鎮市公所辦理。即使民間團體感到理由薄弱、過程粗糙魯莽，因而舉辦各種行動、研討，並引起如《中國時報》全國版的報導輿論，但也扭轉不了縣政府的決定。

社會工作的兩種取向

雖然少了政府的經費可運用，但對關懷站而言，不失為一種鬆綁。

黃肇新一直都知道關懷站力有未逮之處：「其實所有的重建或者社區工作都有很重要的一塊，就是地方經濟、社區經濟，它需要的眼界和策劃能力，相對來說沒這麼容易。這是有趣的，社工的角度看得到但都做不到。」即使他當年進修「社區發展」時教科書和課堂上一定要談住宅和經濟，但臺灣的社工訓練裡沒有這一塊，比較無法在空間或產業領域上著墨。

過去，沒有承辦生活重建中心的關懷站很容易顯出差異性，「它比較不會被綁住，機動性比較高。」這些獨立型的關懷站可以更立即回應社區當下的需求。相較之下，與南投縣政府合作的關懷站則必須先把政府交辦的事做完，「社工一定是看到『人』，而且如果進入救助、福利體系的，一定是先把弱勢找出來，滿足他們的需求。但這些份內事做完以後，通常已經不太有力氣，對人的服務其實是很耗時間的。」

黃肇新曾在著作《重建啟示錄》中探討過社福與社造這兩種型態，他分析生活重建中心「有比較多量化的、管制的做法，比較像是政府的延伸，沒有自發的活力。社區營造相對上比較沒有具體的框架，就是社區提它想要做的事情」。但這兩者只是關心的重點不同、策略不同，並非零和的競爭關係。只要有機會，他仍會提醒社工在服務個案之餘要意識到跟空間、環境、經濟之間的關係，特別是跟地方上的產業有機會合作的時候。

例如曾有一位原住民牧師「拿難」，常代表長老教會總會關心南投仁愛鄉的春陽關懷站（現為史努櫻部落）。他提醒關懷站應正視原住民容易待在帳篷裡面等補助、等救濟品等依賴政府的個性，「這樣不是辦法，應該出來工作。」所以九二一辦公室就出錢買種子、買苗，透過春陽關懷站讓當地的部落居民可以復耕。雖然黃肇新在

春陽關懷站組合屋（圖片來源：黃肇新）

二〇〇二年離開九二一社區重建關懷體系，無法追蹤後續的成果，但他強調，「復耕計畫我覺得是重要的，就是自己要參與重建的過程。」

黃肇新從九二一辦公室卸下執行長後，轉進了文建會的社區營造體系，與國家災害防救科技中心主任陳亮全、雲林科技大學教授黃世輝等人共同擔任雲嘉地區社造輔導團隊的一員，這是九二一最南邊的災區。

黃肇新這一代是剛好跟上歐美「社區發展」蔚為趨勢的一代，留學歸國後又經歷臺灣政治社會結構的轉變，所以有很大一群人就想到可以試著從社區營造來著手。「這個說法就是重建不只是政府的事情……重建應該由下而上，應該要讓社區有它的主張，有它的願景。」社區不再是政府的附庸或樁腳，輔導團隊負責鼓勵社區提出想法、落實做法，並協助跟政府溝通。

如今這樣的模式已經開枝散葉，全國縣市的社會局都有自己的輔導團隊。八八風災時，高雄縣政府也委由旗美社區大學擔任輔導團隊，鼓勵社區投入社造重建工作。但同一個社區會有不同的團體競爭嗎？「這不是什麼好生意，沒有那麼多人愛做，通常是沒有。」

重建應該多快？

二〇〇三年十二月三十一日，九二一社區重建關懷體系結束，接手的人在重建後期不知道該如何收尾，曾請教過黃肇新的意見。意見可有被採納？黃肇新笑言：「大家想到的是這個錢怎麼處理，而不是這個工作怎麼延續。」

重建期結束後還剩很多錢嗎？「其實不只我們，中央也是，九二一基金會也是，都會剩下錢。」黃肇新從九二一到之後的幾個大型災害，他得到最重要的教訓是臺灣社會有著非常豐厚的悲天憫人之心，捐款總是會多過短期需要，「結果就是從政府到民間都急著要在短時間裡把那些錢用掉。」有些人還因此發了災難財，「你急著要花錢，一定會有人幫你用……我們看南投或臺中，你今天回去盤點一下，那些號稱災後重建的工程，特別是那些什麼賣場、農產品展售中心，做了很多都沒有用。因為大家都很急著要看到成果，政府也很怕被批評重建緩慢，但『重建應該要多快』？」

黃肇新提到一種說法：「受災最嚴重的地方，往往也是本來最弱勢的地方。」例如山崩、土石流、海水倒灌，幾乎都是在山區與低窪地區，這些地方的居民在經濟條件上，復原力通常不若都市居民。「所以因為這個災害，你要讓它有更長的時間恢復，把時間拉長，我覺得是應該的。」

九二一時，一般人的想像是三年可以完成重建，三年做不完變成五年，最後就硬生生地結束。「你說九二一今天二十週年了，如

參加APEC報告921經驗（圖片來源：黃肇新）

參與相關部會的重建會議（圖片來源：黃肇新）

果還有一些當時的捐款，今天還在做一些事，可不可以？」

黃肇新能理解政府的心態是早點宣布重建結束才能表示自己是一個好的政府，但是從九二一的經驗值，黃肇新提出挑戰的思維，「何不一次就拉個十年，讓錢慢慢地用？」除了緊急救援與安置的事不能等，其餘的重建項目與內容寧可將計畫時間拉長，「不要做一些因為太急迫，以至於反而破壞環境的事，造成二次災難。」

為教會的社區工作打開更多可能

臺灣只要一遇災難，宗教團體向來都是撫慰民心的重要存在，但是否會有傳教拓展的包袱？「每個宗教團體都有它信仰的核心、價值，而這個價值勢必會影響它行動的取向。」黃肇新舉例有的佛教團體堅持只供應素食，有的則願意滿足大多數人的需要。「以基督教來說，最常講的就是『雙福』，福音跟福利（或服務），兩個要一起到位。」這在基督教神學裡有很多的辯論，黃肇新卻沒有糾結，「對我來說，服務就是福音。你不會為了傳福音來做服務，也不會說如果你來做服務，他沒有信耶穌，你就不把服務給他。」

中國發生汶川地震時，黃肇新也曾前往該地分享經驗，當他聽到許多投入救災的基督教團體在報戰果「今天有多少人信主」時，都會極端地聯想到美軍在越戰時每天回報殺死多少越共，「如果按照這種報法，那不早就把越共都殺光了，怎麼還在打仗？」幸運的是，長老教會不是這種傾向的體系，當時長老教會的行政最高決策者張德謙牧師說：「不是我們要得人，而是要讓人因我們而得福，這樣子就夠了。」

但即使決策者態度清楚，到了地方上仍會遇到尷尬之處。例如某關懷站主任曾在一篇文章中提到承接生活重建中心三年，所在教會的受洗人數只增加七位，這實在不是一個鼓勵教會做社區關懷工作的宣教數字。另外一層是，關懷站設在教會裡，誰是主誰是從？他不諱言地說，九二一重建關懷體系就像臨時編組的特戰部隊，突然空降在層層分級的長老教會，為了爭取重建時效難免疏於與在地結構溝通，隱約還是呼吸得到微妙的張力。

針對後者，黃肇新的建議是九二一重建關懷體系累積的經驗在災後很有條件將遍布臺灣的教會轉化成一個個在地的資源重建站，甚至可以在適當的層級設一個類似九二一辦公室的「事務所」，組織兒少照顧、老人福利、地方經濟等不同背景的專業團隊，巡迴輔導各教會。「若事務所運作得好、經常與各地教會保持互動，一遇災害發生，應變能力自然也較強。長老教會做為臺灣社會基層網絡的一分子，當它能夠被動員，因應臺灣急難的時候，它可以是一股力量。」

黃肇新還提醒：「不要太自我中心」，無論專業團隊的能量多麼充沛、體質多麼健全，還是要與整個國家的防災體系接軌。「其實臺灣的防災體系因為一次又一次的（天災），建置得比較完整了，整個資源配置運用，你（長老教會）可以跟更大的力量結合起來。」

他很有信心這個專業團隊不必煩惱經費，因為「教會做社區工作」這件事情若是有意義的，長老教會一定會持續支持，要擔心的反而是案子做不完，「當事工計畫與能力成長時，想不要事工都難。」

就黃肇新的觀察，當時重建區的另一個民間團體「基督教救助協會」反而藉著九二一的機會看見社區的需求，特別是偏鄉教會的需求，累積了很多社區工作的經驗。

基督教救助協會在教會界的分類裡，是一九四九年跟著國民政府來臺的國語教會，教會地點大多在都市裡，「但它順著那些（災後）需求，一波一波推出各種教會社區服務的方案，建立它宣教的灘頭堡，它是雙福（福音與福利）並進，一步步扎根，所以它有『一九一九』[23]，我到很多地方上的長老教會都聽到他們跟救助協會合作。」

相對於基督教救助協會的乘勢而起，黃肇新認為，「我們（長老教會）是做完這些事就收起來，回歸整個教會體系的自我完成。自我完成就是祈禱、傳道、做禮拜，所以災害重建結束它（九二一社區重建關懷體系）就收攤了，沒有做到發展型的任務。」

重建讓一群人改變了未來要走的路

時間拉長來看，九二一的經驗似乎讓臺灣基層的教會有過一次社區服務的操練，所以現在進入高齡社會，愈來愈多社會福利服務推動「社區化」的時候，地方教會相對容易結合進這樣的趨勢。

黃肇新樂觀看待遍布各地的長老教會透過社區工作更清楚地方的需要，或許日後可以引進更多團隊協助社區，而這些團隊成員也可能是未來發展社區的一分子。

就像二〇〇一年納莉風災後，九二一辦公室曾經與另一個因九二一而成立的寶島義工團[24]合作

「Y-HOPE」方案（Youth Housing Operation Post Earthquake），利用暑假為弱勢獨居的長者們蓋臨時屋。當時的做法是，即使寶島義工團有自己的水電、焊接等專業團員，但九二一辦公室在引進寶島義工團時，也號召教會的年輕人加入學習。

家屋再造在重建區並非頭一樁，但卻是第一次有來自全國各地的青年投入參與，這群年輕人，白天在時而烈日當空、時而又傾盆大雨的天氣裡工作，晚上則在教會裡打地舖休息，但他們卻沒有半句怨言，每個人都對自己能參與「Y-HOPE」的方案感到相當有意義。

黃肇新很感謝工作人員推動這樣的方案：「社工界裡面有一個很重要的詞叫『ownership』，指的是『擁有權』，讓年輕人感受到自己付出一份心力在其中，對參與這件事激發出認同與光榮，未來就會想成為社區的夥伴。」

Y-HOPE方案集合全國各地青年參與，為弱勢獨居長者造屋。（圖片來源：璣谷・古尼）

說到關懷站的工作人員，黃肇新形容初期因為陷在人力荒，只要地方上稍微具備一點功夫的人就拉出來打仗，「所以我們在這當中做很多基本的訓練，包括那時電腦上網還是數據機撥接的時代，沒有wi-fi，有的同仁連傳真機都沒用過，為了這個工作要上手，很多的訓練是邊做邊學，我們讓很多原來是家庭主婦的人，因為參與這個工作而具備了服務的工作能力。」即使有些人呈現的成果不如預期，但黃肇新相信還是有一群人可能因能力或自信心提升，改變了他未來要走的路。

他曾於文章中寫道，九二一地震後，帶著熱血投入關懷站的青年大大彌補了在當時更專業、更有歷練，卻因家庭或職位而困於都會區的中年人。這些教會青年在鄉鎮、社區、部落裡與居民一起摸索前進，當他們離開九二一重建關懷體系後，有的轉進社區產業，有的投入部落教育，有的進入研究所整理經驗成為論述。每當提及這些曾經投入災區一年、兩年、三年、四年的教會青年，甚至整個重建區曾經互動過的年輕工作者，黃肇新臉上總會流露出以大家為榮的表情。他不只一次地說，若有人去追蹤這些青年「後來呢？」他們的實踐與思辨也許會是臺灣非常珍貴的資產。

其實二十年前髮色灰白、氣質大度從容的黃肇新也只有四十歲，自己都還是青壯代。但透過他同時擁有社工與社造的背景，外界才能在龐大的長老教會九二一社區重建關懷體系中清楚比對出社區工作兩條路線的差異：一條是配合國家資源將福利服務透過社政送至神經末梢；另一條則是社區主動提出自己的願景向政府申請補助。但即使是以「社區」為主體的重建方式，仍然需要輔導團隊來做為政府和社區之間的中介，讓運作更細緻，也藉此培力出一代一代能為社區帶來改變的人。

鹿谷關懷站咖啡區與年輕夥伴一起（圖片來源：黃肇新）

黃肇新 小檔案

一九五九年生於高雄。臺灣大學農業推廣系、臺南神學院神學研究所道學碩士、美國密蘇里大學社區發展研究所碩士、臺灣大學建築與城鄉研究所博士。現為長榮大學永續發展國際學士學位學程主任兼國際珍古德根與芽生態教育中心主任。

重要經歷：高雄縣政府社會局社工督導、臺灣基督長老教會九二一社區重建關懷辦公室執行長、長榮大學社工系、應用哲學系助理教授、長榮大學社會力研究發展中心主任

重要著作：《為社區織一件彩衣》（人光出版社）、《重建啟示錄》（雅歌出版社）、《美麗新家園》（雅歌出版社）、《社區工作理論與實務》（與黃源協等人合著，中華救助總會出版）、《社區打帶跑》（電子書）

〔專訪〕

如何運用全國賑災捐款？——訪前九二一震災基金會執行長謝志誠

謝志誠，臺灣大學機械工程學系博士，二〇一三年八月自臺灣大學生物產業機電工程系教授退休。一九九九至二〇〇〇年，擔任全國民間災後重建聯盟副執行長；二〇〇〇年六月起擔任九二一震災重建基金會執行長，迄二〇〇八年七月基金會解散為止。

現任：財團法人豐年社董事長／行政院政務顧問／經濟部核能發電後端營運基金管理會委員

部落格「謝志誠的觀察與學習」：談廢核、缺電、高雄氣爆、臺南鐵路地下化、〇二〇六臺南永康維冠重建、都市更新等政策議題，也存留許多九二一災後重建、莫拉克災後重建的檔案與文章。

財團法人九二一震災重建基金會（以下簡稱九二一基金會）：成立於一九九九年十月十三日，緣起於中央政府為統合運用「九二一賑災專戶」捐款，以發揮最大效果，於蕭萬長內閣時期宣布由社會人士與相關單位共同組成民間性質的財團法人，運用不受立法院監督。

成立初期由辜振甫先生擔任董事長，其後由殷琪女士繼任，分別在臺北市與南投縣設辦公室，歷時九年。共收到捐款一百四十億八千八百六十四萬七千零六十四元（含指定捐款十二億二千八百七十六萬三千六百零八元）、利息收入十一億八千七百五十九萬三千六百五十五元；行政支出費用為一億兩千三百三十萬六千五百七十九元，占總捐款收入的〇．八八％；重建計畫支出一百四十四億一千六百六十九萬八千六百一十元。結束於二〇〇八年七月一日，銀行存款餘額四十五億六百八十四萬七千八百一十九元歸財團法人賑災基金會。

九二一基金會在重建過程中運用社會資源，統合民間力量，協助九二一地震受災地區重建[25]，是重建區極為重要的經費支柱，因九年運作期間唯一執行長為自稱「做到關門」的謝志誠先生，一百四十億捐款在他領導的團隊手中使用，其如何回應重建區的需要、資源運用的策略，與補助方案背後的規劃思考等，或可做為臺灣社會未來在運用捐款的參考。以下為訪談記要。（訪談時間：二〇一九年六月二十四日）

基金會定位

Q：九二一基金會與稍早成立的全國民間災後聯盟（全盟）與隔年成立的行政院九二一震災災後重建推動委員會（九二一重建會）的區別在哪裡？彼此的分工？九二一基金會補助非常多重建團體，會跟九二一重建會重疊到嗎？

謝：全盟是地震後民間發起的組織，當時是為了做捐款監督，後來發現有難度，因為沒有公權力，但因為有李遠哲光環，還是有一些效果。後來轉型做重建。

九二一重建會是政府依照《九二一震災重建暫行條例》設定的災後重建組織；九二一基金會是為了管理捐到政府的捐款，當時社會沒有監督的機制，能做的就是把資料公開：誰來申請？給了誰？計畫內容？補助原則？鉅細靡遺列出來。

因為全盟第二年就結束，後來留在重建區的就剩下重建會與基金會，兩者之間是既合作又競爭的關係。功能上，全盟在重建過程主要的工作是設了很多聯絡站，聯絡站是很重要的設計，當中「基於社會信任」的概念影響很大。後來九二一基金會給錢也是這個原則，不要給我很複雜的計畫書。你可能去申請政府的計畫，也給我一份，因為政府不可能全額給你，比如你要八十萬，政府給你四十萬，剩下的我給你。

補助依據？

Q：九二一基金會真的承擔了很多捐款，怎麼規劃要做什麼？由誰決定給哪個單位補助款？董事會決定嗎？

謝：原本也是循規蹈矩由委員會審，大家看方案可不可行，但還是跟不上重建區的腳步，因為不可能叫委員每天在外面跑。後來他們跟災區愈來愈脫節，不如我自己決定，我會去當地多方面瞭解：這個人可靠嗎？不過這只是一二三方案（九二一災後生活與社區重建一二三協力專案）那一塊，不是全部都我決定。去災區看看，大家有問題提出來，回來就想用什麼方案解決問題，因為不可能針對個案提計畫，所以會設計大家都能受惠的方案。

集合式住宅的重建經驗——臨門方案

為了瞭解決集合住宅社區更新重建的資金需求，九二一基金會於二〇〇一年四月十二日第一屆第八次董監事聯席會同意推動「臨門方案」，匡列五十億元專款，針對九二一震災中全倒或半倒已自行拆除且循都市更新程序辦理重建的集合住宅社區，於符合《都市更新條例》所定門檻後，由社區的更新會於「更新事業計畫」與「權利變換計畫」審議公告後，檢具申請文件，申請九二一基金會協助「價購不願或不能參與重建者的產權」及「代繳參與重建，卻暫時無法配合工程進度如期繳納的重建自備款」。

原本希望「臨門方案」能在「萬事俱備只欠東風」的期待下，扮演「臨門一腳」的角色。但以《都市更新條例》重建的集合式住宅中進度最快的東勢鎮名流藝術世家更新會與銀行團歷經千辛萬苦簽訂的聯貸合約，卻因其中一家參貸銀行的原貸款戶承受問題未能解決而功虧一簣。

面對打擊，在憤怒之餘，謝志誠執行長決定大幅度修訂《臨門方案作業要點》，只要有過半的社區住戶願意參加重建，所有的更新重建資金全數由九二一基金會無息提供。經二〇〇二年一月十七日第一屆第十二次董監事聯席會決議通過後，臨門方案成為後續集合住宅社區得以順利開工重建的關鍵性決定。從此，集合住宅社區更新重建不再有資金壓力，徹底擺脫金融機構在沒看到實體建物下不願貸款的束縛。

Q：剛講社會信任，「臨門方案」借給住戶的錢全部都回來了？一開始怎麼會想出這樣的設計？沒有擔保品很危險。

謝：八十幾億出去，都沒有擔保品，二十年來沒有人可以挑出毛病，也「沒有人不還錢」。做一個這樣的案子，沒有參考的東西，只有《都市更新條例》。每天手上有一筆資源要用出去，就會思考問題在哪裡，怎麼用既有的法律機制去調整。法律上有一些保護機制，章都在更新會理事長身上，只要他不背叛你，在都更條例裡是很安全的。

Q：那時候有難處理的社區嗎？

謝：是有一些更新會理事長後來會刁難、拖延還款。但我算過，光是給地政機關做抵押權設定，一戶一戶加起來，大概就有六千萬要給地政機關收走，就算他不還錢，那房子是基金會的，機制上已經很安全，絕對不會虧。

我那時強調一個slogan：「只有不願重建的大樓，沒有重建不起來的大樓。只要你願意，一定就可以完成。」如果連二分之一的人都沒辦法出來蓋章，那還怪誰？

九二一基金會可當後衛，四、五十人裡面只要有一個願意扛，就解決了。只要同意蓋章，根本不需要拿一毛錢現金出來，等蓋好再去跟銀行貸款還給我們。

Q：集合式住宅都市更新最困難的是什麼？因為以前臨門方案大多用在鄉鎮市，若用在都市？

謝：還是「臨門方案」，九二一臨門方案是受災戶完全不拿出半毛錢，所以沒責任感，拖拖拉拉。都會城市會增加一點：「受災戶負擔」，就是增加一點受災戶的壓力。當時我想要實現「錢全部回收」的目標。然後銀行也是一個問題，比如銀行說可以讓住戶貸款了（讓住戶有錢還給九二一基金會），我就把房子過給住戶，結果房子過給他之後，銀行講這個人有信用瑕疵，不撥款。問題是房子已經過戶了，怎麼辦？我就逼銀行撥款，要不然就趕快去住戶家門口等，拜託住戶蓋「移轉書」給我，因為這房子不是你住戶應該得的。

Q：九二一基金會人力如何支應這些工作？

謝：就像瘋子一樣，我們去住戶家等。然後拜託代書到地政機關守著，不要有第三者加進來設定抵押。我們就幾個工作人員，包括代書，都要一起合作。

日本阪神大地震的經驗是否帶來幫助？

Q：九二一之前最接近的是日本阪神大地震，有什麼經驗可以給我們參考？日本有他們有集合式住宅的重建方法嗎？

謝：沒有。我是好幾年後才去阪神交流，但他們回過頭來還是比較欣賞臺灣這種做法。這種用捐款幫住戶先墊錢，從來沒有過，風險大。因為殷琪是上市公司董事長，所以推這個案子的時候要去銀行開戶，他們公司的稽核過來問「有沒有風險？」我說：「風險很大，但是最大的風險就是『不做』，因為被罵到臭名。」

Q：你去四川汶川地震或其他地方分享重建經驗都會分享什麼？

謝：他們比較喜歡臺灣NGO在地震過程裡頭扮演的角色。其實在中國，汶川地震之前NGO就蠢蠢欲動，很想利用災後看能不能串連。所以他們喊出汶川那一年是「公民社會元年」，開始在做社區營造。

除了重建，是否有防災系統的建置？

Q：除了做重建，九二一基金會曾經想過用捐款建立防災系統嗎？

謝：記得基金會要結束的時候，陳長文律師就希望捐款移轉給賑災基金會要加注一個條款：「支持紅十字會在臺灣各地設立倉儲中心。」

後來因政黨要輪替了，那時候內政部派在九二一基金會的董事代表說要輪替了，不能把錢用光。他認為要把剩餘財產移轉給賑災基金會，以後紅十字會要設倉儲中心就跟賑災基金會申請。

不過後來發現縣市政府都懂得備災的觀念，也都與量販店簽開口合約。[26] 坦白講，災後物資的提供，臺灣是真的有進步。

重建過程中成功、棘手、遺憾的案例

Q：那時候最棘手的事情？

謝：大里中興國宅重建過程，發生社區理事跟營造廠勾結。隔了十九年，二〇一八年十一月才動工。我不想下去，那瘡疤揭起來很難看。

還有一件事是我跟某個重建團隊夥伴十幾年沒再講話。當年在推一二三方案的時候他們有申請「送餐」，第一期計劃是六月做到十二月，結果到十月的時候還在準備廚具，而且報帳都是花在交通費上面，我們提出問題，他卻認為不應該檢討他們。

後來他把錢全部都退回來，不再跟基金會申請半毛錢。一直到基金會結束之後，我們員工到物流公司工作想幫忙，也被拒絕。假設有遺憾的話，就這一點。

Q：關於九二一紀錄與經驗目前的保留狀況？

謝：我保存了非常多資料，都還在家裡。那時候九二一基金會資料留給臺大圖書館，我就多留一份，把它裝成冊。人生一次這樣就好，一次這樣的機會，然後又安全下莊就好，不要再來。

九二一基金會留下的資產與重建的要素

Q：你有一個算法，說重建經費執行率到一百一十二，為什麼？

謝：那個是循環。比如說，我們分配在集合式住宅是五十億嘛，但是撥出去、有蓋好的社區還回來，後面就再撥，等於有一些錢用兩次。比如說十億還回來，我們再撥出去，就變六十億出去，但是分母只有五十億，所以執行率超過一百。

Q：九二一基金會結束時將捐款移轉賑災基金會，它是原本就存在的機構？還是因為九二一基金會要結束才成立？

謝：地震後有一個桃芝風災，之後又有《災害防救法》。現在災後救災系統很不錯，一個災難發生，聽說災防中心電腦就會跑出大概會有多少人受影響的預測，需要多少物資等等。但是從八八水災、高雄氣爆、臺南唯冠大樓倒塌，好像問題都出現在捐款要如何使用。

一個單位要出來募款，應該要告訴國人這些錢之後要怎麼用。臺灣經過這幾次的災難，對於「捐款進來要怎麼用」應該要有一些做法了。

要趕快把大家的經驗收集起來，比如說災害發生之後，短期、中期、長期的安置階段，錢可以用在哪些方面？甚至安置完之後的「後重建期」的關懷計畫，可以補助社工團體、請社工到安置地點做心靈撫慰的工作，要給社工多少薪水？需要把過往的經驗比較有秩序、有系統地列出來。

九二一基金會是地震發生後才有民間捐款，所以沒有前段安置經驗，比較在重建階段。八八水災的話，就會有使用捐款做臨時安置跟中期安置的經驗。

八八水災也有長期重建，但是重建的方法好不好，可以跟九二一比較。九二一一開始就強調政府只補貼利息，蓋房子自己還是要出錢。八八風災則是一開始就由慈善團體用捐款蓋免費的房子給你。

好或不好，沒有絕對答案，像剛說集合式住宅如果發生在臺北，政府或民間捐款在臺北市夠蓋房子給人家嗎？所以制度要以百年計。

Q：如果臺灣再遇到災難，你覺得要設立專責機構嗎？還是應該讓政府運用原有系統和法令解決？

謝：看災情大小、受災範圍，看發生在哪一個縣市。因為地方政府能力強弱有很大的關聯。所以在中央跟地方之間，要設個專責機構，中間還是要有一層。好處是避免落差：中央跟地方落差，縣市政府跟居民的落差。要有人扮演溝通者的角色。

Q：你覺得在做重建的過程中最重要的？

謝：重建的三要素：信心、信任，跟堅持。此外要有人願意扛責任。

臺灣面對一個動盪不安的時代，要有信心。這是講給政府聽的。政府把臺灣很珍貴的信任搞掉了，臺灣現在普遍沒有信心。

如果大家鼓勵年輕人下鄉，可以跟那時候全盟（聯絡站）概念一樣，只要年輕人有信心下鄉，政府就當在召募，給一筆生活費，就是要這樣做起！

（本文作者：李玟萱）

注釋

1 現勞動部。

2 水沙連是清代時對整個臺灣中部內山地區的稱呼，此處定義的是大埔里地區，涵蓋緊鄰埔里鎮的魚池鄉、國姓鄉、仁愛鄉。

3 全名為人文創新與社會實踐計畫。

4 政府二〇一六年起推動的長照二・〇政策特別強調建立以社區為基礎的長照服務體系，並規劃推動社區整體照顧模式，於各鄉鎮設立「社區整合型服務中心（A級）」、「複合型服務中心（B級）」、「巷弄長照站（C級）」的社區整體照顧模式。

5 社會經濟的主要策略在於運用經濟手段解決社會問題。

6 埔里鎮在三十年前曾有高達五十八家的紙廠，是供應內需並外銷國際的造紙重鎮。

7 臺中縣升格後現為臺中市和平區。

8 全名為中華至善社會服務協會。

9 全名財團法人九二一震災重建基金會。

10 埋石立約是泰雅族等臺灣原住民傳統的和解儀式，以往用在劃定獵場界線或是在野外結盟的誓約，在此單純用期「和解」之意。

11 臺灣原住民族學院促進會（簡稱原促會）自二〇〇二年開始在南投縣與臺中縣辦理「重建區民族學院」，即類似社區大學的部落大學。各部落只要能組織「課務委員會」，皆可申請成立部落教室。宗旨意在建立一個平臺，讓部落的居民打破教派、選舉派系，共同對話與學習對於該部落有助益的事務，而不只是個人的終身學習。但後來有其他單位競標此計畫，運作理念與原促會或有不同。

12 全名為行政院九二一震災災後重建推動委員會。

13 臺語俗語，意為十個人之中，有九個人講的都是廢話。

14 地質公園有地景保育、地景旅遊、環境教育和社區參與四大核心價值。

15 風景特定區內非經該管主管機關許可或同意，不得採伐竹木、使用農藥、引火整地、開挖道路等等。

16 二〇一六年七月二十七日，蔡英文總統公告「地質公園」納入文資法，為地質公園設置取得法源。

17 二〇一〇年十二月改制為臺中市霧峰區。

18 提供給債權人在債權債務關係還有爭議時，為避免債務人脫產導致日後求償無門，可以事先向法院聲請暫時性的扣住債務人資產，使其無法轉移或變賣。

19 詳見九二一災後社區更新重建手冊修訂版：http://www.taiwan921.lib.ntu.edu.tw/921pdf/H03.pdf。

20 符合「同意參與都市更新事業計畫與權利變換計畫，比例達更新單元範圍內土地及建築物所有權人七五%以上，且土地總面積及建築物總樓地板面積七五%以上，或比例達更新單元範圍內產權總值七五%以上」條件者，由其依法成立都市更新會，於更新事業計畫與權利變換計畫審議公告後可提出申請臨門方案。

21 政府在震後提供「七折價購買國宅」、「每人每月三千元租金」，與「入住組合屋」三選一的安置方案。

22 二〇〇一年，南投縣與臺中縣將「社區家庭支援中心」更名為「生活重建中心」。

23 基督教救助協會自二〇〇三年開始建構「1919社服與救助網絡」（諧音「要救要救」）。至二〇一九年四月底止，全臺已有近一千三百個服務中心。當社區中有重大災難發生時，1919服務中心就發動受過訓的志工進行災難救助，平時則在社區進行「1919急難家庭救助」、「1919陪讀計畫」與「1919食物銀行」等服務。

24 現名為「寶島行善義工團」。

25 九二一基金會服務項目：一、關於災民安置、生活、醫療及教育扶助事項。二、關於協助失依兒童及少年撫育事項。三、關於協助身心障礙者及失依老人安（養）護事項。四、關於協助社區重建的社會與心理建設事項。五、關於協助社區及住宅重建相關事項。六、關於協助成立救難隊及組訓事項。七、關於協助重建計畫的調查、研究及規劃事項。八、關於重建記錄及出版事項。九、其他與協助賑災及重建有關事項。

26 開口合約泛指已經簽約並訂定大原則，但只要其中一方有異議仍可變更內容的彈性合約。開口合約特別適用於期限較長、或合約期間變化多的情況，如建築業、工程公司及供應商常簽訂開口合約，以便依據情況抬高售價、或修正合約細節。

CHAPTER 07

當九二一再來，我們準備好了嗎？

人口稠密的大臺北地區（攝影：柯金源）

九二一地震不只改變了社區發展方向及許多人的人生，也為災害管理開啟了一扇「機會之窗」。除了地震監測、強震預警、建築耐震技術與補強等工程手段，防災教育、災害法規、應變計畫與災害管理等非工程手段，也因九二一地震有了更進一步的發展。與地震共存是臺灣的宿命，本章將探討九二一地震發生二十年來，我們因應地震的非工程手段有了哪些進展，又有哪些層面應持續補強。

7-1 災害可以管理嗎？臺灣災害管理體系演進

回顧臺灣災害防救體系發展歷程，一九六四年白河地震發生之前，中央政府層級並沒有任何正式法令規範防災作為及業務，一九六五年才由省政府發布《臺灣省防救天然災害及善後處理辦法》，由該辦法第三條「各級防救災害之組織為任務編組，於災害發生前或後組成之，任務終了時裁撤之」可看出，當時的災害防救觀念僅限於緊急應變與初期復原重建。

一九九四年發生的洛杉磯北嶺地震及華航名古屋空難，促使行政院擬定《災害防救方案》，將人為災害納入，規劃中央、省（市）、縣（市）、鄉（鎮、市、區）四級災害防救體系，踏出災害防救組織法制化的第一步，並分別要求中央政府、地方政府、公共事業單位制定防災基本計畫、地區防災計畫、防災業務計畫。此時的觀念開始由原本的「等災害發生才有動作」，逐步延伸到平時的減災、整備。

考量《災害防救方案》僅是行政命令位階，為使日後各項災害防救工作能有更明確的法律依據，行政院開始進行《災害防救法》草案擬定，一九九五年十一月首次提報立法院審議，但其後數年始終未完成立法，直到九二一地震後，各界共同推動下，才終於使該法在二〇〇〇年七月公布、施行，這是第一部全國性的災害防救法規。

前國家災害防救科技中心主任陳亮全，當時擔任防災國家型科技計畫共同主持人，他與中央警察大學消防學系教授熊光華等人合作，重新修訂草案內容。一九九九年十一月草案送進立法院審議。他回憶：「那年年底剛好碰上立委選舉，隔年三月又是總統大選，雖然大多數立委都忙著選舉，但只要《災害防救法》要開審議會，負責的委員都一定會出席，可見當時輿論對此事的重視。」

陳亮全指出，九二一地震這個臺灣近代化之後最大規模的災害，為災害防救體系帶來許多重大轉變。九二一地震前，臺灣幾乎所有災害救援都仰賴消防隊，地震發生時許多重災區不論人力、裝備都難以應付，以南投縣中寮鄉為例，全鄉消防隊員僅有四名。有鑑於此，陳亮全等人在《災害防救法》中要求內政部應設置特種搜救隊及訓練中心，直轄市與縣市政府應設搜救組織。此後搜救隊的專業訓練及技能認證才開始有別於一般消防隊。而臺灣最早的搜救犬，也是二〇〇〇年底首度由美國引進。

九二一地震讓整個南投縣受災慘重，凸顯出災害規模可能超出單一地方政府因應能力，以及各地方政府相互支援的重要性，因此《災害防救法》將地方政府、公共事業彼此間相互支援協定的訂定列為減災事項之一，陳亮全舉例：「像是救災支出由誰負擔之類的問題，如果沒有事先談妥可能會有糾紛，現在於法有據，各地方政府就可以自行協商。」依《直轄市縣（市）政府災害防救相互支援協定作業規定》，支援單位得就支援救災費用，檢具相關單據，向申請支援單位要求負擔。而由於國軍在九二一地震時投入許多心力，《災害防救法》也讓國軍納入防救災體系的一環。

《災害防救法》另一個重要影響，就是賦予國家災害防救科技中心成立依據。臺灣以國家層級推動防救災科研，始於科技部前身國家科學委員會從一九八二年起推動每期五年的「大型防災研究計畫」，至一九九七年為止共執行三期，然而此階段成果偏向學術研究[1]，包括陳亮全在內，不少學者皆認為一九九八年啟動的「防災國家型科技計畫」應更加重視落實應用層面，這便是二〇〇三年正式成立的國家災害防救科技中心的主要目標。在陳亮全持續爭取下，國家災害防救科技中心於二〇一四年成為行政法人，使防救災科研成果的整合應用能夠長期、穩定地推動執行。

身為《災害防救法》通過的推手之一，陳亮全並不自滿，且認為法案仍有不少進步空間：「應該藉著九二一地震二十週年的機會好好重新檢視這部法案，因為自九二一、莫拉克風災後，有很多議題都是新的，比如說莫拉克風災的異地重建，在氣候變遷的趨勢下很可能還會再發生，異地重建該怎麼做就是需要談清楚的問題之一。」他語重心長地說。在完善的災害管理體系中，減災、整備、應變、復原（重建）四個階段是循環並進、無法分割的。臺灣目前仍偏重「緊急應變」，減災次之，整備與復原重建最需加強。陳亮全對於《災害防救法》本身乃至臺灣整個災害防救體系的建言，基本上圍繞著此一核心。

「《災害防救法》最初關於重建的章節寫得比較簡略，一方面是因為缺少大規模災害的經驗，當時的想法是九二一重建告一段落後，要把相關經驗納入，很可惜的是一直沒做，直到二〇一六年高雄美濃地震，才加入災民的災前借款、信用卡之本金及利息得予展延、以房屋或土地抵償原購屋貸款債務、利息補貼及稅捐減免等內容。但整體而言還是不足。」陳亮全說。

國民政府遷臺後，歷任總統曾因四次重大事件發布緊急命令，分別是八七水災、臺美斷交、蔣經國去世及九二一地震，其中有兩次是為了因應重大天災。一九五九年八七水災發生時，防救災相關法令仍是一片空白，完全仰賴緊急命令籌措賑濟與重建經費，但後續的九二一地震及莫拉克風災，卻凸顯出《災害防救方案》與《災害防救法》仍有不足之處。

重大天災發生時最為急迫的兩個問題，是籌措重建經費來源以及適度鬆綁相關法令，使重建能迅速進行。除了緊急命令外，九二一地震與莫拉克風災後還分別發布了《九二一震災重建暫行條例》與《莫拉克颱風災後重建特別條例》，主要原因之一就是既有預算不足以支應重建經費，需藉此增加特別預算舉債額度。[2]

莫拉克風災發生後，曾有輿論建議總統應比照九二一地震時的做法發布緊急命令，但前總統馬英九認為當時已有《災害防救法》而無發布之必要。陳亮全認為：「《災害防救法》在緊急應變上還堪用，但在重建面向上還是不夠完備。以這兩次大災害為例，都是在事發後很短的時間內通過暫行條例、成立重建推動委員會，災害發生後才來考慮這些事很容易手忙腳亂，是時候好好檢視這兩次災害的重建經驗有哪些可以入法了。此外，這兩次重建推動委員會都是災後才臨時找人，能不能事先建立機制，讓委員會在災害發生時可以馬上組織起來？」

九二一地震與莫拉克風災的重建委員會，都是完成階段性任務後即解散，導致經驗無法傳承。陳亮全強調：「重建絕對不是等災害發生後才做，災害防救體系裡應該有一個單位平時就專責思考重建相關事宜、執行整備工作。我們都知道事前減災、整備關係到緊急應變能否順利進行，重建也一樣，如果沒有事先擬定完善的法規，當然會影響重建。」

九二一地震固然是讓《災害防救法》加速通過的契機，但也因時間緊迫而使部分內容未能十分周全。例如當時在災害類別上使用「土石流」而未使用「坡地災害」一詞，使得像是大規模崩塌等坡地災害至今仍然沒有主管機關。[3] 陳亮全說起此事仍有些遺憾。

自〈臺灣省防救天然災害及善後處理辦法〉將天然災害區分為風災、水災及震災以來，臺灣災害管理體系一向沿用單一災害管理途徑（single-hazard management approach，也稱災因管理），也就是將不同災害類別分派給專責單位負責，例如震災主管機關為內政部、水災主管機關為經濟部，《災害防救法》也承襲了這樣的架構。單一災害管理途徑的局限是，一旦發生複合型災害，容易產生權責不清的現象，而大規模震災後又特別容易衍生複合型災害。

有鑑於此，不少學者都呼籲臺灣應重視全災害管理（All-hazard approach）的概念，依據銘傳大學都市規劃與防災學系副教授馬士元的定義，全災害管理有三個層次：「第一是無論各種機關或者企業，必須為所有可能發生的災害類型，就自己的負責範圍內充分準備；第二是無論各種災害類型，現場指揮系統以及動員程序，都出自於類似的架構與協定；第三是政府機關必須有一個單位，要負責因應所有類型災害，設計出共通性的協調指揮規範，以及整合各部門共同運作的緊急程序。」個別災害的主管機關就像是醫院裡負責不同科別的醫生，國家層級的防災部會就類似急診室般的存在，負責統籌整合各種不同的專業。[4]

不過陳亮全認為，以臺灣的政治體制，要成立如同美國聯邦緊急事務管理署（FEMA）的國家層級防災部會並不容易，在這樣的情況下要使大規模地震整備更進一步，可以先從「情境防災」（Scenario-Based）著手。

7-2 情境防災推動關鍵：地震災損評估技術細緻化

颱風從生成到接近陸地相隔數天時間，海嘯預警時間可達數小時，但地震發生前會有什麼徵兆？這個問題目前在科學上還沒有答案，且如同九二一地震規模的致災型地震發生週期較長，不像颱風、洪水幾乎每年皆有緊急應變的實際經驗，因此平時的減災、整備更顯得重要。而在擬定地震防災對策時，必須要先有個「情境」才能決定怎麼做整備，「所謂的情境包括震央是位在市區、郊區或近海？規模多大？深度多深？規模六點零與六點九的地震所釋放的能量相差快三十倍，傷亡人數可能從幾百人變成幾千人，震源深度十公里的淺層地震，相較於五十公里深度造成的地表震動就大很多。情境的設計，對於地震的衝擊、災損、資源調度需求等會有決定性影響。」國家災害防救科技中心地震與人為災害組組長柯孝勳解釋。換句話說，情境模擬就像是劇本，讓我們能在地震真正發生前盡可能做好準備，根據劇本執行的減災、整備與演練就是情境防災。

如果情境的劇本愈貼近實際上可能發生的情況，情境防災就會愈有效，這就需要地震衝擊評估系統的協助。臺灣這方面的科技發展最早可追溯到一九九七年，國家地震工程研究中心在美國地震損害評估系統「HAZUS」的基礎上，開發本土化的「HAZ-Taiwan」，並在一九九八年建置「臺灣地震

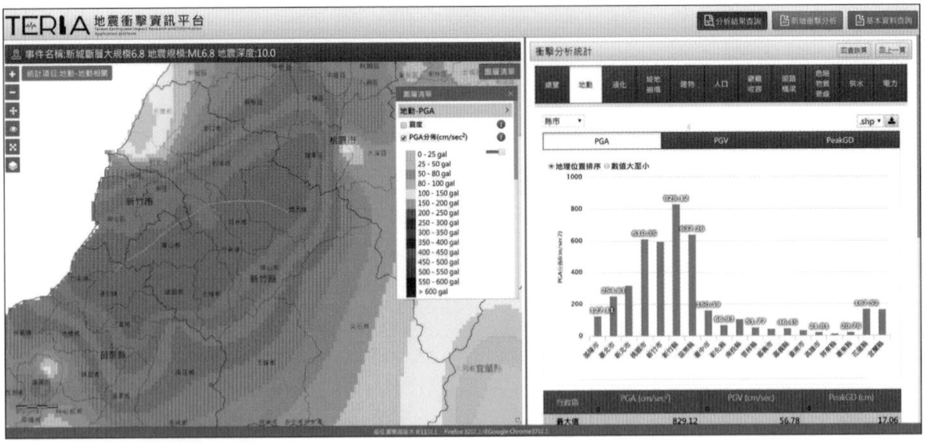

TERIA地震衝擊資訊平臺介面設計以視覺化與圖表化呈現(圖片來源：國家災害防救科技中心)

損失評估系統」(Taiwan Earthquake Loss Estimation System，簡稱TELES)。在《災害防救法》中，規定地方政府必須擬定自己的地區災害防救計畫，有些地方政府例如新竹市便是以TELES做為設定情境的工具。

TELES做為先驅技術，仍存在某些局限。其一是早期TELES開發時，政府在重要基礎設施的資料收集上還不太完整，其二是僅能先以行政區為計算單元。國家災害防救科技中心從二〇一三年起投入研發「地震衝擊資訊平臺」(Taiwan Earthquake Impact Research and Information Application Platform，簡稱TERIA)，採用網格化分析技術，以五百乘五百公尺的地理網格為單元，透過房屋稅籍資料、住宅人口普查、水電天然氣等維生管線屬性、道路橋梁屬性等基礎資料，模擬分析出每個網格遭遇不同震度地震時，可能會有多少死傷、多少建物倒塌。

柯孝勳解釋，以過去的技術，做模擬時只能得到一個數字，例如板橋區建物毀損五十棟，人員傷亡一百人。但以五百乘五百公尺的大小來看，一個板橋區就能劃分成約二十個網格，網格化的優勢是使空間解析度提升，可以更精準推估某個行政區的重災區可能落在哪個區位，如此在進行救災演練時，就能做更務實的考量。

過去針對地震的救災演練，往往只考量物資供應是否足夠，假設五十棟建物倒塌，需要十輛怪手開挖，有一百位民眾需要收容，只要確認能準備十輛怪手、能收容一百人的場所，演練就算完成了。「問題是地震後很多水電管線、道路可能中斷，大型機具能不能進入災區都是問題，有了網格化

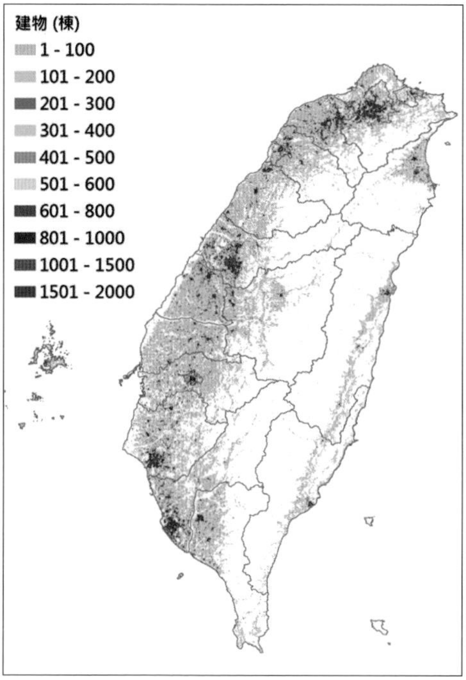

以500mX500m地理網格為單位建置全臺地震網格資料庫（圖片來源：國家災害防救科技中心）

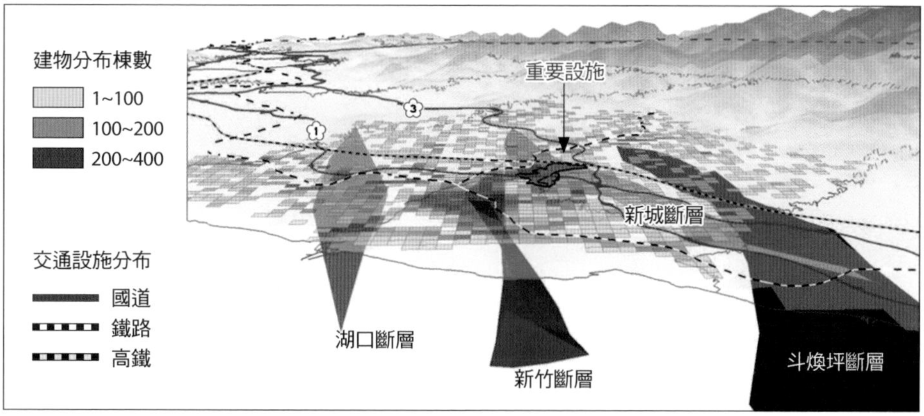

TERIA地震衝擊資訊平臺資料庫整合與細緻化應用（圖片來源：國家災害防救科技中心）

資料就可以和其他資料做套疊，譬如套疊Google Earth可能發現災區道路特別狹窄，就需要改用小型機具救災；如果預定的收容場所有很高機率會斷水斷電，可能就要另作安排。這些執行面的問題是以前很難考量的。」柯孝勳說道。

依據〈中央災害應變中心作業要點〉，若發生以下三種情況之一，中央災害應變中心就會開設：地震震度達六級以上、中央氣象局發布海嘯警報、預估有十五人以上傷亡。這時國家災害防救科技中心等相關防災人員，顧不得會收到幾張超速罰單，也得用最快速度進駐應變中心。事實上災情查報需要時間，過去災害發生的第一時間能做的事基本上是透過較費時的方式收集彙整災情，偏遠地區因通訊中斷甚至需時更久，因此九二一地震在當時的時空背景下，是在至少兩天之後，才對災情有較全面的掌握。

現在不論地震規模大小，只要中央氣象局有發布地震報告，五分鐘後網格化分析系統就會自動產出模擬結果，「在實際災情還沒進來前，快速評估出高受災風險區域，如此便能針對這些區域進行優先查報。這套系統也能在災後協助排定檢驗公共設施安全性的優先順序，例如可以讓公路總局知道哪些道路或橋梁需要優先清查。」柯孝勳表示。以二〇一六年高雄美濃地震為例，受到矚目的臺南土壤液化事件，網格化分析系統也在第一時間進行了液化高風險區域推估，雖然死傷最嚴重的維冠金龍大樓倒塌主因是結構問題而非土壤液化[5]，但模擬結果嚴重受損建物六百二十二棟，對照災後危險建築物緊急評估結果共發出紅單二百四十九件、黃單三百二十四件的數量、分布地點十分接近。[6]

7-3 大規模地震模擬讓防災動起來

高雄美濃地震與二〇一八年花蓮地震，都還算是中型地震，這二十年來，僅九二一地震是巨震。臺灣缺乏應對大規模地震災害的實際經驗，讓陳亮全十分擔憂：「九二一不是發生在都會區，如果發生在臺北、臺中或高雄，情境會完全不同。日本至少經歷過阪神地震，臺灣應對現代化都會型地震的經驗等於是零。」

正因如此，以科學方法進行模擬更顯得重要。地震衝擊評估技術要落實到防災，除了網格化這類技術上的進展，柯孝勳認為另一個關鍵，是建立讓震源情境設定能取得一定共識的機制。為了因應可能超出單一縣市處理能力的大規模地震，中央災害防救會報於二〇一七年決議，由科技部與內政部合作進行大規模地震模擬，科技部負責震源情境模擬與災損推估，內政部負責研擬因應對策。

柯孝勳說明：「以前比較難用國家層級推動這種大規模演練計畫，主要原因是在震源情境設定上，不同學者往往有不同見解，這次採用類似專家會議的模式，由震源情境組召集人馬國鳳教授召開會議，根據中央地質調查所公布的活動斷層來設定震源，討論出一個大家能取得一定共識的結果。考量地震若發生在大臺北地區造成的衝擊會最大，決定先進行北部的模擬，中部、南部與東部這三個區域未來將持續進行。」

震源情境組設定的「劇本」是，臺北盆地長約十三公里、通過人口密集地區的山腳斷層南段錯動，震源深度六公里，引發規模六點六的地震，臺北市、新北市與桃園市合計有十七個行政區最大震度達到七級，一萬兩千多棟建築物全倒及半倒，一千七百多人死亡，兩千三百多人重傷。這數字乍看令人心驚，但有了這些量化數據，就能據此進行更貼近現實狀況的演練，在同一套情境劇本之下，各縣市也有基礎討論該如何互相協助。

二〇一八年的國家防災日，內政部消防署首次根據這套情境進行演練，在救災方案中，依據橋梁、道路損壞封閉的模擬結果，為前來支援的各縣市人力列出建議替代道路，並依據各區倒塌建物棟數進行救災分級與人力分配，這是中央初步將情境模擬落實到防災整備及資源調度。柯孝勳希望這樣的模式未來可以落實到每個層級，讓演練能更貼近真實狀況：「舉例來說，地方政府的「地區災害防救計畫」都會寫到如何進行疏散避難、開設收容場所，要分組進行各項事宜，比如說登記名冊、發送物資，組織架構都有安排好，問題是實際上怎麼執行？以莫拉克風災這個九二一後收容需求最大的災害為例，有個場所收容人數達到一千多人，十個人的收容跟一千

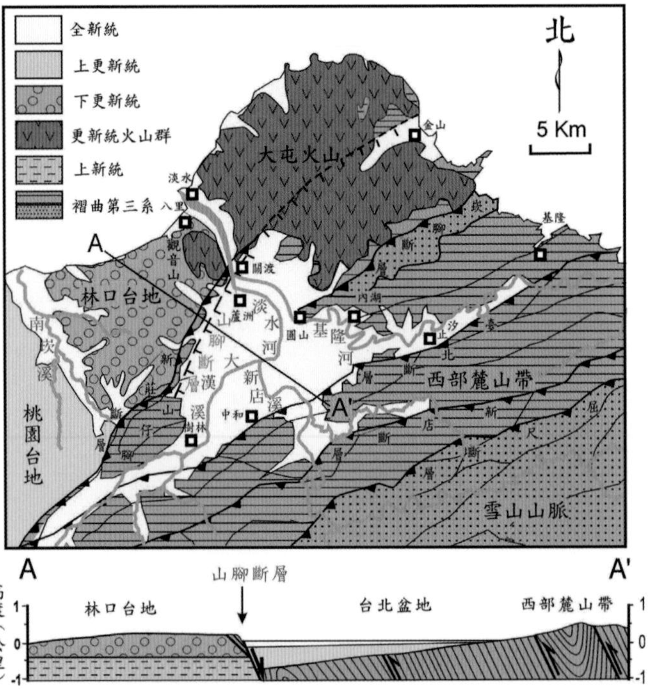

大臺北盆地山腳斷層地質圖（圖片來源：中央地質調查所）

個人的收容是完全不一樣的。十個人可以靠自己的經驗，一千個人的話，光登記就是一個問題，正是因為過往當面臨大規模災害時，僅憑經驗無法累積與因應，才希望未來這些事都能考慮得更周全。」

陳亮全則提醒，過去最常見的演練模式是單點災害搶救，但大規模地震一旦發生，一定是好幾個地方同時受災，等於救災力量會分散，那才是真正的考驗，災害的發展不會完全照著劇本走，仍有許多突發狀況，如何進行多點演練是下一階段需要思考的。

另一方面，國家災害防救科技中心也持續思考如何使大規模地震模擬更加細緻，其中一項關鍵研究是「地震引致關鍵基礎設施衝擊與跨系統相依性調

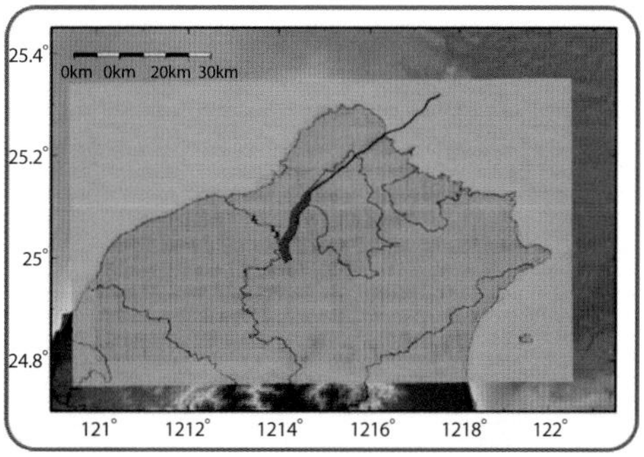

① 地震情境模擬山腳斷層南段破裂考量北臺灣地殼及地形波傳特性
② 地震情境模擬山腳斷層南段破裂考慮七級場址效應演算地表加速度反應
③ 地震情境模擬山腳斷層以結構物易損性分析公有建物受損風險
（圖片來源：國家災害防救科技中心）

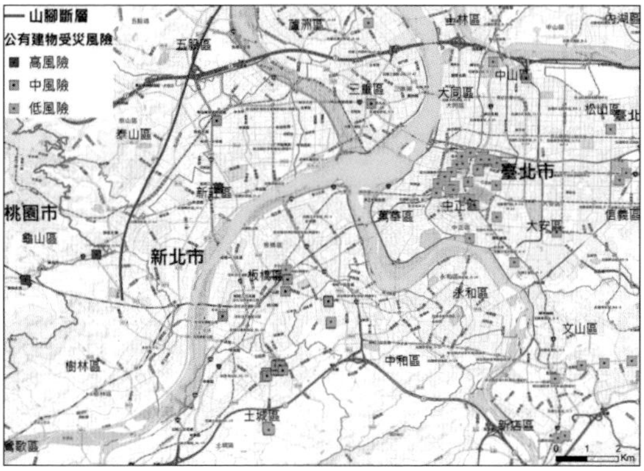

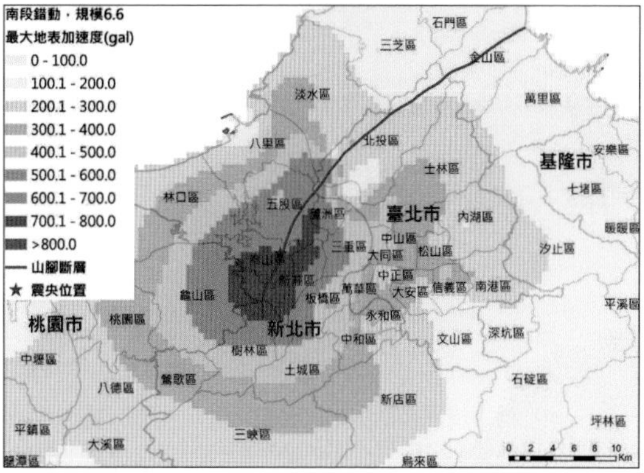

查」，相依性指的是一項關鍵基礎設施必須依靠其他關鍵基礎設施提供功能或服務，方能持續運轉。九二一地震時中寮超高壓變電所損壞導致半個臺灣大停電，納莉風災使行控中心淹水導致臺北捷運癱瘓三個月，都是相依性引發連鎖反應的例子。

柯孝勳解釋：「從真實情境來看，基礎設施能不能運作，才是後續救災能夠順利進行的關鍵。設施功能有沒有失效不只關係到硬體是否被地震摧毀，例如即使基地臺沒事，停電一樣會喪失功能；即使水管沒斷，停電的話淨水廠也不能運作。相依性研究的目的是找出跨系統之間互相影響的關聯性，像交通設施除了關係到道路橋梁，電力也影響交通號誌是否能運作。二〇一八年日本大阪地震就遇到一個狀況：斷電使平交道柵欄無法升降，妨礙救護車通行。這些問題不考慮相依性是看不出來的，相依性可以讓未來的情境模擬更細緻化，納入設施遭遇衝擊造成的影響，例如某個地區的電塔損壞，可能影響到該區域的避難收容場所或醫院。現在我們做的演練把很多東西都簡化

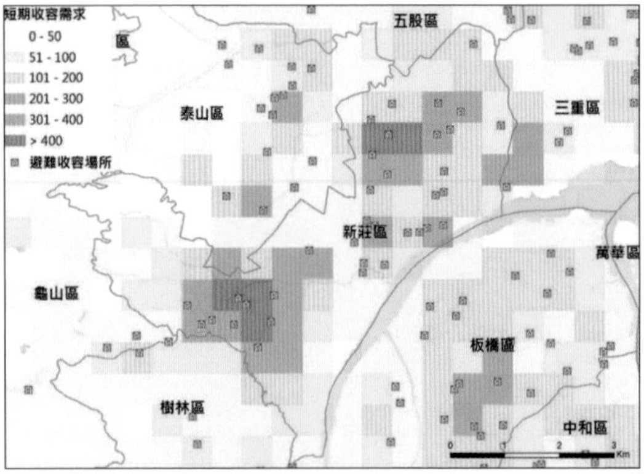

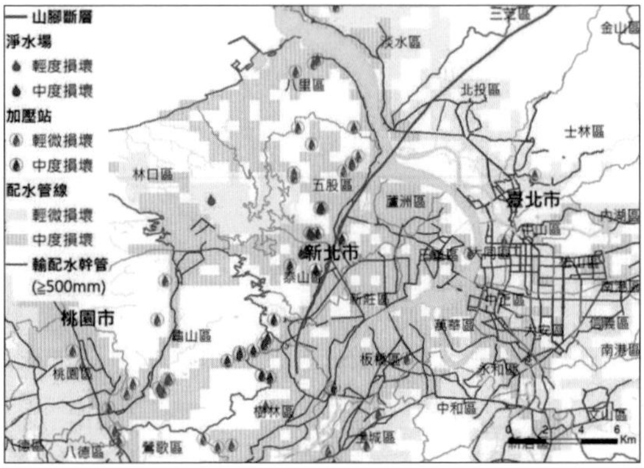

① 地震情境模擬山腳斷層供水受災風險分析淨水廠加壓站配水管線
② 地震情境模擬山腳斷層短期收容供需分析（圖片來源：國家災害防救科技中心）

②|①

了，例如通常都預設通訊暢通，這是因為還沒有可靠的方法去模擬。」更細緻的模擬可以更接近震災真實情境，也才能據以思考對策。此外，與日本和國際間都市規模相近的受災地區交流經驗，也十分重要。

然而，就如同國家地震工程研究中心在進行校舍耐震試驗時，除了利用電腦模擬與實驗室實驗，還要以部分待拆除改建的校舍進行實際推垮試驗，藉此校正分析結果，大規模地震模擬雖然可以透過各種方法盡可能趨近真實，但如果沒有規模相近的地震來驗證，就很難知道模擬跟現實的差距有多少。柯孝勳解釋：「譬如說我訂了一個建物災損推估公式，就需要實際的地震來驗證算出來的結果跟實際情況是否符合，沒有實際地震發生還是能從學理上做分析，但這樣就永遠不知道現在新建的模式到底合不合理、正確性如何。雖然我們也不希望有太嚴重的災害性地震發生。」

也許有一天大臺北地區真的發生規模六點六地震時，災情不會完全符合模擬結果，但防災不容許心存僥倖。柯

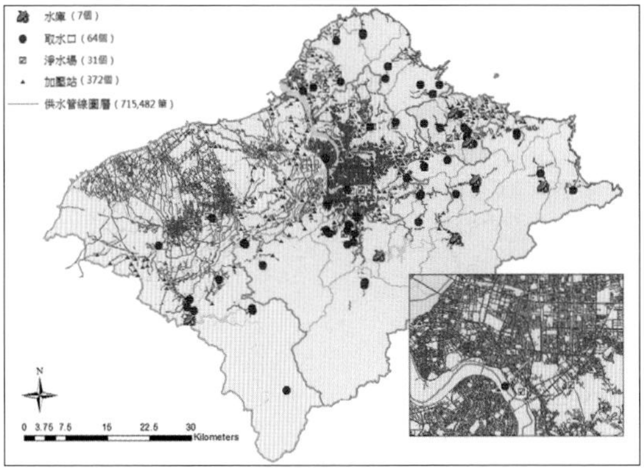

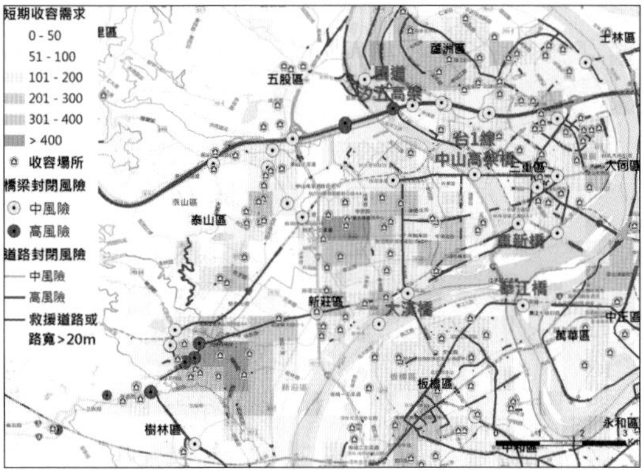

① 地震情境模擬山腳斷層避難收容受交通阻斷影響，替代道路規劃與道路橋梁快速復原措施。 ②|①
② 供水管線與設施資料庫建置網格分析（圖片來源：國家災害防救科技中心）

孝勳表示，日本同樣也有進行大規模地震模擬、活動斷層發震機率等研究，但在防災整備上，他們秉持「地震一定會來」的思維，「差別只在你準備好了沒有。」

7-4 不能全靠政府：防災社區的重要

重大災害發生時，政府救災能量往往很難在第一時間滿足所有災區。阪神地震的一項調查顯示，地震發生初期，有三四．九％的受困民眾是靠自己力量脫困；三一．九％由家人協助脫困；二八．一％由鄰居或友人協助脫困，二．六％由路人協助脫困；只有不到一．七％是被救難隊所救援。這項調查統計結果後來推演出極為重要的災害防救法則，即是大災害來臨時，「自助、互助、公助」的比例是七：二：一。[7]這凸顯出社區在緊急應變時扮演重要角色，而推動防災社區，也是陳亮全任職國家災害防救科技中心時的重要工作之一，這可以追溯到他在九二一地震後所推動的、結合社區營造的重建工作。

所謂防災社區，是指以民眾為主體，從瞭解社區環境周遭的致災因子開始，共同思考減災、預防的措施，在災害發生時能進行基本的應變，防止災情擴大、降低損失，並能迅速推動復原、重建工作。防災社區並非僅著眼於防救災設備等硬體的加強，提升民眾災害認知、社區認同與行動力才是核心。[8]

農委會水土保持局是最早系統性推動防災社區的政府單位之一，為了因應九二一地震後日益頻繁的土石流災害，自二〇〇四年開始推動土石流自主防災社區，莫拉克風災時，許多接受過相關訓練或接觸過相關資訊的村里長等基層幹部，機警撤離居民使傷亡降到最低，這樣的成果擴及到經濟部水利署於二〇一〇年開始推動水患自主防災社區。

臺灣防災社區的發展脈絡，是從土石流這類較常發生在山區或鄉村的災害開始，不過都會型防災社區近年也逐漸受到重視。位於臺北市文山區忠順里的忠順社區，二〇〇八年經由臺北市政府消防局推薦，加入災害防救委員會的防災社區計畫，里長曾寧旖說，自己起初對災害、防災完全沒概念，認為那是消防局的業務，在這之前社區跟防災相關的活動，就只是在消防局演習時當觀眾，「或是地震車來了我們就上去搖一搖，體驗一下，小朋友很愛，但只是覺得好玩而已。」

曾寧旖表示，加入防災社區計畫的初衷很單純，就是要如何讓大家生活在更安全的環境裡。沒想到這個計畫改變了她對「安全」的認知：「因為對防災完全不瞭解，我當時是以社區如何組織巡守隊、維護治安等經驗為基礎進行提案，當時有個我已經忘了名字的老師告訴我：妳講的（巡守隊組織）安全叫 security，與（防災的）safety 是不同的。」security 有防止入侵的含意，safety 則是防止意外，兩者兼顧才是安全的社區。

在文山區社區規畫師孫啟榕、國家災害防救科技中心副研究員劉怡君等專家學者協助下，忠順里從組成工作團隊開始，進行社區環境實地踏勘，檢視社區既有問題點與資源點，前者如住宅加裝鐵窗、巷弄狹窄，後者如派出所、消防隊、醫院及可供避難的場所或綠地，透過社區地圖與模型的製作，讓參與者更瞭解自己居住的環境，共同討論災害發生時的因應對策。

曾寧旖在十七位鄰長、巡守隊及志工合計約兩百人的基礎上，組織社區自己的災害防救小組，包含疏散班、警戒班、收容班、搶救班與救護班的完整編制。曾寧旖分享維繫組織運作的訣竅：「不一定要期待每個人都參與，各班成員可能會有變動，但只要找到幾個能長期投入的人擔任班長，他們就能熟悉這個班負責的工作，扮演擴充人力、經驗傳承的角色。」十多年來，忠順里每年都會舉辦至少一次防災演練，以地震發生時的疏散避難為主，例如模擬電梯無法使用時，搶救班必須接力把年長或行動不便的居民從高樓揹下來的情境。每次演練都固定有防救小組成員約三十人、民眾一百多人參加。

災害防救委員會為期兩年的計畫結束後，曾寧旖認為過去的累積不能就此中斷，仍持續自行透過各種管道籌措經費辦理相關活動，劉怡君也一直與他們維持密切合作關係，「我們每年都會跟劉怡君老師討論不同的演練內容，例如高樓、賣場、幼兒園的疏散，另外像是急救知識也需要每年複習。」

曾寧旖指出，若真的發生大規模災害，政府單位可能要幾天後才有辦法進駐社區提供協助，推動防災社區的目標是社區在第一時間可以初步解決一些問題。她舉例，在政府規劃上，忠順里分配到的收容場所是距離社區約三至四公里的景華公園，在災害發生當下不太可能一口氣走那麼遠，因此他們自行討論、找出社區內可以規劃為簡易避難地點的場所或小空地，災害發生時可以因應一到兩天的短期避難需求，有需要的話再前往設備較充足的防災公園。

忠順里也做好準備，必要時可以開設自己的收容中心，並購置發電機、抽水機、帳篷等設備，考量到水和乾糧這類物資可能會放到過期或太占空間，曾寧旖便和社區內的商家、藥局洽談，請他們在災害發生時提供物資。都市人口流動較快，商家老闆可能會換人，有些居民會遷移，有些居民剛退休或許有意願投入社區工作……這些都是曾寧旖關注的社區動態，她說明，除了演練之外，盤點社區所擁有的資源、持續更新也是重要工作。

專研防救災體系的學者渥美公秀指出，阪神地震發生後能迅速恢復的城鎮，「是那些平時會跟附近鄰居噓寒問暖，生活相處融洽會互相扶持的城鎮。反過來說，也有些城鎮的居民平時幾乎不曾交談，而在地震之後分崩離析。彼此幫助、互相交談，瞭解住在隔壁的是什麼樣的人，身處什麼樣的情況，這些才是比任何知識、任何儲備都要龐大的力量。」[9] 這便是陳亮全口中的社會資本（social capital）：「防災不只關係到工程專業，缺乏社會資本是不利於防災的。」

都會區常見的狀況是人與人彼此陌生，覺得社區事務事不關己，在這種狀態下要求居民自發參與防災活動是很困難的。對曾寧旖來說，防災只是一塊拼圖，

忠順里情景（攝影：臺北市政府工務局）

鑲嵌在一幅更大的宜居社區圖像中：「透過環境維護、老人共餐等不限於防災的各種活動，大家就會知道誰住在哪裡、誰需要幫忙，這些資訊的取得很重要，透過組織培養凝聚力，讓居民彼此關心，他們就會覺得自己是社區的一分子。」這樣一來不管是要推動防災或其他活動，他們自然不會置身事外。

忠順里的經驗顯示，防災社區要能長期穩定運作，與該社區原有的組織狀況及向心力有很大關係。陳亮全提醒，現在有愈來愈多政府單位推動防災社區，但有時計畫執行期程過短，對於社區意識較低、能量不足的社區，不足以激發自我認同、將災害認知內化到日常生活，往往在計畫結束後，社區就無力或無意願繼續執行防救災工作。他建議應考量社區條件差異，調整計畫期程長度，以便有充分時間進行社區培力。

社區能做的不只是災害發生時的緊急應變，陳亮全提到，美國、日本都已經開始推行「災前重建」（Pre-Disaster Recovery Planning，日文漢字寫作事前復興[10]），也就是在災害發生前就開始考慮如何重建。例如一個老舊建築密集、街道狹窄的街區，被地震震垮後原樣重建還是不利防災，這個地區的居民就可以事先討論、規劃重建藍圖。

陳亮全另舉一例，九二一地震時有許多集合住宅嚴重受損，但當時《公寓大廈管理條例》規定，重建需要所有權人三分之二以上及其區分所有權比例合計三分之二以上出席，且其出席人數四分之三以上及其區分所有權比例占出席人數區分所有權四分之三以上同意（現已修改為二分之一以上），「但很多集合住宅災後根本湊不齊三分之二以上的人，當時是靠重建暫行條例鬆綁。」現在集合住宅愈來愈多，也許住戶們可以在地震來之前先討論如果建物因而受損該怎麼重建，這就是災前重建的精神。

大臺北空拍（攝影：柯金源）

要推動災前重建，首先得認知到「災害一定會來」。陳亮全語重心長地說，九二一地震後防救災體系雖然有了一些進展，但整體防災文化仍偏向「時到時擔當，無米煮番薯湯」，然而正如日本在三一一地震中學到的慘痛經驗，實際發生的災害可能比預想中更大，該如何應對連番薯都沒有的情況？這是臺灣需要持續思考的。

認知到災害一定會來，不表示就得惶惶不可終日。渥美公秀將面對災害的態度區分為「萬一型」與「隨時型」，前者的心態是「地震好可怕，拜託不要來，雖然我一邊提心吊膽地收集物資以防萬一，但還是擔心逃難計畫有很多漏洞。而自從看了地震實際造成的損害和具體防災措施的相關資訊後，我就怕得不敢面對現實。這一切都讓我失去了平常心。」後者則是,「地震會發生是理所當然的,所以我並不緊張。我處變不驚,呼吸順暢。我會準備好需要特別準備的東西,儲備知識以便能隨時善用不特別或常見的東西。我居住在地震隨時會來襲的國度裡,既然是隨時會發生,那就沒什麼特別的,保持平常心就好。」[11]

九二一地震為災害管理開啟了一扇機會之窗,下一次大地震也許隨時會來,但我們可以選擇自己打開這扇窗,不要再等災害為我們代勞。

(本文作者:林書帆)

注釋

1 參考顏清連，〈淺談臺灣災防科技發展與挑戰〉，《土木水利》第四十一卷第四期（二〇一四年八月），頁二四至三一。

2 參考林貝珊、盧鏡臣、鄧子正〈臺灣近年重大災害及其對防救災體系之影響回顧〉，取自http://dm.cpu.edu.tw/ezfiles/108/1108/img/737/401577629.pdf。

3 大規模崩塌預計在組織改造完成後歸屬於環境資源部，雖然尚未明訂主管機關，國家災害防救科技中心與水土保持局等單位仍持續就此災害進行基礎調查與因應措施研擬，可參考張志新主編，《大規模崩塌災害防治行動綱領》（臺北：國家災害防救科技中心，二〇一五年）。

4 全災害管理定義與急診室比喻轉引自https://cychen59.blogspot.com/2016/10/blog-post.html。

5 維冠金龍大樓此案外界第一時間以為是土壤液化，但經事後評估，並非土壤液化，也不在液化高風險區。

6 紅單（紅色危險標誌）指建築物主要結構（柱、樑、外牆、樓版、基礎淘空）損壞或建物傾斜達一定程度以上，致生危險者；黃單（黃色危險標誌）指建築物非主要結構（室內隔間或天花板等）損壞或鄰近建物傾斜達一定程度以上，致生危險者。

7 吳秉宸，《防災社區制度建立之研究》，取自https://www.abri.gov.tw/tw/research/show/1525。

8 參考陳亮全、劉怡君、陳海立，《防災社區指導手冊》（臺北：行政院災害防救委員會，二〇〇六年），頁一六。

9 地震隨時防災小組編著，李友君譯，《地震必備常識筆記》（地震イツモノート―阪神・淡路大震災の被災者一六七人にきいたキモチの防災マニュアル）（臺北：臺灣東販，二〇一二年），頁八六。

10 東京都練馬區官方網站可以看到他們推行災前重建的內容https://www.city.nerima.tokyo.jp/kusei/machi/fukko/index.html，美國的例子請見https://planningforhazards.com/pre-disaster-recovery-planning。

11 《地震必備常識筆記》，頁九、頁十一。引文經作者略為刪減。

聯繫及集合地點，亦即充分利用「家庭防災卡」。「家庭防災卡」請參考防災教育數位平臺之範例 http://disaster.edu.tw/。

(3) 熟悉天然氣、自來水及電源安全閥開關方式。

(4) 住家大型家具、電器應固定牢靠，以免地震時傾倒造成損傷或阻擋逃生避難通道，並加強易碎物品之抗震措施，以防碎裂。

(5) 注意住宅結構安全，瞭解地震時家中最安全地方。

(6) 辦公室及公共場所應定期檢驗防火和消防設備。

(7) 設置自動熄火關閉設備，包括天然氣等自動熄火、關閉。

(8) 勿在有火或高熱器具周邊放置容易燃燒物品，如紙、窗簾等易燃物。

(9) 防止液化天然氣桶的翻倒，應將液化天然氣桶確實固定於靠牆壁位置。

(10) 機關、團體應規劃緊急計畫，並預先分配、告知緊急情況時各人的任務以及應採取的行動。

(11) 加強與鄰居間之交流互助。

▪ **避難包準備重點：**

在地震頻繁的臺灣，內政部消防署建議應培養準備「避難包」的習慣。避難包中建議放入十五樣物品，其中必備七樣物品為「礦泉水、食物、小毛毯、急救藥品、粗棉手套、手電筒及哨子」，其他次要物品尚包括電池、收音機、禦寒衣物、證件影本、輕便型雨衣、暖暖包、面紙、毛巾、口罩、文具用品、備份鑰匙、瑞士刀、現金等。

（參考資料來源：教育部地震避難疏散參考程序）

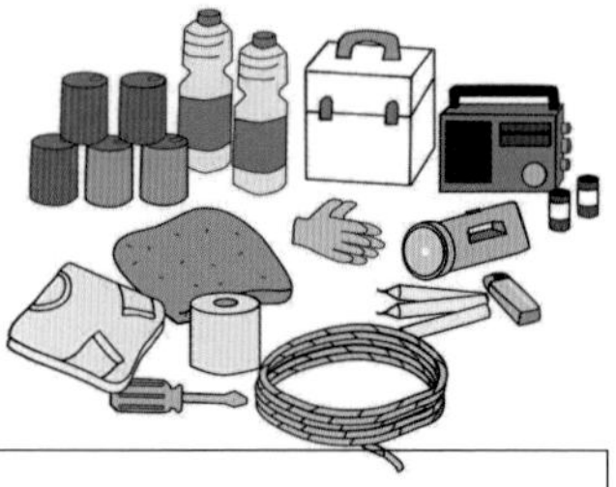

9、地震後我家牆壁或柱子有裂痕該怎麼辦？

檢查房屋是否安全，並依危急程度採取適合處置方法。

▪ **危急程度A**：有下列狀況應立即離開屋內，並盡速通知專業技師前往檢查房屋是否有崩塌之虞。	1. 目視可察覺樓房傾斜。 2. 梁、柱鋼筋外露。 3. 柱子有連續的X型、V型或倒V形、斜向或垂直向開裂。 4. 剪力牆鋼筋外露。 5. 加強磚造房屋的承重牆、鋼筋混凝土建築的間隔牆整片倒塌、傾斜或大面積掉落。 6. 樓板開裂，管線破裂。
▪ **危急程度B**：通知專業技師前來檢查，確認結構是否需修復補強。	1. 雖然目視無法察覺樓房傾斜，但仍懷疑樓房已傾斜。 2. 柱子有不連續的垂直向、斜向裂縫。 3. 梁有明顯而連續的X形、斜向、水平向、垂直向裂縫。 4. 剪力牆、加強磚造房屋的承重牆、鋼筋混凝土建築的間隔牆，有長而連續的開裂。 5. 樓板角隅出現裂縫。
▪ **危急程度C**：不影響結構安全，可自行修補。	1. 柱子有細小的水平向裂紋。 2. 梁有垂直向不連續的裂紋。 3. 剪力牆、加強磚造房屋的承重牆、鋼筋混凝土建築的間隔牆，有短而不連續的裂紋。

（參考資料來源：國家地震工程研究中心《安全耐震的家—認識地震工程》）

7、有哪些可以求助的單位與聯絡方式？ 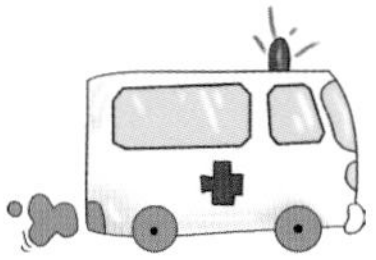

狀　　態	內　　容	求助對象
災害求助	民眾發現災害或有發生災害之虞時，應即主動通報	消防單位119或警察單位110、或村(里)長或村(里)幹事。
震後生活扶助	死亡、失蹤救助、重傷救助、安遷救助	衛生福利部1957，02-8590-6626、各縣(市)政府社會局
	住屋毀損、安遷、租屋賑助	賑災基金會 02-8912-7636
	住宅相關補貼	內政部營建署02-8771-2632
金融補貼與協助	災區居民相關融資或金融服務	銀行局02-8968-9685、保險局02-8968-0782
災民心理及防疫諮詢	防疫及傳染病相關訊息諮詢、提供心理重建及諮詢	安心專線：0800-788-995、防疫專線：1922
一般民眾就業	勞保及就業保險費支應及傷病給付	勞工保險局02-2396-1266
	臨時工作救助	勞動部客服專線0800-777-888
	職業訓練協助	勞動力發展署0800-777-888
企業救助	暫緩繳付貸款本息	勞動力發展署0800-777-888
	企業災後重建技術、諮詢及貸款等	經濟部中小企業處馬上辦服務中心0800-056-476、經濟部工業局0800-000-257、經濟部中小企業處0800-056-476
	企業票據紓困及相關寬延票據處理	支存戶銀行或臺灣票據交換所02-2392-2111
	辦理災後理賠、保費繳納、專案貸款	銀行局02-8968-9685、保險局02-8968-0782
住宅重建重購	重大天然災害致自有住宅毀損達不堪居住之災民重建或重購	賑災基金會 02-8912-7636

8、地震前或是平常需要準備的事項為何？需要避難包嗎？避難包裡面有些什麼？

▪ **震前平時準備事項：**

(1) 準備緊急避難包，放置於容易取得處，並告知家人儲放地方及使用方法。

(2) 瞭解住家附近之最佳逃生路線與避難場所，家人間互相約定，發生地震後，應該如何

5、那些構造體容易倒塌？

結構平面不規則	規則性建築的平面形狀可為方形、矩形或圓形，倘若凸角的尺寸過長、過大時，則應視為建築結構平面不規則。當遇到地震時，建築會造成更大的額外扭力及伴隨而來的應力集中問題，並改變房屋各個柱子所受的側力分布，導致房屋扭轉在轉角處形成集中應力，容易造成破壞。
結構立面不規則	房屋若結構具立面不規則性，在地震來襲時，各層樓震動後所導致的樓層側向力，會與平常靜止狀況有明顯的差異，所以房屋結構屬立面不規則時，就必須以特別的動態分析進行規劃設計，以確保建物結構安全。
柱子太少	以房屋的結構設計而言，最簡單的傳遞力量途徑就是最好的傳遞力量途徑。當地震來襲時，房屋所承受之地震力的傳遞途徑是先由柱子傳到大梁，再由大梁傳至小梁，最後由小梁傳至樓板，因此，柱子太少將影響房屋抗震結構。
軟弱層問題	軟弱層大都為一樓處，常採挑高的開放空間設計，為了視覺美觀，將許多柱子側向力的大梁拿掉，在柱子太高、梁及牆面數量不足的情況下，形成軟弱層。當地震來襲時，在一樓的柱承受最大的壓力，強度不足時，會造成嚴重破壞且崩塌。
短柱效應	房屋為採光關係，在柱子兩側開窗，柱子下端有窗臺與柱連結一起，柱子上端則僅有窗框頂著，窗框的強度遠低於窗臺，無形的柱子長度就像變短了，承載剪力範圍縮小，與原規劃設計分析範圍不同，形成短柱效應。當地震來時，柱子和窗臺間就容易產生剪力破壞，並出現X型裂縫。（詳本書130頁）

6、受困了該怎麼辦？

▪ **震後於建物內受困**：如有可能，隨身的手機撥打119電話求救，保持冷靜，不放棄獲救的希望。傾聽是否有砂石剝落的聲音，如果建築物還在移動，應暫時停留在安全的避難處，判斷建築物處於靜止狀態，再小心扳開障礙物，往水源或光源前進。無法脫困時，聆聽外面動靜，適時呼救求援，切忌持續喊叫浪費體力。規律地製造求救聲響，例如利用緊急避難背包裡的哨子或敲擊水管、鋼筋等。受傷時應先包紮止血，如果傷勢嚴重，捲曲身體靜待救援。受困時，水是維生關鍵。嘗試尋找水源並節制飲量，等待救難人員抵達。

▪ **震後於電梯內受困**：電梯車廂不是全密閉空間，不會有窒息的問題。保持冷靜切勿驚慌，迅速向外求援。按壓車廂內緊急連絡電話裝置與管理人員或電梯公司連絡。撥打行動電話向外求救，如管理單位、電梯公司、消防隊等。如無回應時，請間歇性用力拍打車廂發出聲音來呼救。保持體力耐心等待救援。受困乘客切勿強行開啟車廂門或出口，切勿試圖攀爬脫困，以免發生危險。

（參考資料來源：新北市消防署電梯使用安全宣導、國家地震工程研究中心《安全耐震的家—認識地震工程》）

百貨公司	遠離貨架和商品，並保護頭部，勿慌亂地推擠到逃生口或階梯，遵從商場安全人員的指揮來行動。
馬路上	避免慌亂，避免被來車撞到，若所處位置緊鄰公寓或大樓，應注意上方墜落物（招牌、冷氣機、屋瓦、磁磚）或爆裂玻璃碎片。
開車	若遇到地震而四周無安全空地，須減速找安全地方停靠，並開啟警示燈，隨即將車內的門鎖解開，等待地震結束。若是周圍有空地則可下車避難，騎機車的民眾則是應熄火停靠，勿摘下安全帽，盡可能遠離有掉落物的地方。 
山上	如在山中遭遇地震時，應迅速遠離斜坡或山崖，避免地震動引起落石或山崩等危害生命安全。
海邊	盡速遠離並往高處避難，以防海嘯來襲。發生大地震，即使沒有海嘯警報，也要離開海岸線，沿岸住戶隨時注意海嘯警報發放訊息，依指示行動。

3、手機收到地震速報時，我應該注意什麼？地震速報有什麼用途？

民眾接獲告警訊息毋需驚慌，採取避難相關措施：

抗震保命三步驟：趴下、掩護、穩住。

雖然強震即時警報所能爭取的應變時間有限，且愈靠近震央，預警時間愈短暫，但若能善加利用，將可發揮很大的功效。除緊急避難應變之外，例如，高速交通工具能夠及時減速、維生線或是天然氣管線能夠自動關閉、工廠的生產線可以及時停止運轉，或是電腦硬碟的讀寫可以立即停止動作等。地震速報其效益與運用層面概述如下：

(1) 依據地震震央資訊，輔以歷史地震事件、地震構造與地質條件等，評估後續餘震活動。
(2) 防救災協力單位可利用地震報告資訊進行快速災損評估。
(3) 警察、消防或軍方等救災相關單位可依據地震報告資訊，有效進行救災資源之分配與調度，以達最大效益。
(4) 重要民生與交通建設可立即依據地震報告資訊，進行震後之應變，例如重要設施、網路、電力等之巡檢、重整或調配系統以快速恢復提供服務。
(5) 建築物、橋梁等工程結構，可依據地震報告資訊以及受災損程度，進行震後之補強或改進。
(6) 透過公共媒體提供大眾可靠、有時效性的地震資訊，可減低民眾恐慌。

4、哪裡是安全的地方？哪裡是危險的地方？

▪ **安全地方**：如承重牆牆角、固定的大型冰箱旁、堅固家具旁、廁所、儲藏室等。危急時可躲避至桌子、床鋪旁抱頭屈膝，讓頭部低於桌子和床高度，盡可能用枕頭、椅墊保護頭部，可有效地躲避垮塌物體對人體傷害，等待主震後再逃生避難。

▪ **危險地方**：非承重牆下、未固定之衣櫃下、牆上櫥櫃下、電梯內、天花板橫梁下、車內、興建中的建築物旁、陸橋上、海邊、山邊。

〔附錄〕

地震常備防災守則

1、地震來了怎麼辦？

室內	1. 地震發生時最重要的就是保護自身的安全，尤其是保護頭部避免受傷，應該馬上採取保命三步驟「趴下、掩護、穩住」的動作。 2. 切忌慌亂衝出室外及上下樓梯，避免人群推擠，勿使用電梯。 3. 隨手拿取墊子（書包、書本）保護頭部，迅速以比桌、床高度為低的姿勢，躲在堅固家具、桌子、床旁，同時注意天花板上的物品如燈具掉落。 4. 開啟出入的門，遠離窗戶，以防玻璃震破。 5. 保持鎮定並迅速關閉電源、瓦斯開關。
戶外	1. 遠離興建中的建築物、電線桿、圍牆、未固定的販賣機等。 2. 注意頭頂上方如招牌、盆栽、大樓磁磚等掉落物。 3. 如果於停車場，迅速逃離車內，並躲避在車旁。 4. 在陸橋上或地下道，應迅速離開。 5. 在郊外，遠離崖邊、河邊、海邊，並找空曠處避難。
震後	1. 察看周遭人員是否受傷，如有傷患，撥打緊急救援電話。 2. 檢查家中水、電、天然氣管線有無損害，如發現管線有損壞，勿開啟電器的電源、勿點火，並將門、窗戶打開，然後迅速離開屋內。 3. 開啟收音機，接收災情資訊以及後續餘震之發生。 4. 在重災區中，有撤離疏散需求時，應聽從緊急計畫人員的指示疏散。 5. 遠離海灘、港口，嚴防震後引起的海嘯侵襲。

2、不同場所、位置、地形是否有不同避難方式？

家中	如果附近有桌子，盡可能躲在桌下，抓穩桌腳，保護自己。遠離玻璃窗、吊燈、吊扇、易倒塌的櫥櫃、冰箱以及可能移動的鋼琴等物品，保持低姿勢並以雙手保護自己的頭部和頸部。
學校	利用桌子來保護頭、頸部和身體，以免被掉落的電燈、電扇或天花板等物品砸傷，除此之外，勿抬頭，日光燈可能會碎裂，易被破片刺傷。
辦公大樓	遠離窗戶、玻璃、吊燈等危險墜落物，遠離巨大家具、櫥櫃。利用軟墊保護頭頸部，躲在堅固的桌子底下或以低姿勢躲在電梯間旁邊、梁柱旁邊、床或沙發邊、固定牢靠的冰箱旁邊，同時注意避免被掉落物砸傷。
捷運	緊抓住車內的固定物，不要慌亂地推擠逃生， 勿慌張逃出車外，並遵從站務人員的指示避難。 

誌謝

王秉鈞、王乾盈、甘錫瀅、吳逸民、李采樺、林旺春、林彥宇、林祥偉、林義凱、邱世彬、邱聰智、侯進雄、柯孝勳、柯金源、孫天祥、馬國鳳、張志新、張敬昌、曹恕中、梁庭語、許健智、許智豪、許震唐、陳文山、陳巨凱、陳亮全、陳政恒、曾寧旖、游忠翰、費立沅、黃世建、黃明偉、黃震興、廖怡雯、劉玉華、劉彥求、劉淑燕、鄭明典、盧詩丁、蕭乃祺、戴東霖、謝志誠、謝紹松、簡文郁、顏一勤、羅翊菁

埔里

江大樹 暨南國際大學、梁鎧麟 暨南國際大學、陳巨凱 水田衣藝術家民宿

大安溪

小白&羅賓 德瑪汶協會、林建治 德瑪汶協會、林素鳳 德瑪汶協會、
金惠雯 臺灣原住民族學院促進會（重建區民族學院）、
黃盈豪 德瑪汶協會、部落廚房的Yaki和Yada們、臺中市博屋瑪國民小學

草嶺

王文誠 臺灣師範大學地理系、林貝珊 草嶺咖啡產銷班、劉文房 神農大飯店
謝淑亞 雲林縣政府、鄭朝正 草嶺生態地質小學、羅右翔 草嶺生態地質小學
蘇俊豪 E-Hon繪本旅館

霧峰太子吉第

張劭農 九二一基金會、游宗曉 前太子吉第更新會總幹事、
劉禎禧 太子吉第管委會主委

九二一社區重建關懷體系

黃肇新 長榮大學永續發展國際學士學位學程主任
璣谷・古尼 長老教會牧師娘／前瑞竹關懷站主任

中央地質調查所、中央氣象局、南投縣政府、雲林縣政府、
中央大學地球科學系、暨南國際大學、臺灣大學地質科學系、
地震災害鏈風險評估及管理研究中心、國家地震工程研究中心、
臺灣地震模型團隊（TEM）、永峻工程公司

春山之聲 009

地震：火環帶上的臺灣

EARTHQUAKE: MAPPING AN INVISIBLE TAIWAN

記九二一地震二十週年

合作出版——春山出版
國家災害防救科技中心

作者——林書帆、黃家俊、邱彥瑜、李玟萱、王梵
寫作與製圖協力——林義凱、許智豪
審定——柯孝勳、張志新、費立沅（第二章、第三章）、蕭乃祺（第二章、第五章部分）

國家災害防救科技中心
發行人——陳宏宇
編輯審查——柯孝勳、張志新、費立沅
專案執行——梁庭語、林義凱、許智豪
地址——二三一新北市新店區北新路三段二〇〇號九樓
電話——〇二－八一九五－八六〇〇

春山出版
總編輯——莊瑞琳
主編——王梵
行銷企畫——甘彩蓉
封面設計——王小美
內文排版——張瑜卿
地址——一一六七〇臺北市文山區羅斯福路六段二九七號十樓
電話——〇二－二九三一－八一七一
傳真——〇二－八六六三－八二三三

總經銷——時報文化出版企業股份有限公司
地址——桃園市龜山區萬壽路二段三五一號
電話——〇二－二三〇六－六八四二
製版——瑞豐電腦製版印刷股份有限公司
初版——二〇一九年十月
定價——四八〇元

國家圖書館出版品預行編目資料

地震：火環帶上的臺灣／林書帆等著.
－－初版.－－臺北市：春山出版，國家災害防救科技中心
2019.10
面；公分.－－（春山之聲；09）
ISBN 978-986-98042-2-6（平裝）
1.地震 2.防災工程 3.歷史 4.臺灣
354.4933 108016078

＊本書作者群：林書帆（第一章、第四章、第五章、第七章）、黃家俊（第二章、第三章、第五章）、邱彥瑜（第五章）、李玟萱（第六章）、王梵（第四章）

春山出版

Email SpringHillPublishing@gmail.com
Facebook www.facebook.com/springhillpublishing/

填寫本書線上回函

All Voices from the Island

島嶼湧現的聲音